H

Klaus-Rüdiger Mai

Gutenberg

Klaus-Rüdiger
Mai

Gutenberg

Der Mann, der die Welt veränderte

Propyläen

One grösse arbait vnnd bitter
hatt. So mag kunst nicht
werden süssigkait Darumb
zů lernen bis berait 1481

Die Brüchigkeit der Welt

Bild und Urbild

Ein Jahrhundert vor Gutenbergs Geburt kehrte der Venezianer Marco Polo von einer Reise zurück, die zwanzig Jahre seines Lebens eingenommen und die ihn bis nach China geführt hatte. Obwohl sein Reisebericht Furore machte, war er bei weitem nicht der erste Europäer, der Asien erkundete und somit den Horizont des Okzidents erweiterte. Bereits der Franziskaner Wilhelm von Rubruk hatte Mitte des 13. Jahrhunderts im Auftrag des französischen Königs Ludwig des Heiligen eine Gesandtschaft zum Großkhan Mangu von Karakorum, einem Enkel von Dschingis Khan, unternommen und den Christen den Blick tief nach Asien hinein geöffnet. So unterschiedlich diese Welten, China, Persien, Arabien und Europa, auch sein mochten, einte sie doch eine mittelalterliche Ordnung, in der die Vorstellung und das Konzept des Individuums fremd waren und Wissen nur wenigen zugänglich. Die Gelehrten standen in der Regel, wenn sie nicht an einer Universität lehrten oder innerhalb eines Ordens tätig waren, im Dienst eines geistlichen oder weltlichen Herrschers innerhalb einer festgefügten Hierarchie, in der die Menschen gleichsam wie die Planeten im System des alexandrinischen Astronomen Claudius Ptolemäus auf Kristallschalen um ihre Fürsten kreisten. ¶ Autoren im modernen Sinne existierten nicht, denn jeder Verfasser deutete nur das Werk eines weit Höheren aus – Gottes, Allahs oder eines Himmelsgottes, der die wahre *auctoritas* besaß. Allenthalben erläuterte und kommentierte man in Europa noch »den Philosophen«, womit Aristoteles gemeint war, und in China Konfuzius. Es existierte auch kein Urheberrecht – denn wer durfte es wagen, dem großen Urheber,

Gott, das Copyright an allem, was auf der Welt existierte, streitig zu machen? Bücher wurden mit viel Fleiß und wachsender Kunstfertigkeit abgeschrieben. Nicht nur ihr Besitz, sondern auch ihre Benutzung stellten einen Luxus dar. Insofern lebte man vom Tejo bis zum Jangtsekiang in einer facettenreichen und vielgestaltigen, letztendlich aber in *einer* Welt, die allerdings aus vielen Teilen bestand. ¶ Das Auseinanderbrechen dieser universalen mittelalterlichen Welt erfolgte selbstverständlich nicht ad hoc, sondern war Ergebnis einer längeren Entwicklung, die man mit der Geschichte der Renaissance und des Humanismus zu umschreiben vermag. Aber wünscht man die Wandlung dieser Welt mit einem Datum und einem Ereignis zu markieren, dann drängen sich die Jahreszahlen 1450 und 1452 in den Vordergrund, gekennzeichnet durch die Erfindung des Drucks mit beweglichen Lettern[1] und die Drucklegung der 42-zeiligen Bibel durch Johannes Gutenberg in Mainz. Im Grunde wurde mit der drucktechnischen Vervielfältigung der Bibel, dem Gründungsdokument des Okzidents, der Text der Heiligen Schrift dem preisgegeben, was später als Industrie bezeichnet werden sollte. Die technischen Neuerungen schufen wichtige Voraussetzungen für die Durchdringung des Textes mit Hilfe einer historisch-kritischen Methode und bereiteten schließlich den Boden für die Vereinbarkeit von christlichem Glauben und dem Leben in einem laizistisch-demokratischen Staat. Der Anteil des aufgeklärten Christentums an der modernen Entwicklung Europas wird häufig aus ideologischen Gründen unterschätzt, doch entwickelten sich ab der Erfindung des Buchdrucks Okzident und Orient unterschiedlich, beginnt mit ihm der wissenschaftlich-technische, der philosophische und zivilisatorische Aufstieg Europas, dem die übrige Welt nicht folgte. ¶ Mit der Vervielfältigung von Wissen im Okzident entstand zugleich die Vielfalt des Wissens selbst, weil immer größere Kreise in den wissenschaftlichen und intellektuellen Bereich einbezogen wurden und sich dadurch wissenschaftliche Entdeckungen und technische Erfindungen, einhergehend mit der geistig-künstlerischen Entwicklung, exponentiell vermehrten. ¶ Sicher erreichte auch das handschriftliche Kopieren von Büchern in geistlichen Skriptorien und weltlichen Schreibstuben eine Professionalität und Effizienz, die zu einem beachtlichen Ausstoß an Büchern führte. Aber erst durch die Mechanisierung und arbeitsteilige Organisation des Vervielfältigungsvorgangs selbst wurde der Zugang zu Texten alltäglicher und dadurch im Umkehrschluss auch die Produktion von Texten, das Verfassen schriftlicher Mitteilungen zu einer selbstverständlichen Tätigkeit unter anderen: Zum einen stieg die Zahl an Universitätsgründungen, zum anderen studierten immer mehr Menschen, für die schriftliche Kommunikation alltäglich wurde. Nun wurden auch Dinge aufgeschrieben, die alle Bereiche des Lebens, vom Pflanzenbuch bis hin zu Werklehren und sogar -geheimnissen, umfassten, die man vorher nur mündlich mitgeteilt hatte und die selten den Weg auf das Papier gefunden hatten.[2] ¶ Langfristig wurde aus der europäischen Gesellschaft zunehmend eine Wissensgesellschaft, in der schriftliche Kommunikation zu einem Vehikel des Fortschritts wurde, eine Kommunikation, die erst Gutenberg möglich gemacht hatte. Bücher galten nicht mehr als Luxus, Wissen wurde erschwinglich, Gelehrte und Schriftsteller wurden zu Autoren und erlangten durch das entstehende Urheberrecht Unabhängigkeit.[3] ¶ Die Erfindung des Drucks mit beweglichen Lettern schuf neue Kommunikationssysteme, vereinfacht gesagt veränderte sie damit auch den Menschen und seine Vorstellungen von seiner Position in der Welt – gegenwärtig wohl vergleichbar damit, wie das Internet Kommunikation und Stellung des Menschen in der Welt modifiziert. Nach heutigen Erkenntnissen wird deutlich, dass »die Menschen ihre Lebensgewohnheiten ändern müssen, nachdem solche Instrumente«, wie eben der Buchdruck oder das Internet, »kontinuierlich angewendet werden«.[4] Diese Veränderung von Leben und Lebensgewohnheiten wird auch in der Biographie des Erfinders Johannes Gutenberg deutlich. Im Gleichnis seiner Lebensgeschichte den Bruch im Spätmittelalter aufzuspüren macht das Abenteuer der biographischen Reise aus. ¶ In Verbindung damit steht allerdings, dass die Einführung neuer Kommunikationstechniken auf Kosten älterer geht, mit Gewinn auch Verlust verbunden ist und Gutenbergs Erfindung einen wahren Kulturkampf seiner Befürworter und Kritiker entfachte. Denn seine Zeitgenossen begriffen eher noch als wir Nachgeborenen, dass sie an einer Zeitenwende standen. ¶ Wenn Martin Luther durch das »Ich« im Glauben das Individuum, die Grundlage unserer Gesellschaft, fand, so sicherte Gutenbergs Erfindung diesem Individuum seine Existenz. Der Mainzer hatte mehr und vor allem grundsätzlicher, als er selbst ahnen konnte, mit seiner Erfindung zur Geburt einer neuen Welt beigetragen. Europa vollzog im Vergleich zum Nahen, zum Mittleren und zum Fernen Osten eine fulminante, vorwärtsdrängende Entwicklung, die den Okzident schließlich im 19. Jahrhundert zur beherrschenden

Macht aufsteigen ließ. ¶ Die Forschung spricht heute nicht nur von einer Welt, sondern von einer ganzen Galaxis, die ihr Entstehen Johannes Gutenberg zu verdanken habe.[5] Analog hierzu sehen manche bereits das Ende der Gutenberg-Galaxis durch das World Wide Web gekommen. Wenn das Gutenbergzeitalter endet, die Ära des gedruckten Buches – bricht damit zugleich die Epoche ab, die mit Gutenberg und mit Martin Luther begann, das große europäische Zeitalter? ¶ Zeichnet sich in der Gegenwart nicht ein ähnlich tiefgreifender Medien- und Weltenwechsel ab, wie ihn Gutenberg erlebte und auf den er zudem als Erfinder einen ungeheuren Einfluss nahm? Will man das eine begreifen, muss man das andere verstehen. Der Weg zu Gutenberg zurück führt unweigerlich nach vorn: zum Verständnis aktueller Veränderungen. ¶ In das Jahrhundert Gutenbergs zu reisen bedeutet in eine Welt der grundsätzlichen, alles umfassenden, tiefgreifenden Krise aufzubrechen, in eine Welt, die von den Schüben des Wandels anfallartig gerüttelt und geschüttelt wurde, in der man den Teufel noch nicht wegtheologisiert hatte, sondern in der er anwesend war als abgrundtief böser Meister. Und auch Johannes Gutenberg begegnete in seinem Leben dem Teufel leibhaftig in unschöner Regelmäßigkeit, ihm oder einem seiner abscheulichen Gesellen. Vom Teufel angefallen zu werden, von ihm besessen zu sein, konnte dem Menschen des Spätmittelalters zu jeder Zeit, an jedem Ort widerfahren, mit derselben Fatalität, mit der er in einen Hagelschauer oder einen Schneesturm geriet. Und gewiss war dann der Infekt, den er sich im Unwetter zuzog, ein Werk des Teufels, denn von ihm und seinen Gesellen kamen die Krankheiten, während das Heil und mithin auch die Gesundheit als Gottes Geschenk angesehen wurden. ¶ Das Ziel der Expedition ist eine Epoche, die der niederländische Kulturhistoriker Johan Huizinga »Herbst des Mittelalters« nannte und die reich an Unwettern, Konflikten, an Dynamik und Dramatik war, eine Zeit der an sich selbst irre werdenden Gewissheiten. Denn jene Gewissheiten, auf denen das christliche Dasein beruhte, galten nicht mehr so selbstverständlich und unhinterfragbar. Die Fundamente des Lebens wurden brüchig. ¶ Die Ordnungs- und Garantiemächte dieser Epoche, das Papsttum und das universale Kaisertum, hatten sich in einem mit allen Mitteln geführten Kampf gegenseitig abgenutzt. Der Kaiser verlor im Reich zunehmend an Macht gegenüber den Fürsten, die ihre Landesherrschaften ausbauten, und der Papst handelte immer stärker als italienischer Territorialfürst und immer weniger als Stellvertreter Christi und Haupt der Christenheit. Politisch, rechtlich und sozial ergaben sich tiefgreifende Veränderungen. Sie bestimmten Johannes Gutenbergs Leben maßgeblich. ¶ Über die Bedeutung der epochalen Erfindung Gutenbergs kann vernünftigerweise kein Streit entstehen, über seine Person dafür umso mehr. Wenn es um Johannes Gutenberg geht, der uns in den Quellen als Henne zur Laden, als Hengin oder Henchen Gensfleisch, genannt Gutenberg, begegnet, wird das Dilemma der Person nicht nur in den unterschiedlichen Namensformen deutlich, sondern auch im ganz ursprünglichen Sinne der Bedeutung von Person. ¶ Unter dem Wort *prosopon* verstanden die alten Griechen die Maske des Schauspielers. Derjenige, den wir sehen, ist nicht der, der er ist. Die Römer verwandten das Wort *personare* im Sinne von durch etwas hindurchtönen und *persona* als Maske, aber auch als die Rolle, die jemand im Leben spielt. In diesem Sinne ist die überlieferte Person des Johannes Gutenberg eine Maske, die ihr die Geschichte aufsetzte, eine Legende, die bereits im Augenblicke seines Todes geschaffen wurde. ¶ So grundlegend sein Werk wirkte, so wenige biographisch gesicherte Fakten gibt es – und es scheinen auch keine schriftlichen oder bildlichen Selbstaussagen auffindbar zu sein. Ist also Hennes Stimme deshalb zu schwach, durch die Maske des Johannes Gutenberg und durch die Zeitläufe ins 21. Jahrhundert durchzudringen? ¶ Weder seine Druckerpresse noch die Werkzeuge, die er nutzte oder sogar erfand, wie das Handgießgerät, der Setzkasten, der Winkelhaken und das Satzschiff, haben sich erhalten. Sie können nur im Analogieverfahren über spätere Werkzeuge rekonstruiert werden. Die ersten Bilder einer Druckerei finden sich in einem Totentanz, einer bildlichen Darstellung der Macht des Todes über das Leben, der um 1500 entstand. ¶ Vielleicht darf man angesichts dieser Quellenlage nicht mit den herkömmlichen Mitteln des Biographen und der Geschichtswissenschaft an diese Sphinx herantreten, sondern sollte auf die Methoden der Archäologie vertrauen. Wer sich Gutenberg so nähert, versteht die spärlichen biographischen Spuren nicht allein als Daten, sondern auch als Scherben, die zusammenzusetzen sind. So gesehen hilft die Legende als Blindstück anstelle eben jener nicht gefundenen Scherbe, so dass das Gesuchte vollständig zusammengefügt werden kann. ¶ Will man über den Erfinder etwas in Erfahrung bringen, gar ihm biographisch auf die Schliche kommen, bleibt nur, durch die Maske Johannes Gutenberg zu dem

Mainzer Patrizier Henne zur Laden durchzudringen, durch die Legende zur Lebensgeschichte. ¶ Über lange Zeit bis noch in die Mitte des vorigen Jahrhunderts wuchs die Mär des deutschen Genius, war die große Erzählung von Johannes Gutenberg Schlüsseltext in der Werkstatt der deutschen Identitätsfindung. Suchten die Deutschen in einem vom Aufbruch gekennzeichneten 15. Jahrhundert, in einem von Reformation und Konfessionalisierung durchgerüttelten 16., in einem kriegerischen 17., einem schließlich revolutionären 18. und einem nationalbewegten 19. Jahrhundert, das in die späte Reichsgründung mündete, nach identitätsstiftenden Figuren, kam ihnen aus der Tiefe der Geschichte gleich nach Thuisto, nach Arminius und Albertus Magnus Johannes Gutenberg entgegen. So fruchtbar war die Gutenberg-Legende, dass sie sich sogar in einen Mythos verwandelte. ¶ Durch die Erfindung des Buchdrucks mit beweglichen Lettern trat das zerklüftete und zerrissene Deutschland in die moderne Geistes- und Technikgeschichte der christlichen Welt ein, hier beginnt das Selbstverständnis Deutschlands als das eines geistigen Weltreichs, als Land der Dichter und Denker, der Wissenschaftler und begnadeten Techniker. Die Klischees der Effektivität, der verqueren Genialität und der Verbohrtheit finden in dem Mann mit dem langen Bart und der bürgerlichen Mütze mit Pelzbesatz ihr Urbild. ¶ Doch das vermeintliche Urbild erweist sich als so unecht wie die Klischees. Bis heute konnte kein Porträt des Mannes aus Mainz ausfindig gemacht werden, das als halbwegs authentisch anzusprechen wäre. Das bislang früheste bekannte Konterfei Gutenbergs findet sich im zweiten Band des 1567 auf Deutsch erschienenen *Teutscher*

Nation Heldenbuch[6] des Basler Mediziners und Humanisten Heinrich Pantaleon. ¶ Am populärsten wurde das Bild, das der französische Polyhistor André Thevet in den dritten Band seines neunbändigen biographischen Lexikons *Wahre Porträts und Lebensgeschichten illustrer Griechen, Lateiner und Heiden, entnommen aus ihren alten wie neuen Gemälden, Büchern, Medaillen*[7] aufgenommen hatte. Nur trennte den Franzosen bereits ein Jahrhundert von dem deutschen Erfinder. Illuster ist die Gesellschaft allerdings, in der sich Gutenberg auf diesen Buchseiten befindet: Unmittelbar vor ihm stehen die Einträge zum Großhumanisten Enea Silvio Piccolomini, der als Papst den Namen Pius II. annahm, und zu dem Mathematiker Regiomontanus, auf ihn folgen der Humanist und Kardinal der römischen Kirche Pietro Bembo und der Humanist und Philosoph Giovanni Pico della Mirandola. ¶ Um die Mitte des 15. Jahrhunderts wuchs, warum wird noch näher zu betrachten sein, das Interesse am gerade entstehenden Buchdruck. Gingen die Fama der Innovation und Erfindung etwa zeitgleich voran? Erzwang die intellektuelle Entwicklung geradezu die Erfindung? ¶ In einem Brief Ende 1454, Anfang 1455, der bisher noch nicht aufgefunden werden konnte, schrieb der spanische Kardinal Juan de Carvajal an seinen Amtsbruder Enea Silvio Piccolomini und erkundigte sich nach dem Buchdruck, an dem er offensichtlich sehr interessiert war, wie man aus der Antwortepistel Piccolominis spiegeln kann. Der Weg, auf dem die Information von Gutenbergs Arbeit an der Erfindung von Mainz ins ferne Rom an die Ohren des hochinteressierten Kardinals gelangt war, lässt sich im Gewirr kurialer Verbindungen und Beziehungen aufstöbern. ¶ Wigand Menckler war seit

1450 als Anwärter auf eine Pfründe und ab 1452 als Inhaber einer Scholasterei am St.-Viktor-Stift bei Mainz tätig. Dass er Kontakt mit Johannes Gutenberg hatte, ihn kannte, steht außer Frage, denn Gutenberg war Mitglied der Laienbruderschaft von St. Viktor, wie aus dem *Liber fraternitatis*[8] hervorgeht. Menckler war nun nicht nur ein Familiare des deutschen Kardinals Nikolaus von Kues, sondern auch ein enger Mitarbeiter des Spaniers gewesen, so dass es sehr wahrscheinlich ist, dass Menckler Juan de Carvajal[9] über Gutenbergs nützliche Arbeiten unterrichtete. So informiert, wandte sich der Spanier an den Italiener. Enea, der als Rat Kaiser Friedrichs III. vom 5. bis 31. Oktober am Reichstag zu Frankfurt teilnahm, lagen nur ein paar Quinternionen – jeweils fünf der bedruckten und getrockneten Bögen wurden zum Heften übereinandergelegt und ergaben so einen Quinternio – der gedruckten Bibel vor. Was er zu sehen bekam, begeisterte den einflussreichen und gut vernetzten Humanisten so sehr, dass er – während eines Reichstages in Wiener Neustadt – am 12. März Juan de Carvajal antwortete: ❡ »Über jenen zu Frankfurt gesehenen erstaunlichen Mann ist mir nichts Falsches geschrieben worden. Vollständige Bibeln habe ich nicht gesehen, vielmehr einige Quinternen mit verschiedenen Büchern (nämlich der Heiligen Schrift) in höchst sauberer und korrekter Schrift ausgeführt; deine Gnaden würden sie mühelos und ohne Brille lesen können. Von mehreren Gewährsmännern erfuhr ich, dass 158 Bände fertiggestellt seien; einige versicherten sogar, es handle sich um 180. Über die Zahl bin ich nicht ganz sicher; an der Vollendung der Bände zweifle ich nicht, wenn man diesen (Leuten) Glauben schenken darf. Hätte ich deinen Wunsch gekannt, dann hätte ich ohne Zweifel einen Band (für dich) gekauft. Einige Quinternen sind hier zum Kaiser gebracht worden. Ich werde versuchen, wenn es sich machen lässt, eine noch käufliche Bibel hierherschaffen zu lassen und sie für dich zu bezahlen. Ich fürchte aber, es wird nicht gehen, sowohl wegen der langen Wegstrecke als auch, weil, wie man berichtet, noch vor der Vollendung der Bände es (für sie schon) bereitstehende Käufer gegeben habe. Dass deine Gnade es aber in so hohem Maße gewünscht hat, Gewissheit über die Sache zu erlangen, schließe ich aus der Tatsache, dass du mir dieses durch einen Kurier mitgeteilt hast, der schneller als Pegasus ist.«[10] ¶ In diesem Brief begegnet man über die Jahrhunderte hinweg Henne zur Laden, der zu diesem Zeitpunkt bereits Gutenberg genannt wurde, weil er auf dem elterlichen Hof Gutenberg wohnte, in einer kurzen, aber aufregenden Momentaufnahme, einem flüchtigen Vorbeigehen und zugleich dem Anfang der Legende. Der Sekretär des ebenfalls mit Enea befreundeten deutschen Kardinals Nikolaus von Kues, Giovanni Andrea di Bussi, nannte schon kurz nach ihrer Erfindung die Buchdruckerkunst eine *ars sacra*, eine heilige Kunst, und versuchte sich in Rom selbst in ihr. Dem großen Philosophen Marsilio Ficino diente die Erfindung sogar als Beweis, dass man in einem Goldenen Zeitalter lebte. Die Deutschen wiederum empfanden es als großes Glück, dass es ausgerechnet einem der ihren gelungen war, diese *sacra ars* zu schaffen, wo sie doch unter der Schmach litten, dass es ausgerechnet der Italiener Enoch von Ascoli war, der im Jahre 1455 die *Germania* des Tacitus in der Bibliothek der Abtei Hersfeld auffand. Dass etwa zeitgleich Gutenbergs 42-zeilige Bibel erschien und somit den Erfindergeist der Deutschen in alle Welt trug, linderte die Schmach ganz erheblich. Grund genug also für die deutschen Humanisten, den Mainzer zu rühmen. ¶ Keine dreißig Jahre später wird der von Friedrich III. zum *poeta laureatus*, zum Dichterkönig, erhobene Erzhumanist Conrad Celtis im dritten Buch seiner Oden Johannes Gutenberg besingen: ¶ »Nicht geringer als Dädalus, glaubt mir, oder als Kekrops, der die Buchstaben fand, ist der, der von Mainzer Bürgern stammt, der Ruhm unseres Namens. Er goss in kurzer Zeit feste Typen aus Erz und lehrte, mit beweglichen Lettern zu drucken. Nichts Nützlicheres, glaubt mir, konnte in allen Jahrhunderten erfunden werden! Nunmehr werden endlich die Italiener die Deutschen nicht mehr stumpfer Trägheit zeihen können, da sie sehen, dass durch unsere Kunstfertigkeit der römischen Literatur vieler Jahrhunderte Dauer zuwächst.«[11] ¶ War die römische Kaiserwürde durch die *translatio imperii* auf den deutschen König übergegangen, so wurde durch die deutsche Erfindung der Druckkunst über die Italiener hinweg, man möchte fast sagen, an den Italienern vorbei, der Bogen zur römischen Literatur und zu den Griechen geschlagen, wodurch in einem großartigen Akt der *translatio studii* die Weisheit und Wissenschaft der Alten direkt auf die Deutschen übergingen. Nichts Vergleichbares hatten aus Sicht des deutschen Humanisten die Italiener Gutenbergs Erfindung des Buchdrucks mit beweglichen Lettern entgegenzusetzen. ¶ Die herausragende Schöpfung setzt Celtis sofort gleich mit den größten Kulturleistungen, wie etwa der (mythischen) Erschaffung des Alphabetes durch den autochthonen Heros und legendären König von Athen, Kekrops. Diesem wurden neben der

Einführung des Alphabetes und der Monogamie die erste Volkszählung und das Erlassen von Gesetzen zugeschrieben. Im Streit zwischen Poseidon und Athene um den Besitz des Landes entschied er zugunsten Athenes. Höhere Weihen, als mit Kekrops gleichgesetzt zu werden, lassen sich nicht mehr denken. Der gleich zu Beginn der Ode erwähnte Dädalus galt als Schutzherr der Handwerker, der Techniker und der Erfinder. ¶ Hellsichtig arbeitet der Humanist den Zusammenhang zwischen Schrift und Druck, zwischen Wissen und Medium in seinem Panegyrikus, seinem Lobeshymnus auf Gutenberg heraus, der in Wahrheit ein Hymnus auf den Genius der Deutschen ist, die sich dank Gutenbergs nicht mehr vor den Leistungen der Italiener, die sich als die legitimen Nachfahren der Römer, der antiken Kultur fühlten, zu verstecken brauchten. Indem Celtis Gutenberg auf eine Stufe mit Dädalus und Kekrops, mit dem Techniker und dem Kulturheros stellt, zielt er auf den unauflösbaren Zusammenhang zwischen Botschaft und Medium. ¶ Natürlich ging es dem *poeta laureatus* vor allem um die ideologische Begleitung und Propagierung des Reichsgedankens, um die Geburt der deutschen *patria* als Wiedergeburt des *Imperium Romanum*. Demnach waren die Deutschen zur europäischen Ordnungsmacht berufen, weil aufgrund göttlicher Übertragung die Herrschaft von den Römern auf die Deutschen übergegangen war, und zwar in dreifacher Gestalt: als *translatio imperii* auf den deutschen König, als *translatio studii* auf Gutenberg und als *translatio artium* auf Albrecht Dürer. Die Humanisten um Conrad Celtis und Willibald Pirckheimer formulierten in der großen Krise des Mittelalters programmatisch die Aufrichtung des Universalkaisertums, wie man es bereits bei Dante[12] und bei Marsilius von Padua[13] beschrieben finden konnte: als integrierende Ordnungsmacht des universellen christlichen Reiches. Zum Protagonisten ihrer Reichsidee kürten sie Kaiser Maximilian I., der auch als der »letzte Ritter« in die Geschichte einging. Wichtiger, geradezu grundlegender Baustein in der Begründung ihres Projekts war das Genie Johannes Gutenbergs. Indes blieb ihr Projekt so erhaben wie vergeblich, ein Schmetterling, der verloren über der deutschen Wirklichkeit flatterte. ¶ In Deutschland bildeten sich die Landesherrschaften, in Frankreich, Spanien und England die Nationalstaaten langsam heraus, und niemand außer dem Kaiser und einigen deutschen Humanisten interessierte sich mehr für den Universalismus des Kaisertums, der unrettbar einem verschwindenden Mittelalter angehörte. Aber da der Traum so innig wie weltfremd war, entfaltete er eine nachhaltige Wirkung, nicht nur, aber auch in der Überhöhung des Johannes Gutenberg, der nun zum Sinnbild des Deutschen schlechthin wurde. Spätestens von dieser Ode an wurde aus Henne zur Laden der deutsche Kulturheros Johannes Gutenberg. ¶ Legte man auf der Suche nach dem Erfinder des Buchdrucks, bedingt durch eine historisch gewachsene Abneigung gegen alles Nationale, die Ode des Humanisten einfach beiseite, gösse man das Kind mit dem Bade aus. Im Gegenteil, es empfiehlt sich, sie genauer zu lesen, denn in seinem Panegyrikus weist Celtis sehr nachdrücklich darauf hin, dass in Gutenberg der Techniker und der Künstler vereint sind. So wenig man von dem Mainzer auch wissen mag, sollte man den hellsichtigen Hinweis des Humanisten ernst nehmen. Er wird von dem Dichter *als Ästhet* und *als Techniker* angesprochen. In der 42-zeiligen Bibel wird Gutenbergs Ästhetentum deutlich. Zwar wurde oft die außerordentliche Schönheit des Druckes anerkannt und gelobt, aber sie wurde zu wenig als Indiz für die Person seines Schöpfers gelesen. Das soll in dieser Biographie versucht werden, Gutenberg auch als Künstler zu begegnen, in dem die Doppeldeutigkeit des Begriffs der *ars*, als Handwerk und Kunst, als *kunst und aventur*, zugleich menschliche Statur gewinnt. ¶ Celtis kann Gutenberg auch deshalb ganz konkret und unmittelbar mit Kekrops vergleichen, weil der Grieche das Alphabet, also eine Schrift, die auf einzelnen Buchstaben und nicht auf Piktogrammen beruhte, erfand, so wie die einzelne Letter den Nukleus von Gutenbergs komplexer Innovation bildete. Sowohl Kekrops als auch Gutenberg gehen vom Einzelbuchstaben aus, was eine analytische Denkweise voraussetzt. ¶ Aber warum Gutenberg? Warum der Mainzer? Von heute aus betrachtet lag die Erfindung des Buchdrucks fast schon auf der Straße, entsprach sie der Notwendigkeit und der Logik der Zeit, aber sie lag auch in einer Logik, die erst durch die Erfindung selbst in Gang kam. Aus der Perspektive des frühen 15. Jahrhunderts stellt sich die Sachlage vollkommen anders dar, denn sonst wäre ein Wettrennen um diese Erfindung ausgebrochen, und es dürften wohl auch mehrere Männer aufgetreten sein, die sich als Erfinder gerühmt hätten. ¶ Wie und vor allem warum kommt Henne zur Laden, ein Mainzer Patrizier, ein Mann, der wohl kein Handwerker, wohl kein Gelehrter oder Humanist, sondern, wie gern behauptet wurde, ein standeseitler Bonvivant war,[14] dazu, diese epochale Leistung zu vollbringen? Warum wurde der Buchdruck mit beweglichen Lettern nicht in den damaligen Zentren der Kultur und der Wissenschaft, in Paris, in Rom, in Florenz, in Pavia, in Padua oder in Bologna erfunden? Warum in einer Stadt, die zu diesem Zeitpunkt nicht einmal eine Universität besaß? Sollte Conrad Celtis trotz des ideologischen Programms, das seinen Panegyrikus treibt, am Ende doch tiefer gesehen haben, als man gemeinhin glaubt?

Verlust des Gottvertrauens

Das Leben Hennes zur Laden, genannt Gutenberg, ist – auf den ersten Blick verblüffend – durch die Daten 1420 bis 3. Februar 1468 eingegrenzt worden.[15] Der Zeitpunkt des Todes bleibt unumstritten, die erste Angabe dagegen verwundert zunächst. Bei näherem Hinsehen stellt man jedoch sehr schnell fest, dass mit dem Jahr 1420 nicht wie üblich das Geburtsdatum, sondern die erste urkundliche Erwähnung Hennes zur Laden gemeint ist, was auf das Dilemma der Gutenbergforschung hindeutet. Denn zumindest die direkten Quellen, die Kindheit und Jugend betreffen, fehlen. So hilft nur, wie es die prähistorische Archäologie unternimmt, zu graben und mit Analogien und Chronologien zu arbeiten. Und hier gilt es, solange die Grenzen der Plausibilität gewahrt bleiben, nicht allzu skrupulös zu zaudern, will man sich Johannes Gutenberg annähern. ¶ In der Quelle von 1420, in der es um eine Erbschaftsangelegenheit geht, wird Henne als volljährig bezeichnet, d. h. er muss um 1420 mindestens 15 Jahre alt gewesen sein. Begreiflicherweise arbeitete sich die Gutenbergforschung an der genauen Datierung der Geburt ab, weil nicht einmal ein Taufeintrag aufzustöbern war. Auch deshalb gelang letztlich keine genauere Festlegung, so dass sich die Historiker aus guten Gründen im Jahre 1900 auf das Jahr 1400[16] einigten, was den Vorteil bot, dass man sogleich den 500. Geburtstag des Mainzer Kulturheros kräftig feiern und ein Museum für den großen Sohn der Stadt gründen durfte, das 1901 seine Türen öffnete. ¶ Wenn die Eltern ihrem zweiten Sohn – der erste hieß nach dem Vater Friele, eine Mainzer Lokalform für Friedrich – nicht etwas gedankenlos den damals sehr beliebten Namen

Johannes – in Mainz: Henne, Hennchen oder Hengin – gegeben haben, dann dürfte Henne nach damaligem Brauch am 24. Juni, dem Johannestag, getauft worden sein, also am 24. Juni 1400, und wäre dann am 22. oder 23. Juni geboren. Von diesem unsicheren, aber mit einer Spanne von plus oder minus fünf Jahren dann doch realistischen Geburtsdatum soll im Weiteren ausgegangen werden. ¶ Eine Besonderheit in den Mainzer Gebräuchen der Zeit kann immer wieder zu Fehlern führen und erschwert die Recherche: Im 13./14. Jahrhundert setzte sich der Zuname als Nachname besonders in den Städten durch. Oft diente zur Kennzeichnung der vielen Johannesse oder Friedriche der Beruf, ein körperliches Merkmal, der Geburtsmonat oder der Herkunftsort des Betreffenden. In Mainz nannten sich die Patrizier jedoch nach den Stadthöfen, die sie bewohnten. So fand in den Quellen seinen verwirrenden Niederschlag, dass verschiedene Familien, die nichts miteinander zu tun hatten, sich nach demselben Hof benannten, den sie zu unterschiedlichen Zeiten bewohnten. ¶ Ein Stadthof, in dem auch Henne das Licht der mittelalterlichen Welt erblickte, bestand zumeist aus zwei mehrstöckigen Bürgerhäusern, aus Gebäuden und Mauern, die einen oder mehrere Höfe umschlossen. Gern nutzten die Mainzer Geschlechter, wie die Patrizier genannt wurden, Eckgrundstücke, so dass zwei bis drei Seiten zur Straße zeigten, denn die Stadthöfe dienten nicht nur dem Leben, nicht nur der Wirtschaft, sondern natürlich auch der Repräsentation. Der Status der Familie, also alles das, was sie nach außen repräsentierte, schützte sie zugleich und machte sie unangreifbar. Das öffentliche Ansehen war bei weitem keine moralische, sondern eine durch und durch existenzielle Kategorie. Wer sich an einer Patrizierfamilie vergriff, forderte das Patriziat heraus, das seine Privilegien und seine Unantastbarkeit kompromisslos verteidigte. Als aber die Macht und das Ansehen der Geschlechter schwanden, verloren sie auch ihre Privilegien. ¶ Nicht von ungefähr erinnern die Höfe der Patrizier an die Burgen des niederen Landadels. Denn aus Stein errichtet, dienten auch sie der Verteidigung und dem Schutz, hierin den Geschlechtertürmen italienischer Städte ähnelnd. Zwischen niederem Adel und den Patriziern kam es zu Heiratsverbindungen, und da die Landadligen auch Häuser in der Stadt und die Patrizier Lehen und Höfe im Umland besaßen, glichen sich ihre Lebensweisen an. Aus diesem Grund war es ein Leichtes, Gutenberg als adelsstolzen Junker zu verzeichnen. ¶ Zum Leben der Patrizier gehörte auch der Stadtgarten, der entweder als zweiter Hof hinter dem ersten oder zumindest in der Nähe des Domizils der Familie lag und vor allem der Erholung diente. Aufwendige Feste wurden hier gefeiert, Lustbarkeiten aller Art veranstaltet. Mainz war berühmt für seine Gärten. Die Stadthöfe besaßen eigene Brunnen und verfügten neben Wohn- auch über Gewerbeflächen, Scheunen, Lagerräume und Werkstätten. Landgut und Garten versorgten sie mit Lebensmitteln, auch mit den in dieser Zeit wichtigen Kräutern, die man in großer Vielfalt anbaute, denn sie wurden als Würze und als Medizin genutzt. ¶ Im Grunde stellten die Patrizier eine Art Stadtadel dar, der vor allem von seinen Privilegien lebte und in seiner wirtschaftlichen Existenz gut mit dem kleineren Landadel am Mittelrhein zu vergleichen ist. Ähnlichkeit wiesen sie in ihrer Herkunft mit dem niederen Adel auf, denn häufig entstammten die Geschlechter der Patrizier der Ministerialität des Erzbischofs. Allerdings standen Angehörige des Landadels nicht nur im Dienst des Mainzer Kirchenfürsten, sondern sie übten als Reichsministerialen auch Ämter für die Könige und Kaiser des Reiches aus. ¶ Für Henne zur Laden bedeutete es ein Glück, in eine Familie hineingeboren zu werden, die zur reichen städtischen Oberschicht gehörte. Armut lernte er in seiner Kindheit nicht kennen, dafür aber Anspruch, Würde, Stolz, Eigenschaften, die man in einer höchst unsicheren und volatilen Gesellschaft benötigte, und machte die Erfahrung, wie permanent gefährdet der Besitz und die Stellung seiner Familie waren. Das Leben selbst blieb zudem vom ersten Atemzug an eine unsichere Angelegenheit: Selbst eine unglückliche Zahnentzündung konnte es beenden. Tag für Tag war zu erfahren, dass alles wie auch die eigene Existenz in Gottes Hand lag. ¶ Das zweistöckige Gebäude, in dem Hennchen geboren und von einer, wie es scheint, liebenden Mutter umsorgt wurde, lag an der heutigen Ecke Schusterstraße/Christofstraße im ältesten Siedlungskern von Mainz um den Markt, das Fischtor und die Christof- und Karmeliterstraße. Mitten in der Stadt zu wohnen, in ihrem Zentrum zu residieren, gehörte zum Prestige der Geschlechter und repräsentierte ihre Macht und ihren Reichtum. Henne wuchs also auch in der geographischen Mitte seines Standes auf, sah seine Standesgenossen, die fußläufig von ihm entfernt wohnten, beim Kirchgang, in der Messe und beim jährlichen Schwurtag. ¶ Die Bürger der Stadt bildeten im Grunde eine Genossenschaft, die alljährlich durch den Schwur aller erneuert wurde. Die Größe des Hofes, der Platz, den er zur Straße hin einnahm, und die zentrale Lage bildeten die Bedeutung der Familie im Gefüge der Stadthierarchie topographisch und architektonisch ab. ¶ Wenn der kleine Henne durch die Wohnung seiner Familie im Gutenberghof, der ihr während seiner Kindheit erst zum Teil gehörte, lief, dürfte ihm das Betreten des Repräsentationszimmers oder -saales, in dem der Patrizier Friele Gensfleisch Besucher empfing, allein und an normalen Tagen untersagt gewesen sein. Denkbar ist, dass jenes Prachtzimmer oder jenen Prachtsaal Fresken zierten, denn auch das Haus der Familie Molsberg wurde mit Wandmalereien verschönert, mit Wappen der Molsberg und der angeheirateten Familien auf den Pfeilern zwischen den Fenstern im Saal des Hauses in der Korbgasse, die in den Quellen als »versus curia zu Korbe« auftauchte und in der auch Peter Schöffer später ein Haus besaß. Schöffers Druckerei verteilte sich auf das Haus zum Korb in der Korbgasse und den Hof zum Humprecht in der Schusterstraße.[17] ¶ Es scheint Brauch gewesen zu sein, die Wohnungen und Häuser zum Zwecke der Darstellung der Position in der städtischen Hierarchie, von Reichtum und Macht zu freskieren. Auch die Kapelle im Wohnturm im ehemaligen Königsteiner Hof verschönerten Malereien. Eingang in die Literatur fand die außergewöhnliche und recht freizügige Bildgestaltung im Haus des Domherrn Graf Johann von Eberstein,[18] des Mainzer Stadtkämmerers. Unbeschadet der Tatsache, dass der Domherr ein Geistlicher war, genoss er die detailreichen Darstellungen von Szenen des Wiesbadener Badelebens, wie sie sich in den Badehäusern, in denen auch Feste und durchaus im griechischen Sinne Orgien gefeiert wurden, zutrugen. ¶ Frauen und Männer gemeinsam im Bade, so wie der Schöpfer sie geschaffen hatte, Tanzszenen, Bilder von Trinkgelagen, groteske Verkleidungen, sexuelle Rollentausch- und Verwandlungsspiele erfreuten das Auge des Prälaten. Auch Turnierszenen wurden auf den Bildern dargestellt. Und der geistliche Herr versteckte nicht etwa seine offenherzigen Bilder, sondern ließ seine Gäste großzügig am Augenschmaus teilhaben.[19] ¶ Heinrich von Langenstein, der eine Professur an der Universität von Paris innehatte und dem Prälaten einen Besuch abstattete, schrieb jedenfalls in einer Mischung aus öffentlichem Tadel und stillem Genuss im Kapitel V seines Tractatus unter der Überschrift »De voluptate carnali« (Über die Fleischeslust): ¶ »Das heißt, alle Laster weltlicher Irreleitung werden auf drei reduziert, die da sind: Fleischeslust, vergängliche Habgier und Hochmut nichtigen Ruhms. Wie aber kann die Fleischeslust passender dargestellt werden, als auf einem Gemälde des Wiesbadener Badefestes, mit völlig zügelloser Fleischlichkeit, und mit der Schaumigkeit aller sinnlichen Wasserfreuden?« ¶ Ausgelassen wird gefeiert, mit Musik und Gelage, man putzt sich heraus, Kosten werden nicht gescheut. ¶ »Sobald man angekommen ist, finden sich Gruppen, die Gesellschaft von Weibern wird gefordert, das Bad betreten, die Körper gereinigt, die Seelen befleckt. Man geht und die Trompeten erschallen, die Flöten singen, Reigen entstehen. Dort werden die Schauspiele der Verderbtheit, die von beiderlei Geschlechtern und in unersättlich unkeuscher Haltung ausgeführt werden, nicht vor den keuschen Augen der Zuschauer verborgen. Bei den Weibern wird die Nacktheit der Brüste beschaut, bei den Männern die Unbedecktheit der Hintern, und überall werden unschuldiger Sinn und Fruchtbarkeit beleidigt.«[20] ¶ Nur »Gottvergessenheit« und keine »Tugend« konnte Langenstein erkennen – ganz so weit freilich werden die Darstellungen in den Häusern der Patrizier nicht gegangen sein. Dass aber der Domherr von Eberstein sich diese Bilder in aller Öffentlichkeit anfertigen lassen durfte und sie auch nicht zu verstecken brauchte, erzählt etwas vom freieren Geist im späten Mittelalter, dem Scham und Zurückhaltung eher fremd waren. Es ist wichtig, dies zu sehen, um zu verstehen, in welchem Geist Henne zur Laden aufwuchs, im Geist einer Gesellschaft, in der alles öffentlich war und alles auch vor aller Augen geschah. Kräftige Farben und ausgestellte und nicht verborgene Leiden bestimmten das Bild der Straßen und Plätze, es ging laut und distanzlos zu. ¶ Wichtiger als die *ars vivendi* war die *ars moriendi*. Die Kunst des guten Sterbens beschäftigte die Menschen stärker als die zu leben, weil das Leben als kurze Zeit aufgefasst wurde, an die sich die Ewigkeit in der Hölle oder im Himmel anschloss. Zeiten großer Zerknirschung und qualvoller Selbstkasteiung wechselten bei ein und demselben Menschen mit Phasen größten Sündigens. Wie im Einzelnen so existierten in der Gesellschaft nur Extreme, aber keine Mitte. ¶ Henne wuchs auf mit der Vorstellung von der Erbsünde, wonach jeder Mensch bereits sündig zur Welt kam, und der Endlichkeit des irdischen Jammertals, in dem man sich nur zur Bewährung befand. Ständig hatte man für sein Seelenheil zu sorgen, was aber mittels guter Werke und Beichte auch zu bewerkstelligen war. Er wuchs auf mit der Überzeugung, dass die Ordnung der Welt Gottes Werk war und er mithin die Stelle auch ausfüllen musste, an die ihn die göttliche Vorsehung gestellt hatte. Wenn die Patrizier ihre Privilegien verteidigten, erfüllten sie damit auch Gottes Willen, denn von wem, wenn nicht von ihm, sollten sie diese doch letztlich erhalten haben? ❡ Auch Hennes elterliche Wohnung im Hof zum Gutenberg dürfte aus einem Repräsentations- und einem Alltagsbereich bestanden haben. Wenn der aufgeweckte Junge die Wohnung erkundete, dann wohl allenfalls mit dem Bruder. Ganz abgesehen davon, dass sie frühzeitig von der Mutter in die Hauswirtschaft einbezogen wurde, war die Schwester Else mindestens sechs Jahre älter als Henne, wenn sie 1414 den Patrizier Claus Vitzthum heiratete. Vermutlich starb sie kurz nach der letzten urkundlichen Erwähnung 1443. ❡ Wann der Bruder Friele zur Welt kam, ist unbekannt, gestorben ist er im August 1447. Dass auch er vor Henne geboren worden war, ergibt sich aus der Minderung einer Leibrente, die im Erbschaftsausgleich vom Bruder auf ihn übertragen wurde, wobei die prognostizierte höhere Lebenserwartung des Jüngeren den Grund für die Herabsetzung der Summe, die regelmäßig zur Auszahlung kam, bildete. ❡ Friele heiratete die Tochter des Patriziers Jeckel Hirtz, die ebenfalls Else hieß, und wohnte mit ihr ab 1434 in Eltville.[21] Über das Verhältnis der Brüder findet man recht wenig, und aus den Erbregelungen Antipathien herauslesen zu wollen, ginge zu weit. Im Gegenteil scheinen die Brüder die Verbindung aufrechterhalten zu haben, denn zu seiner Nichte, Frieles Tochter Odilgen, und ihrem Mann Johann Sorgenloch unterhielt Johannes Gutenberg gute Beziehungen. Leider liegen keine Nachrichten vor, ob Henne weitere Geschwister hatte, was bei der hohen Kindersterblichkeit dieser Zeit durchaus vorstellbar ist. Die Hälfte aller Kinder erreichte nicht das zehnte Lebensjahr. ¶ Andererseits heiratete der Vater sehr spät und für damalige Verhältnisse mit über 50 Jahren bereits als alter Mann Else Wirich. Von den überlebenden Kindern war Henne das jüngste Kind Elses und wohl auch ihr liebstes, denn sie kümmerte sich später um seine Leibrenten, trat in den Erbvergleichen und Erbregelungen für ihn ein und vertrat ihn vor Gericht. Gutenbergs weiterer Lebensweg, sein Heraustreten aus dem Kreis der Mainzer Patrizier indizieren, dass die Mutter für ihren Jüngsten einen anderen Lebensweg vorsah. ¶ Zu Hennes Zeiten hieß die Schusterstraße, in der er Kindheit und frühe Jugend verbrachte, noch Quintinsgasse nach der in der Nähe gelegenen Quintinskirche, der ältesten Pfarrkirche der Stadt Mainz, die 774 erstmals urkundlich erwähnt wurde und um die Wende vom 13. zum 14. Jahrhundert die Gestalt einer spätgotischen Hallenkirche erhielt. Getauft wurde Hennchen aber nicht in St. Quintin, sondern in St. Christoph, einer schlichten gotischen Gewölbebasilika mit romanischem Turm. Der aus dem 14. Jahrhundert stammende Taufstein, in dem der Pfarrer den Körper des Kleinen ganz eintauchte, ist ein Steinbecken, das von Löwen getragen wird. ¶ Wie oft mag der kleine Henne später im Gottesdienst die Wandmalereien angeschaut haben, von denen sich ein heiliger Christophorus, der den Christusknaben trägt, erhalten hat? Vielleicht stellte der Maler zur Zeit der Taufe des Patriziersohnes das Fresko fertig, vielleicht stiftete die Familie das Bild auch aus Anlass der Geburt ihres Sohnes, zumindest stammt es aus der Zeit um 1400. ¶ Wenn Henne den Hof zum Gutenberg verließ und auf die Straße trat, befand er sich auf der Quintinsgasse inmitten der kleineren Häuser der Handwerker, der Schwertfeger und Korbmacher und Kannegießer. Schlug er allerdings die andere Richtung ein und ging über die heutige Vordere Christofsgasse, die zu seiner Zeit Unter den Leinengaden[22] hieß, säumten die Häuser und Werkstätten der Leinentuchweber seinen Weg. Auf den Webern dürfte sein Blick mit Wohlwollen geruht haben, denn ihr Fleiß mehrte den Reichtum seiner Familie. ¶ Der Erzbischof hatte 1239 den Geschlechtern das Gadenrecht verliehen, das ihnen die Gewinne aus dem Tuchhandel sicherte, denn nur sie durften Tücher in Mainz verkaufen bzw. verkaufen lassen, weil sie die Gaden (Läden) auch verpachten konnten, um dann als Rentiers vom Pachtgeld zu leben. ¶ Von Kindesbeinen an dürfte der Vater Henne in den Kodex der Geschlechter eingeführt haben, ihm vermittelt haben, wie sich Mainz und die Welt aus Sicht der Patrizier darstellten, worauf ihr Stolz beruhte und welche Ansprüche sie anmelden konnten und zu verteidigen hatten, denn auch das Geschenkte war nicht sicher. Was gern als Standesdünkel denunziert wird, bedeutete im Grunde einen lebenswichtigen Verhaltenskodex, Grundregeln, die das Selbstverständnis und dadurch auch die Legitimität der Ansprüche der Patrizier sicherstellten. ¶ Keinesfalls hatte er sich mit den Zünften gemein zu machen, denn dadurch verlöre er letztlich seine Steuerprivilegien den Zunftgenossen gegenüber. Sie beruhten auf der Unterscheidung von Zunftmitgliedern und Patriziat, die man historisch rechtfertigte, mit den Verdiensten, die sich die Geschlechter um die Freiheit der Stadt erworben hatten. Es war auch die einzige Rechtfertigung, die bestehen konnte in der Auseinandersetzung, umso wichtiger, sie nicht selbst in Frage zu stellen, indem man sich gemein machte. ¶ Um die Entstehung des Patriziats in Mainz und sein Selbstverständnis als Garant und Träger der städtischen Freiheit zu verstehen, ist es notwendig, einen Blick auf die Geschichte der Stadt zu werfen, die auch dem kleinen Henne vermittelt wurde. In diesem Wissen und in dieser Standesideologie wuchs Henne auf, sie bildete seine weltanschauliche Grundausstattung. ¶ Die Stadt Mainz gehörte dem Erzbischof, der seine Residenz seit 1347 allerdings nicht in der Stadt, sondern im benachbarten Eltville hatte. In Mainz bildete sich zum Ende des 11. Jahrhunderts eine Oberschicht reicher Bürger heraus, die vor allem aus dem Kreis der Ministerialen des Erzbischofs stammte, die auch Ämter in der Stadt wahrnahmen, wie Schultheiß, Kämmerer, Walpode,[23] Richter, Schöffe. Die Ämter brachten den Ministerialen Einnahmen ein aus Strafgeldern, Gebühren, Abgaben von verkauften Waren und den Wochenzins vom Stockhaus, den öffentlichen und den privaten Gefängnissen und Steuern der Prostituierten.[24] ¶ Das Erzbistum Mainz bildete nicht nur die größte Kirchenprovinz in Deutschland, sondern der Erzbischof spielte seit jeher eine wichtige Rolle in der Reichspolitik, nahm das Amt des Reichskanzlers ein und gehörte als einer der sieben Kurfürsten zu den Wählern des Königs. Als Ministerialen, die Verwaltungsaufgaben für den Erzbischof in Mainz erledigten, sicherten sich die Geschlechter allmählich verschiedene einträgliche Privilegien, wie das Gadenrecht oder das Privileg, in erzbischöfliche Dienste zu treten, und den Zugang zur Münzerhausgenossenschaft. Vor allem bildete sich aus Bürgern und Ministerialen zu Beginn des 13. Jahrhunderts eine städtische Selbstverwaltung, der

24 Bürger angehörten, die auf Lebenszeit die Belange der Stadt wahrnahmen. ¶ Diese Entwicklung lässt sich im ganzen Reich beobachten, am Rhein wie auch an der Donau und an der Pegnitz, am Arno und in der Lagune vor der Terraferma. In Italien nannten sich diese Selbstverwaltungsorgane Signoria. Der Erzbischof besaß nicht das Recht, die Ratsleute zu ernennen, sondern beim Tod eines Ratsherrn entschied der Rat über die Kooptation eines Nachfolgers. ¶ Das vom Erzbischof überlassene Recht über alle Bautätigkeiten und die Baupolizei erschloss den Patriziern eine ungeheure Chance, sich durch Grundstücksspekulationen in einer prosperierenden und sich ständig vergrößernden Stadt zu bereichern, da der Rat über alle Bauvorhaben entschied. ¶ Im Streit zwischen dem Papst und dem Staufer-Kaiser Friedrich II. stellte sich Mainz im Gegensatz zu den meisten Städten im Reich auf die Seite des Pontifex und ließ sich diese Entscheidung von Erzbischof Siegfried III. von Eppstein am 13. November 1244 reichlich mit dem Freiheitsprivileg entlohnen. Mit diesem Privileg wurde Mainz zur Freien Stadt, auch wenn es nominell noch dem Erzbischof gehörte und sich der Kirchenfürst Rechte sicherte. Doch die Macht in der Stadt ging an die ratsfähigen Geschlechter über, die allerdings auch durch ihre Herkunft als Ministerialen des Erzbischofs versuchten, mit ihm in einem auskömmlichen Verhältnis zu bleiben, denn die Synoden und die Reichstage, die er in die Stadt holte, trugen zum wirtschaftlichen Aufstieg der Stadt bei. ¶ Hennes Familie stammte aus einem Ministerialengeschlecht, wurzelte aber auch im Handwerk und im Bankgewerbe. Hin und wieder wurde als Urahn Gutenbergs der Empörer Arnold der Rote genannt,

der an der Ermordung des Bischofs von Mainz, Arnold von Selenhofen, im Jahr 1160, ausgerechnet am 24. Juni, dem Johannistag, beteiligt und einer der Führer der städtischen Opposition gegen den Bischof war. Obwohl die Stadt wegen des schweren Verbrechens des Bischofsmordes bestraft und die Stadtmauern geschleift wurden, dass sie schutzlos »den Wölfen und Hunden, Dieben und Räubern offenstand«,[25] wurde Arnold der Rote nicht vom Kaiser Friedrich Barbarossa belangt, sondern findet sich auch weiterhin in den Quellen als angesehener Bürger vor Gericht, um Urkunden zu bezeugen. Obgleich die Nachfolge nicht zweifelsfrei belegt werden kann, indiziert sie doch, dass Johannes Gutenberg einer alteingesessenen, bürgerstolzen Familie entstammte.

Aus altem Geschlecht

In Mainz tritt uns erstmals gesichert die Familie mit Friele Rafit zum Gensfleisch 1330 entgegen. Sein Name leitete sich von den Höfen Rafit und Gensfleisch her. Friele hinterließ in erster Ehe drei Söhne, die zum Patriziat gezählt werden können, nämlich Friele, der Kanoniker von St. Peter wurde, Johann und Petermann, der das einflussreiche Amt des Schöffen ausübte. Außerdem betrieb Petermann zwei Tuchläden. Um sie führen zu dürfen, musste er im Genuss des Gadenprivilegs sein, also zu den alten Geschlechtern gehören. Aus Petermanns Ehe mit Nese zum Jungen ging auch Friele zum Gensfleisch, genannt zur Laden hervor, der im Juli 1368 in den Hof zur Laden zog. ¶ In erster Ehe heiratete Friele Grete zur jungen Aben. An den Namen der Ehepartner lässt sich sehr gut die familiäre Verflechtung der Patriziergeschlechter ablesen, denn man heiratete, um Macht und Vermögen möglichst zu mehren, zumindest zu bewahren. Zum Jungen, zum Eselweck, zur jungen Aben sind durchweg Patriziernamen, entlehnt von den Stadthöfen, die sie bewohnten. So kamen als Ehepartner nur Patrizier oder Adlige in Frage und seltener Kaufleute, sofern sie sehr reich waren. ¶ Sein drittes Kind nannte Friele ebenfalls Friele, der im Hof zur Laden geboren wurde, den er allerdings aufgrund der Erbteilung an seinen Bruder verlor. Friele zog in den Hof zum Gutenberg, der in Teilen den Brüdern Henne und Heinrich zum Jungen gehörte, mit denen er weitläufig verwandt war. Durch Vergleich oder Gerichtsverfahren gelang es Friele in zähem Ringen, den Hof ganz in seinen Besitz zu bringen. Aus seiner ersten Ehe ging die Tochter Patza oder Patze hervor, die den Mainzer Bürgermeister Peter zum

Jungen heiratete und eine Rolle in der bereits erwähnten Erbregelung von 1420 spielte, die zur ersten urkundlichen Erwähnung von Henne zur Laden, genannt Gutenberg, führte. ¶ Wohl 1386 ging Friele eine zweite Ehe ein. Ein erneutes Heiraten hatte zu dieser Zeit meist den Hintergrund, dass der Ehepartner bereits verstorben war. Da eine Ehe vor allem eine wirtschaftliche Vereinigung war und die Ehefrauen die umfangreiche Hauswirtschaft zu organisieren hatten, bestand eine existenzielle Notwendigkeit, die »Stelle« der Hausfrau im Sinne der Hausherrin »neu zu besetzen«. Von der Beaufsichtigung des weiblichen Dienstpersonals über die Entscheidungen hinsichtlich der Zusammensetzung der Mahlzeiten, die Festlegung und Strukturierung der häuslichen Ausgaben, die Verantwortung der Erziehung der Knaben im Vorschulalter und der Mädchen ohnehin reichten ihre vielfältigen Aufgaben. Die Hausfrau, im heutigen Verständnis eher Hausherrin, war, sehr grob verallgemeinert, für alles im Haus zuständig, während der Hausherr sich um die politischen und wirtschaftlichen Belange zu kümmern hatte. Darüber hinaus war es keine Seltenheit, dass stolze Patrizierinnen die Geschicke ihrer Familie mitbestimmten und dem Mann als ebenbürtiger Partner zur Seite standen. ¶ In Nürnberg durften Frauen sogar außerhalb des Hauses arbeiten und ein eigenes Gewerbe führen bzw. die Werkstatt ihres Mannes nach seinem Ableben, allerdings befristet, übernehmen, wenn ihre Söhne noch minderjährig waren und deshalb das Erbe noch nicht anzutreten vermochten. Unsere Vorstellung von der auf den allerengsten Familienkreis beschränkten Ehefrau, die keinerlei Mitspracherechte besaß, ist im Grunde eine Projektion von Verhältnissen, wie sie erst mit der Reformation und der Konfessionalisierung entstanden, auf das in mancher Hinsicht freiere Mittelalter. ¶ Bis zu welchem Grad politische Einflussnahmen durch Frauen möglich waren, zeigte sich an der Rolle, die in der Mitte des 14. Jahrhunderts beispielsweise die heilige Katharina von Siena oder Jeanne d'Arc spielten. Während Erstere den Papst förmlich aus Avignon nach Rom zurückstrafpredigte, führte Letztere sogar das Heer des französischen Königs an. Sicher stellten die heilige Katharina und Jeanne d'Arc Ausnahmen dar, aber als Extrem im Spektrum des Möglichen zeigen sie die enorme Bandbreite der Wirkungsmöglichkeiten der Frauen im späten Mittelalter. ¶ Friele, der also schon aus wirtschaftlichen Gründen sich gezwungen sah, erneut zu heiraten – für andere Bedürfnisse war Mainz sehr gut mit Badehäusern und Bordellen ausgestattet –, führte in zweiter Ehe keine Patriziertochter heim, sondern Else, die Tochter des reichen Kaufmanns Werner Wirich zum steinen Krame. Der Schwiegervater besaß in Mainz mehrere Häuser und vererbte sein kaufmännisches Geschick an seine Tochter Else, die eine außergewöhnliche Frau gewesen sein dürfte, wie wir noch sehen werden. Mütterlicherseits hatte sie mindestens ein Haus in Eltville geerbt. Für die Familiengeschichte und nicht minder für Johannes Gutenbergs Entwicklung wurde der Besitz im ruhigeren Eltville zur wichtigen Alternative zum unruhigen Mainz. War Else die Tochter eines Kaufmanns, konnte sie dennoch auf eine beeindruckende Ahnenreihe zurückblicken. Ihr Urahn, Wirich, diente dem Erzbischof als Burggraf in Mainz. ¶ Nach dem Tod des Erzbischofs Matthias von Buchegg entschied sich das kaiserfreundliche

Mainzer Domkapitel für Balduin von Luxemburg, den Trierer Erzbischof und Kandidaten des Kaisers Ludwig IV. als Nachfolger. Traditionell wählte zwar das Kapitel den Bischof, jedoch wurde der Kirchenfürst vom Papst eingesetzt. Als Papst Johannes XXII. stattdessen den Neffen des gleichnamigen Kölner Erzbischofs, Heinrich von Virneburg, berief, brach der Bistumsstreit aus. Genau genommen bildete die Mainzer Auseinandersetzung nur ein, wenn auch wichtiges Kapitel im Machtkampf zwischen Kaiser Ludwig, genannt der Bayer, und dem verschlagenen Advokaten Jacques Duèse, der als Papst den Namen Johannes XXII. gewählt hatte. Es war zugleich die Zeit, in der dem bedeutendsten deutschen Philosophen des beginnenden 14. Jahrhunderts, Meister Eckhart, in Köln auf Betreiben eben jenes Kölner Bischofs der Ketzerprozess gemacht wurde und in dem die Philosophen Marsilius von Padua und William von Ockham von München aus mit der Feder für Kaiser Ludwig den Bayern und gegen den avignonesischen Papst Johannes XXII. stritten. Es war der letzte Akt des großen mittelalterlichen Kampfes, in dem sich universelles Kaisertum und Papsttum gegenüberstanden und der mit der Ermattung beider Ordnungsmächte endete. ¶ Der Mainzer Rat schlug sich wieder auf die Seite des Papstes und erkannte Heinrich von Virneburg an. Eine Rolle spielte bei dieser Parteinahme auch einer der Mainzer Ur-Antagonismen, nämlich der Kampf zwischen Stadtrat und Domkapitel, zwischen der weltlichen und der geistlichen Stadtregierung, in dem es stets um Privilegien, also konkret um Macht und Einkommen ging. Beide geistlichen Herren schickten sehr ungeistlich Truppen zur Durchsetzung des eigenen Anspruchs ins Feld. Um sich gegen Balduin zu verteidigen, ließ die Stadt Klöster und Burgen im Umland niederlegen, wie das St.-Viktor-Stift in der Weisenau, um Balduins Truppen keine Möglichkeit, sich zu verschanzen, zu bieten. Zudem griffen die Mainzer das Domkapitel an, zerstörten Klerikerwohnungen und Klöster. Mönche und Domherren flohen aus der Stadt. Wegen der Gewalt, die gegen Geistliche ausgeübt wurde, kam der Papst nicht umhin, über seinen wichtigsten Verbündeten, die Stadt Mainz, das Interdikt zu verhängen. ¶ Gottesdienste fanden nicht mehr statt, Messen wurden nicht mehr gefeiert und Sakramente nicht mehr verliehen, das heißt, es wurde weder getauft noch wurden Ehen geschlossen. Sterbende mussten ohne Vergebung der Sünden ihre letzte Reise antreten. Der Kaiser eröffnete Ende 1331 ein Reichsverfahren gegen die Stadt Mainz, in dem er 1332 alles mobile und immobile Hab und Gut der Stadt zur Leistung des Schadenersatzes frei- und die Stadt in die Reichsacht gab. Die Mainzer verpflichteten sich schließlich, Erzbischof Balduin anzuerkennen, Wiedergutmachung zu leisten und alle von ihnen zerstörten Wohnungen, Häuser und Burgen wiederaufzubauen. Das war ein herber Schlag für die Patrizier und für die Stadt, auch wenn sie die Forderungen nie ganz erfüllten, auch nicht erfüllen konnten. ¶ Am 23. Juni beschworen der Mainzer Kämmerer Salmann und die Ratsherren eine Abmachung, nach der die Domherren in die Stadt zurückkehrten und wieder ihre alten Besitzungen und Privilegien erhielten. Zwei Wochen später hob der Kaiser die Reichsacht auf. Vom Interdikt hatte der Papst ein Jahr früher die Bürger der Stadt entbunden, nachdem sie ihm gelobt hatten, alle geraubten Klostergüter zurückzugeben und bis zur Rückkehr der Geistlichen im Mariengredenstift zu lagern.[26] ¶ Um die Wiedergutmachung zu leisten, blieb dem Patriziat nur, eine schwere Niederlage im Kampf um die Macht in der Stadt in Kauf zu nehmen, die das Ende seiner Alleinherrschaft bedeutete. Nur der Weg stand ihm offen, die Zünfte, oder die *gemeinde*, wie man sie auch nannte, zu gewinnen, die schließlich die Steuern zu entrichten hatten. Deshalb akzeptierten die Geschlechter, dass die Gemeinde schließlich 24 Vertreter der Zünfte in den Rat entsandte. Der alte Rat, die Geschlechter, und der neue Rat, die Gemeinde, berieten zwar getrennt, dennoch gehörten der Interessenausgleich und das Aushandeln von Kompromissen von Stund an zur Mainzer Stadtpolitik. Das Machtmonopol der Patrizier war für immer gebrochen. ¶ Im Zuge dieser Auseinandersetzungen kam auch der Burggraf in finanzielle Schwierigkeiten, aus denen er sich anscheinend nur zu retten wusste, indem er seine Tochter dem Bankmann Ottini, der in Bingen lebte, zur Frau gab. Man wird später bei Johannes Gutenberg einen faszinierenden Hang zu innovativen Finanzierungsgeschäften finden. Hinter dem Erfinder verschwand in den biographischen Skizzen allzu oft der geschickte Finanzjongleur, das Erbe des Urahns der mütterlichen Linie. ¶ Das Kredit- und Geldwechselgeschäft wurde am Rhein zumeist von Juden und von Finanzspezialisten aus Oberitalien, vor allem aus der Lombardei, betrieben, weshalb die Geldwechsler und Krediteure im cisalpinen Europa Lombarden genannt wurden. Mit der Ausbreitung des Fernhandels von Italien über Deutschland nach Burgund, Nordfrankreich und England passierten auch sie die Alpen und wanderten in den Norden, immer den Handelsrouten entlang, um dort ihre Finanzgeschäfte zu tätigen. Es war die Zeit, in der junge Leute aus Florenz und der Toskana nach Avignon, nach Neapel, nach Barcelona, nach Paris, nach Burgund, in die Champagne und an den Rhein und die Mosel strömten, um dort den Grundstock ihres Vermögens zu legen. Fleißig und kühn zogen sie aus, um viel Geld zu verdienen. Außer Mut, Scharfsinn, Skrupellosigkeit und einer guten Nase für Geschäfte besaßen diese jungen Leute oftmals nichts. Ihnen kam entgegen, dass die aufstrebenden Handelshäuser und Banken von Florenz, Genua und Venedig, aber auch aus Asti und Chieri Niederlassungen in der ganzen bekannten Welt von Barcelona bis Konstantinopel, von London über Kaffa auf der Krim bis Trapezunt am Schwarzen Meer gründeten, für die sie *fattori*, Verwalter oder besser Bevollmächtigte, suchten, die aber unbedingt Landsleute sein mussten. Das Wechseln der verschiedenen Währungen wurde auch deshalb notwendig, weil von den Städten Zölle erhoben wurden. Geldwechseln war ein kompliziertes Gewerbe und setzte Kenntnisse über die Münzen voraus, darüber, wer sie herausgab und welchen Gold- oder Silberanteil sie besaßen, und verlangte die technischen Fertigkeiten, diese Anteile auch zu überprüfen. ¶ Abwertungen und Aufwertungen des Geldes vollzogen sich über die Verminderung oder Vermehrung des Edelmetallanteils der Münze. Aber um ihre stets klammen Kassen zu füllen, waren sich die Besitzer des Münzregals, Könige, Bischöfe, Fürsten, nicht zu schade, heimlich den Edelmetallanteil zu verringern oder die Münze etwas kleiner herzustellen. All das durfte einem Wechsler nicht entgehen. Im Grund gehörten zu diesem Beruf auch Kenntnisse über wirtschaftliche und politische Entwicklungen in Europa, teils aber auch im Orient. Geldwechsler und Tuchhändler waren die ersten modernen Banker in Europa. ¶ Hinzu kam, dass Städte wie Mainz das Stapelrecht einführten. Handelsschiffe mussten ihre Ware ausladen und drei Tage lang in Lagerhäusern am Hafen, dem Stapelplatz, aufbewahren und zum Kauf anbieten, um den Mainzern die Gelegenheit zu geben, diese Produkte zu erwerben. Der Stadt kam zugute, dass sie im Schnittpunkt großer Verkehrs- und Handelswege lag, der Nord-Süd-Verbindung von England über Amsterdam, Köln, Mainz, Straßburg, Basel und Bern nach Italien und der West-Ost-Verbindung von der Champagne über Trier, Mainz und Leipzig nach Breslau. ¶ Zu den großen wirtschaftlichen Ereignissen des Hochmittelalters gehörten die Champagnemessen. Sechsmal im Jahr fanden seit dem ausgehenden 11. Jahrhundert in den Städten der Champagne diese Handelsmessen statt, auf denen der Tuch- bzw. Wollhandel zunächst dominierte. Aber verbunden mit dem Wollhandel nahmen auch die Geldgeschäfte zu, die vor allem von den Lombarden und den Toskanern betrieben wurden, hier wiederum vor allem von den Sieneser und Florentiner Banken, die grosso modo aus dem Tuch- und Wollhandel hervorgegangen waren. Giovanni Boccaccio hat in den Geschichten seines *Decamerone* anschaulich die Atmosphäre dieser Messen eingefangen. Mit dem Prosperieren der Champagnemessen wurden die Patrizier reich. ¶ Als aber die Florentiner den Wollhandel mit England ausbauten und zu Staatsfinanzierern der englischen Könige wurden, verloren nicht zuletzt durch die unsicheren politischen Verhältnisse und schließlich den Hundertjährigen Krieg zwischen England und Frankreich die Champagnemessen an Bedeutung. Mit ihrem Ende am Ausgang des 14. Jahrhunderts änderten sich die Handelswege, sehr zum Nachteil von Mainz. Städte wie Nürnberg, die in den Fernhandel investiert hatten und enge Beziehungen zu Städten wie Venedig unterhielten, vermochten die Veränderung der Routen zu ihren Gunsten zu gestalten. Für Mainz sollte es sich zum Nachteil entwickeln, dass die Patrizier sich nicht mit der Energie und dem Wagemut der Nürnberger oder Augsburger an internationalen Handels- und Kreditgeschäften beteiligten. Unternehmer wie die Fugger und Welser, die Stromer, Imhoff, Tucher und Holzschuher, deren Söhne ihre Ausbildung in Venedig vollendeten, sucht man in Mainz vergebens. ¶ Die Verbindung jedenfalls der Burggrafentochter mit dem italienischen Finanzspezialisten Ottini sollte für die finanziell gebeutelten Wirichs zum Vorteil ausschlagen. Bereits Werner Wirich heiratete die Witwe des Junkers Jekel Rode zum Fürstenberg, Ennechin zum Fürstenberg. Die Fürstenbergs gehörten dem Patriziat an und verfügten als Ministerialen über einen nicht zu unterschätzenden Einfluss in Stadt und Bistum. ¶ Else galt, sah man von dem Makel ab, dass sie wegen ihres Vaters selbst nicht zum Patriziat gehörte, dennoch als eine sehr gute Partie, und klug und durchsetzungsfähig war sie ohnehin. In ihren Adern floss das Blut von Kaufleuten, von Finanzspezialisten, von Ministerialen und von Patriziern. Aber auch Friele Gensfleisch zur Laden stand mit beiden Beinen mitten im wirtschaftlichen und politischen Leben seiner Vaterstadt. Als der alte Mann die junge Frau zum Altar führte, war er eine gestandene Persönlichkeit. Er dürfte das traditionelle Tuchgeschäft seiner Familie weitergeführt haben, engagierte sich im Kreditgeschäft und gehörte der Münzerhausgenossenschaft an. ¶ Der heute umständlich klingende Name stand für den feinsten Klub der Stadt Mainz, für ihren innersten Zirkel. Ihre Mitglieder entstammten Ministerialengeschlechtern. Das Münzrecht verblieb auch nach dem Freiheitsprivileg beim Erzbischof, der von seinen Münzknechten Münzen prägen ließ. Den Hausgenossen fiel die Aufgabe zu, sich um die Beschaffung der Edelmetalle zu kümmern. Das damit verbundene gewinnträchtige Privileg gestattete nur den Hausgenossen, in Mainz mit Edelmetallen zu handeln, nur sie waren berechtigt, Geld zu wechseln. Fremde dagegen durften Edelmetalle weder in der Stadt kaufen noch aus ihr herausbringen. Die Sprache des Erlasses[27] lässt keinen Zweifel: Wer Silber oder Gold kaufen oder verkaufen will, *der soll es tun mit den Hausgenossen und mit niemanden sonst*. Wenn man so will, waren die Hausgenossen mutatis mutandis Notenbanker und Privatbanker in Personalunion. Es scheint im Übrigen so zu sein, dass die Hausgenossen die Wechselstuben auch genossenschaftlich betrieben. ¶ Ein Mainzer Patrizier wie Hennes Vater lebte von den Gewinnen aus dem Tuchhandel, aus den Aktivitäten der Münzerhausgenossenschaft und von den Renten, die er erworben oder geerbt hatte. Auf dieses Leben wurde Henne vorbereitet, auch wenn die Mutter sicher ein geistliches Leben für ihren Zweitgeborenen ins Auge fasste. Ob Friele noch selbst im Tuchhandel aktiv war oder seine Gaden als Anlageobjekt benutzte, sie also verpachtete und am Pachtzins verdiente, lässt sich nicht mehr feststellen. Bemerkenswert jedoch ist, dass ein Teil seiner Einkünfte, vielleicht sogar der bedeutendste, aus Renten stammte, er partiell als Rentier lebte. ¶ Diese Einkünfte, für die er keine Zeit aufwenden musste, ermöglichten ihm die Annahme öffentlicher Ämter, die zwar damals nicht vergütet wurden, wiederum aber die Geschäfte förderten. Geld kam zu Geld. Ein öffentliches Amt trat nur an, wer es sich leisten konnte, erhebliche Zeit aufzuwenden, ohne dafür einen Lohn zu erhalten. So übte Friele Gensfleisch beispielsweise in der ereignisreichen Zeit von 1410 bis 1411 als einer der vier Rechenmeister die Aufsicht über die Mainzer Finanzen aus. ¶ Doch als Henne zur Laden, genannt Gutenberg, Frieles Sohn, geboren wurde, hatte die Stadt längst den Zenit ihrer Prosperität überschritten. Was das Kind und der Jugendliche wahrnahm, waren eine Stadt im Niedergang und der Machtverlust der alten Geschlechter, auch seiner Familie. Den Kampf um die Aufrechterhaltung der eigenen Bedeutung und die Verteidigung der Ansprüche und Privilegien gegen die erstarkenden Zünfte erlebte Henne von klein auf sehr intensiv mit. Und so lernte er seine Standesprivilegien beunruhigenderweise in dem Moment kennen, in dem sie in Frage gestellt wurden und verteidigt werden mussten. ¶ Gehörte die Stadt mit ihren 25 000 Einwohnern zu Beginn des 14. Jahrhunderts noch zu den Großstädten Europas, zählte sie zu Hennes Geburt kaum 10 000 Einwohner. Nicht nur die Pest, die 1348 über Europa hereinbrach und 1349 auch in Mainz ankam und mehrere Epidemien auslöste, die letztlich die Einwohnerzahl halbierten, sorgte für den allmählichen Niedergang der Stadt, sondern auch der Mainzer Bistumsstreit von 1328 bis 1332. ¶ Zudem belastete die Gier der alten Geschlechter zunehmend die ohnehin schon angespannten Finanzen der Stadt. Zum einen waren die

Geschlechter von Steuern befreit, zum anderen erwarben sie von der Stadt Renten, die nun die Stadt an ihre Empfänger auszuzahlen hatte. Allerdings stand der Preis der Renten in keinem wirtschaftlichen Verhältnis zu den Summen, die zur Auszahlung kamen. Lebte der Bezieher einer dieser Renten recht lange, führte dies für die Stadt zu einem herben Verlust. Der Grund dafür, dass die Rentenvereinbarungen für die Stadtkasse so ruinös ausgestaltet wurden, lag darin, dass verkürzt gesagt diejenigen, die in den Genuss der Renten kamen, selbst über den Verkauf der Renten und ihre Ausgestaltung entschieden. Der Rat der Alten, der Geschlechter, bestimmte über die Veräußerung der Renten, in deren Genuss die Angehörigen der Geschlechter kamen, auch dann noch, als es längst einen neuen Rat, den Rat der Gemeinde, gab. Henne sollte sein Leben u. a. mit diesen Renten finanzieren. ❡ Im Unterschied zu ihren Nürnberger Standesgenossen engagierten sich die Mainzer Patrizier nicht im Fernhandel und besaßen spätestens mit der Veränderung der Handelsrouten keine Möglichkeiten mehr, wirtschaftlich zu expandieren. ❡ Die Alleinherrschaft der Patrizier, die politisch nicht immer von Erfolg gekrönt und finanziell schließlich für die Stadt desaströs verlief, stieß zunehmend bei denen, die die Zeche zu bezahlen hatten, bei den Zünften, auf Ablehnung und auf Widerstand. Deshalb kämpften sie erbittert darum, ihre Befugnisse im Rat auf Kosten der Alten auszuweiten. Die Auseinandersetzungen zwischen Patriziat und Zünften stellten keine Mainzer Besonderheit dar, sie flammten in allen Städten des Reiches auf. Es ging um einen Interessenausgleich, der auf vielfältige Art gelingen konnte, indem die Zünfte an der Stadtregierung entweder beteiligt oder sie wie in Nürnberg verboten wurden. Das Nürnberger Patriziat vermochte die Auflösung der Zünfte durchzusetzen, weil die Ratsherren klug genug waren, ausgleichend zu regieren und die Interessen der Handwerker zu berücksichtigen. ¶ Notgedrungen beteiligte man in Mainz zwar 1332 die Zünfte an der Regierung, doch verschlimmerte das paradoxerweise nur die Situation, anstatt sie zu bessern. Da die Arbeit im Rat nicht entlohnt wurde, konnten es sich nur wohlhabende Handwerker und Kaufleute leisten, als Ratsherren tätig zu werden. So bildete sich im Rat der *gemeinde* eine Elite der Handwerker, Aufsteiger, die immer weniger mit dem normalen Zunfthandwerker gemein hatten und die nunmehr nicht mehr zünftische, sondern eigene Interessen verfolgten. Neuer Unmut wuchs. In der Stadt gärte es. ¶ Man hat später die Besonderheit der Entwicklung des Erfinders Gutenberg darin sehen wollen, dass er bereits als Jugendlicher eine Deklassierung erlebte, da er nicht wie sein Vater Mitglied der Münzerhausgenossenschaft werden konnte und damit keinen Zugang zum innersten Kreis der Macht in der Stadt besaß, denn er stammte nicht zu beiden Teilen von Patriziern ab. Durch die Heirat mit der Kaufmannstochter Else Wirich hatte Friele Gensfleisch seinen Söhnen die Möglichkeit genommen, Mitglied der hochfeinen und wichtigen Münzerhausgenossenschaft zu werden. ¶ Gutenbergs herrischer und rebellischer Charakter wurde auf diesen Ausschluss aus den feinsten Kreisen der Stadt zurückgeführt.[28] Doch lohnt es hier, genauer hinzusehen, um der Legendenbildung entgegenzuwirken. Zum einen befand sich Hennes Bruder, Friele, ja in der gleichen Situation, was ihn nicht daran hinderte, das Leben eines reichen Mannes zu führen, der seinen Kindern ein ansehnliches Erbe hinterließ. Im Jahr 1444 stiftete Friele sogar gemeinsam mit seiner Frau in der Mainzer Barfüßerkirche eine Seelenmesse, obwohl er zu diesem Zeitpunkt bereits in Eltville lebte und dort wohl auch begraben wurde. ¶ Die vermeintliche Deklassierung führte für Henne zur Laden nicht dazu, dass er gegen die Münzerhausgenossen aufbegehrte, im Gegenteil, er gehörte zu den vehementen und wenig kompromissbereiten Patriziern in der Auseinandersetzung mit den Zünften. Dass der Vater durch eine unbedachte Heirat seinen künftigen Kindern und Enkeln den Weg verbaute, den er selbst gegangen war, überzeugt ebenfalls nicht. Mindestens wird er die Möglichkeit gesehen haben, diese Exklusion durch politischen Einfluss und Zahlungen umgehen zu können. Auch wenn eine Biographie Gutenbergs sich nur auf wenige Daten stützen kann, sollte man tunlichst unterlassen, sie allzu sehr in der Interpretation zu belasten. Was das Kind und den Jugendlichen weitaus stärker prägte, war der Kampf der Patrizier gegen die Zünfte und gegen das Domkapitel. Von Kindesbeinen an erlebte er den Machtkampf hautnah mit und empfand die Forderungen der Zünfte als Rechtsbruch. ¶ Der Beginn erneuter, schwerer Unruhen fiel mit seiner Einschulung zusammen. Es steht zu vermuten, dass der Sohn des Patriziers Friele Gensfleisch zur Laden die ausgezeichnete Schule des Stifts von St. Viktor besuchte. Die Schule, vor den Toren der Stadt bei Weisenau gelegen, brachte einen täglichen Schulweg mit sich, der das Kind nolens volens auch zum Zeugen der Tumulte machte. ¶ Für die Kinder der Handwerker, Krämer und Kaufleute war es üblich, dass man sie zum deutschen Schulmeister gab, damit sie das Lesen, das Schreiben und das Rechnen erlernten. Mit ihnen kamen die Söhne der Geschlechter nicht in Berührung. Die Kinder der Patrizier und des Adels erhielten ihre Ausbildung in der Regel in einer Trivialschule, wenn sie nicht durch Hauslehrer unterrichtet wurden. ¶ Man kann die Trivialschule im Vergleich zur deutschen Schule bereits als eine weiterführende Bildungseinrichtung sehen, die allein dadurch, dass sie Grundkenntnisse in Latein vermittelte, das Studium an der Universität ermöglichte. Trivialschule nannte man sie, weil sie in Grammatik, Rhetorik und Dialektik einführte, die innerhalb der Septem Artes liberales, der sieben freien Künste, Teil des Triviums waren. ¶ Zum Trivium trat der Religionsunterricht. Allerdings erschöpfte sich der Religionsunterricht häufig im Pauken des *Cisiojanus*. Im Mittelalter gaben die Menschen ein Datum nicht mit Monat und Tag an, wie wir es gewohnt sind, sondern sie dachten im Kirchenjahr und bezogen sich auf die großen kirchlichen Feiertage. Diese zu kennen gehörte daher zur Elementarbildung. Der *Cisiojanus* half, sich das Kirchenjahr einzuprägen, das von einem Feiertag zum nächsten rechnete. Der Monat enthielt so viele Silben im Vers, wie er Tage hatte, und das ganze Merkgedicht so viele Silben, wie das Jahr Tage besaß. Vom ersten Vers bekam das Merkgedicht den Namen, denn er lautete: *Cisio janus epi sibi vendicat oc feli mar an prisca fab …* Am 1. Januar feierte man das Beschneidungsfest des Herrn, auf Lateinisch: circumcisio domini, abgekürzt *Cisio*. Janus wiederum steht für den Monat Januar und leitet im Vers vom 1. zum 6. Januar über, denn am 6. Januar feierte man Epiphanias, das Erscheinungsfest, das von dem Kürzel *epi* repräsentiert wird. Die Füllsel *sibi* und *vendicat* führen zum 13. Januar, zu *oc*, was ausgeschrieben *octava epiphaniae* bedeutete, also acht Tage nach Epiphanias. ¶ Als Erstes lernte Henne den lateinischen Wortschatz und auf Lateinisch zu lesen und zu schreiben anhand einer Tafel (*tabula*) nach einem Frage-und-Antwort-Schema. Es folgte die lateinische Grammatik nach den *Artes grammaticae* des Aelius Donatus, dem wichtigsten Lateinlehrbuch des Mittelalters, das man nur kurz den *Donat* nannte. Seine Autorität zog der *Donat* nicht nur aus seiner Qualität, sondern auch aus der Tatsache, dass Aelius Donatus der Lehrer des heiligen Hieronymus gewesen war. ¶ Schließlich beendete Henne seine Schulzeit mit dem aus dem 12. Jahrhundert stammenden Lehrbuch des Alexander de Villa Dei mit Syntax und Metrik. Rhetorik studierte Henne natürlich am Vorbild der Reden des Cicero. ¶ Zu den frühesten Drucken des Johannes Gutenberg gehören Exemplare des *Donat* und der Druck des *Cisiojanus*, nicht etwa aus dem Schwelgen in besonnter Erinnerung an schöne, längst vergangene Schultage, sondern mit klarem Blick auf die guten Absatzmöglichkeiten von Schulbüchern. Nicht um das Unikat, sondern um die möglichst preiswerte Vervielfältigung ging es ihm, nicht um das Einzelstück, sondern um die Serie. ¶ Hier öffnet sich doch ein unvermuteter Blick auf Gutenbergs Denken, vielleicht sogar in seine Seele. Ziemlich früh setzte er auf die Massenproduktion oder genauer noch: auf eine industrielle Produktionsweise, an der er verdienen wollte. Unter Gutenbergs Drucken finden sich nur Werke, die einen großen und vor allem nachwachsenden Absatzmarkt versprechen. Wann und warum Gutenberg auf die Idee der industriellen Produktion kam, die er dann bis zum Ende seines Lebens konsequent verfolgte, wird noch zu untersuchen sein. Neben der Fähigkeit zur Gründung recht modern anmutender Finanzierungsformen findet sich die zweite grundlegende Besonderheit Gutenbergs in seiner industriellen Sicht auf das Handwerk: Um möglichst viel in möglichst kurzer Zeit und mit möglichst geringem Aufwand herzustellen, dachte er nicht in der Dimension von familiengestützten Handwerksbetrieben, sondern von arbeitsteiligen Manufakturen. Doch vorerst besuchte das Kind eine der besten Schulen Deutschlands. ¶ Flucht, Schulwechsel, Leben im allerdings komfortablen Exil gehörten zu den frühen Eindrücken des Jungen, die ihm die Unsicherheit des Lebens und die Brüchigkeit der sozialen Existenz verdeutlichten. In dem Jahr, in dem der Vater noch einer der vier Rechenmeister des Rates war, nahm die Auseinandersetzung mit den Zünften, die von Gewaltausbrüchen begleitet war, eine solche Dimension an, dass sich 117 Patrizier 1411 zum Auszug aus der Stadt entschlossen. Einer von ihnen war Friele Gensfleisch, Hennes Vater. ¶ Die Wahl des Patriziers Johannes Swalbach zum Bürgermeister durch die Alten stieß auf den erbitterten Widerstand der Jungen, der *gemeinde*. Aus den Reihen der Jungen ertönte immer bedrohlicher die Ankündigung, man werde Swalbach und einigen anderen Alten den Kopf abhauen. Als die Geschlechter nicht auf die Forderungen der Zünfte eingingen, die im Rücktrittsverlangen Swalbachs gipfelten, kam es am 15. August zum offenen Aufruhr. Daraufhin zogen vor allem die Patrizier, denen namentlich gedroht worden war, und einige andere aus Solidarität aus der Stadt und gingen ins Exil nach Oppenheim oder nach Eltville. ¶ Es ist nicht erwiesen, aber sehr wahrscheinlich, dass Friele Gensfleisch seine Familie mitnahm, denn durch seine Frau Else besaß er ein Haus in Eltville, das sie von ihrer Mutter Ennechin von Fürstenberg geerbt hatte und das an der Ringmauer lag, übrigens neben dem der Swalbachs, die ebenfalls in Eltville begütert waren. Fast ein Leben, fast ein halbes Jahrhundert später sollte Johannes Gutenberg in dieses Haus zurückkehren. Das Exil in Eltville fiel luxuriös aus und hielt auch nicht lange an. Da es in Eltville ebenfalls Lateinschulen gab, konnte Henne den Unterricht im Exil fortsetzen. ¶ Zu Gretgen Swalbach unterhielt er gute Beziehungen, die aus der Verbundenheit der Familie Gensfleisch mit den Swalbachs herrührten. Betrachtet man Gutenbergs konsequent konservative Haltung als Patrizier, so ähnelte sie doch sehr der des Bürgermeisters Swalbach, den Gutenberg in seiner Kindheit kennenlernte, wahrscheinlich in der harten Auseinandersetzung mit den Zünften auch bewunderte. Zeitlebens würde Gutenberg zur konservativen Fraktion unter den Patriziern gehören, die sich zu keinem Kompromiss bereitfand. ¶ Durch die Vermittlung des Erzbischofs schlossen die streitenden Parteien einen Kompromiss, und Henne kehrte mit seiner Familie zurück nach Mainz. Doch schon ein Jahr später brachen die Unruhen erneut aus und gipfelten in den Hungerrevolten im Winter 1412/13, die Friele dazu zwangen, im Januar 1413 mit seiner Familie abermals nach Eltville auszuweichen. Zwischenzeitlich ebbten die Kämpfe ab, so dass Friele Gensfleisch mit seiner Familie in den Hof zum Gutenberg zurückkehrte, nur um bald schon wieder nach Eltville zu fliehen. Schließlich erreichten die Auseinandersetzungen in der

Stadt, die zeitweilig anarchischen Zustände, ein Ausmaß, dass König Sigismund sich genötigt sah, einzugreifen. ❡ Ob die Familie in den Jahren von 1411 bis 1417 zwischen Mainz und Eltville hin- und herpendelte oder nur Friele und die Mutter mit den Kindern in Eltville blieben, lässt sich nicht ermitteln. Die Fürstenbergs, aus deren Geschlecht seine Großmutter stammte, richteten gerade in jenen Jahren einige Stiftungen an der Peterskirche ein, zu der auch eine Lateinschule gehörte, die in gutem Ruf stand und die Henne besucht haben könnte. Dass aber Aufruhr, Wirren und mit allen Mitteln geführte Kämpfe um die Macht in der Stadt Hennes Kindheit und frühe Jugend prägten, darf nicht zu gering veranschlagt werden. Den Zünften ging es darum, die Patrizier »zünftisch« zu machen, d. h. die Patrizier sollten künftig wie die Zunftgenossen Abgaben und Steuern zahlen, was diese ablehnten. Allenfalls ließ man sich darauf ein, die Anzahl der Jungen im Rat zu erhöhen. ❡ Nicht nur in Mainz war die Zeit aus den Fugen. Die Einheit der Christenheit war zerfallen, die Christen waren uneins und Europa gespalten. Seitdem im Jahre 1378 ein vor allem französisch besetztes Kardinalskollegium den Papst für abgesetzt erklärt und einen neuen Stellvertreter Christi gewählt hatte, der nach Avignon zurückkehrte, existierten zwei Kirchen, an deren Spitze jeweils ein Papst stand, der für sich in Anspruch nahm, der einzige rechtmäßige zu sein. Nicht nur, dass der andere Papst für unrechtmäßig erklärt und mit dem Bann belegt wurde, sondern auch alle seine Anhänger. Nur einer konnte der wahre Papst sein – aber wer? Da in dieser Frage keine letzten Gewissheiten existierten, wusste niemand, ob er auf der richtigen oder der falschen Seite stand und sich damit womöglich die ewige Verdammnis verdient hatte. ¶ Dieses Zerwürfnis ging so tief, dass es eine große Verwirrung im Glauben, einen großen Zweifel hervorbrachte. Dass dieser Zustand unhaltbar war, wussten die weltlichen und geistlichen Fürsten, da jedoch an der Entscheidung für den jeweiligen Papst auch politische Interessen hingen, schien eine Lösung außer Sicht. Schließlich verfiel man auf die Idee, beide abzusetzen und einen neuen Papst zu wählen, was aber gründlich misslang, so dass die Christenheit nicht mehr zwei, sondern nun sogar drei Päpste hatte. ¶ Mit der Unsicherheit kam der Verlust an Ansehen und Vertrauen in die Kirche und vielleicht sogar auch in Gott. Das Große Abendländische Schisma führte in eine tiefe Krise. Auch wenn man in Mainz zum römischen und nicht zum avignonesischen Papst hielt, zeigte es doch dem heranwachsenden Henne, dass die Zwietracht in der Kirche so groß war wie in der Stadt Mainz.

Die Welt der Mutter

Hennes Großmutter mütterlicherseits, Ennechin, heiratete nach dem Tode ihres Mannes, Jekel zum Fürstenberg, ein zweites Mal, nämlich den reichen Kaufmann Werner Wirich, der allerdings nicht dem Patriziat angehörte. So kam Else Wirich als Tochter einer Adligen und eines Kaufmanns zur Welt. Es steht zu vermuten, dass Else lesen und schreiben gelernt hatte, Latein jedoch sicherlich nicht. Dennoch ist es durchaus möglich, dass sie der Bildung aufgeschlossen gegenüberstand. Wenn sie auf ihre drei Kinder blickte,[29] ergab sich die Zukunft der Tochter und des älteren Sohnes, Friele, von selbst. Else, die Tochter, würde heiraten, was sie 1414 auch tat, und Friele würde in die Fußstapfen des Vaters treten. Aber was sollte aus Henne werden? Natürlich ließ sich das Erbe teilen, und Leibrenten wurden für ihn ja auch erworben, aber da er über einen behänden Geist verfügte, lag die Vorstellung nicht allzu fern, Henne eine gründliche Bildung angedeihen zu lassen, so dass sich ihm die Möglichkeit eröffnete, eines Tages Priester oder Jurist zu werden. ¶ Nicht nur durch die Verwandtschaft mit dem einflussreichen Ministerialiengeschlecht derer zum Fürstenberg, sondern auch durch den gesellschaftlichen Umgang mit adligen Ministerialen und zeitweilig in der Stadt lebenden Landadligen liegt es im Bereich des Wahrscheinlichen, dass die Mutter eine recht klare Vorstellung von den Vorzügen der Bildung und den Karrieren, die sie eröffnete, besaß, und sie ihrem Sohn zu erschließen gedachte. ¶ Gerade der niedere Adel erlebte zu dieser Zeit durch die Revolutionen in der Kriegstechnik einen Bedeutungsverlust. Erhellend ist die Tatsache, dass die Erfindung der Buchdruckerkunst und des Schießpulvers bereits von Conrad Celtis in zwei aufeinanderfolgenden Oden als gleichermaßen bedeutende Neuerungen besungen wurden, worin ihm viele folgten. Kein Geringerer als der Aufklärer Georg Christoph Lichtenberg löste diese Dichotomie über zweihundert Jahre später mit dem Diktum auf: »Mehr als das Blei in den Kugeln hat das Blei in den Setzkästen die Welt verändert«, womit man wieder bei Else Wirich wäre, die über die Zukunft ihres Sohnes nachdachte. ¶ Dem Bedeutungs- und daraus resultierend Einkommensverlust begegneten viele Ritter und kleine Adlige damit, dass sie sich als Raubritter betätigten, aber eben nicht alle. Die Klügeren unter ihnen erkannten, dass eine gründliche Bildung ihnen neue Aufgaben und Einkommen erschloss, etwa als Juristen in den Diensten der entstehenden Landesherrschaften, als Ministerialen, die allmählich zu Beamten wurden. Aus Henne konnte sowohl ein Priester als auch ein Mediziner oder eben ein Jurist werden. Verfolgt man die spätere Entwicklung Gutenbergs, dann darf zumindest die Vermutung gewagt werden, dass man sehr praktisch mit der Jurisprudenz liebäugelte. Zumindest finden sich in der Familiengeschichte und auch in den spärlichen Angaben über Johannes Gutenberg keinerlei Indizien für musische Neigungen, sondern eher den hart rechnenden Kaufmannsverstand und ein ausgeprägt unternehmerisches Interesse. Hatte man zwar keine Juristen in der Familie, so doch Kaufleute, Patrizier, Ratsherrn und bischöfliche Ministerialen, erweitert man das noch auf die Familie der Fürstenbergs, dann auch Reichsministerialen. ¶ Ohne eine gründliche Kenntnis des Lateinischen wären Gutenbergs Drucke überhaupt nicht vorstellbar. Aber man muss in der Beschäftigung mit der lateinischen Sprache exakt unterscheiden zwischen einem praktischen Interesse an der Gelehrtensprache, der Lingua franca des Mittelalters, und der humanistischen Leidenschaft für die Kultur des Lateins, für seine zivilisatorisch-historisch-philosophische Bedeutung. Im Grad des perfekten Gebrauchs dieser Sprache trennten das Latein der Humanisten Welten von der Lingua franca der Kirche, der Verwaltung und der Gelehrten. ¶ In Eltville genoss die *Gemeinschul*, die eine Lateinschule und dem Kreuzaltar in der Peter-und-Paul-Kirche zugeordnet war,[30] einen hervorragenden Ruf weit über die Grenzen der Stadt hinaus. Die Zeiten des Exils führten zumindest keine Unterbrechung im Besuch der Schule mit sich, aber sie brachten eine erhebliche Unruhe in seine Knabenjahre, etwas Unstetes, das auf die älteren Geschwister nicht in gleichem Maße wirkte und das die Mutter nicht auszugleichen vermochte. Eine gewisse Ungebundenheit seines Charakters und die Entscheidung, die eigenen Standesprivilegien höher als das Leben in der Heimat zu schätzen, mögen daher stammen. Das Pendeln zwischen Mainz und Eltville verhinderte die Verwurzelung in einer der beiden Städte und ließ in ihm schon früh die Überzeugung wachsen, dass ein Patrizier in Mainz nur leben konnte und sollte, wenn seine Privilegien allseits respektiert werden. Besser, so erfuhr er es bereits von Kindesbeinen an am eigenen Leibe, war es, protestierend und mit großer Geste aus der Stadt auszuziehen, als auch nur ein Privileg herzugeben. ¶ Und vielleicht bestand in der Tat die nachhaltigste und erste große Lehre für ihn darin, das Exil einer Minderung seiner Rechte vorzuziehen. Den Stolz des Patriziers, in dem er erzogen wurde, verstärkte noch der Adelsstolz, den seine Mutter, die Tochter Ennechins zum Fürstenberg, ihm vermittelte, denn auch adliges Blut floss in seinen Adern, das nämlich des halblegendären Burggrafen Wirich, und natürlich durfte er sich ideell auf die Familie Fürstenberg berufen. ¶ Sollte Henne zur Laden, so wie es zu vermuten steht, am St.-Viktor-Stift gelernt haben, wenn die Familie sich in Mainz befand, dann begegnete er in diesen Tagen einem wichtigen Mann, der ihn in dem Entschluss bestärkte, wenn er ihn nicht gar hervorrief, die Universität zu besuchen. Im Jahr 1417, dem Jahr, in dem Friele und Else Gensfleisch zur Laden mit ihrem Sohn Henne über dessen weiteren Lebensweg nachzudenken hatten, wurde der Mediziner und Kleriker Amplonius Rating de Berka Dechant am St.-Viktor-Stift. ¶ Amplonius war zu dieser Zeit schon hochberühmt, Leibarzt des Erzbischofs von Köln, über die Maßen selbstbewusst, eitel, gebildet, durchsetzungsfähig und unermesslich reich. Vor allem liebte er seine Familie, die er als Kleriker gar nicht hätte haben dürfen, doch das scherte ihn nicht, im Gegenteil, er pries sie, sooft er konnte. Er verehrte seine Frau, Kunigunde von Haghen, die er *famula*, also Haushälterin nannte, da es ihm natürlich untersagt war, sie zu ehelichen, und sorgte sich sehr um seine Kinder. Er ging im schönsten Selbstbewusstsein sogar so weit, den Stolz auf seine Nachkommenschaft öffentlich zu zeigen, wiewohl sie doch eigentlich seine Sünden bezeugte. Man hat es hier bei Lichte besehen nicht mit der Laxheit der Renaissancepäpste oder überhaupt einem Phänomen der Renaissance zu tun, sondern mit gotischer Vielfalt. »Renaissance« war zu dieser Zeit nicht in Prag, und schon gar nicht in Erfurt oder Mainz zu finden. ¶ Seinen Söhnen, Amplonius und Dionysius, ermöglichte er das Studium in Köln und ebnete ihnen den Weg zu Universitätskarrieren in Erfurt, auch wenn die Erfurter arge Schwierigkeiten mit den eigenwilligen Kindern des berühmten Mannes und Wohltäters ihrer Alma mater hatten. ¶ In Prag hatte Amplonius, der im linksrheinischen Rheinberg – deshalb auch de Berka, aus Rheinberg – um 1365 geboren worden war, in Soest die Schule besucht hatte, studiert und wurde schließlich an der frisch gegründeten Universität Erfurt als Mediziner bei Nikolaus Hunleue promoviert. Damit war er der erste Mediziner, der an der jungen Universität den Doktorgrad erhielt, auch steht er in der allerersten Matrikel bereits an vierter Stelle. Dass seine akademische Karriere in der Stadt an der Gera begann, er zu den ersten Magistern und Promovenden gehörte, begründete seine lebenslange Zuneigung zur Erfordensis, auch wenn sie sich zeitweilig abschwächte. ¶ Obwohl er im Jahre 1412 in Köln lebte, beschloss er, in Erfurt ein Kollegiat mit Bibliothek und Burse zu stiften. Zum Unterhalt spendete er ein Grundvermögen von 2400 Gulden. Seine 635 Bücher wollte er ursprünglich erst nach seinem Tod der Universität vermachen, aber irgendwie gelang es den Erfurtern, Amplonius zu überzeugen, gleich mit diesem Schatz die Alma mater Erfordensis zu beehren. Der Rat kaufte den Hof Porta Coeli (Himmelspforte) gegenüber der Michaeliskirche und auch das benachbarte Anwesen des Juden Moses. ¶ Wenn Henne tatsächlich im Jahre 1400 geboren worden war, zählte er nun 17 Jahre, hatte zehn Jahre Lateinschule hinter sich, und es stand die Entscheidung über seinen weiteren Lebensweg an. Führt man sich die enge Verbindung zwischen seiner Familie und dem Stift vor Augen, lag es nahe, dass Friele und zumindest mittelbar auch Else den neuen Dechanten kannten. Er wird ihnen geraten haben, den aufgeweckten Sprössling zum Studium zu schicken, und den besten Ruf genoss nun einmal die Erfurter Universität. Dass die Stadt an der Gera ebenfalls dem Erzbischof von Mainz gehörte, erleichterte den Eltern die Entscheidung für Erfurt. ¶ Das einzige unmittelbare Indiz für das Studium an der Erfordensis steht allerdings auf recht wackligen Beinen. In der Matrikel vom Sommersemester 1418 findet sich ein »Johannes de alta villa«, ein Johannes aus Eltville. Es ist natürlich auch möglich – und wurde oft eingewandt –, dass der »Johannes de alta villa« irgendein Johannes war, der aus Eltville stammte, und dass der pure Zufall der Namensgleichheit hier eine Legende schuf und uns bis heute narrt. ¶ Es gibt jedoch eine Reihe guter Gründe, das Studium Gutenbergs in Erfurt für ausgesprochen wahrscheinlich zu halten: Erstens hatte Johannes Gutenberg große Teile seiner Kindheit in Eltville zugebracht und fühlte sich dem Ort, der ihn aufnahm, wann immer die Familie Mainz verlassen musste, verbunden, so dass es nur natürlich für ihn gewesen wäre, die Herkunftsbezeichnung »alta villa« zu wählen. Der Vorgang selbst dürfte sich ziemlich prosaisch ereignet haben. Nachdem Henne sein Matrikelgeld von 15 Groschen auf den Tisch gelegt hatte, fragte ihn der Schreiber nach seinem Namen. »Johannes«, antwortete er mit der Hochform, nicht mit dem mundartlichen Diminutiv Henne. »Woher?«, fragte der Schreiber nach, denn Johannesse gab es viele. »Alta villa«, wird Henne daraufhin auf Latein gesagt haben. ¶ Zweitens setzten das Wissen und die Lateinkenntnisse, die zum Buchdruck notwendig waren, ein Studium voraus. Alle frühen Drucker waren *litterati*, beherrschten also Latein und hatten an Universitäten studiert. Peter Schöffer, Gutenbergs späterer Mitarbeiter in Mainz, hatte übrigens auch die Universität in Erfurt besucht, und zwar zwischen 1444 und 1448. Auch wenn es einen Zirkelschluss darstellt, bleibt es dennoch evident, dass, sofern Johannes Gutenberg ein Studium absolvierte, dieses nach Lage der Dinge nur in Erfurt, in der kurmainzischen Stadt, hätte stattfinden können. ¶ Drittens weist die Persönlichkeit Amplonius de Berka klar nach Erfurt, und viertens hatten sich Verwandte von Johannes, seine Cousins Rulemann und Friele zur Laden, bereits 1417 in Erfurt eingeschrieben, befanden sich also bereits an der fraglichen Universität. Ebenso immatrikulierte sich Gutenbergs späterer Mainzer Finanzier, Konrad Humery, 1421 in Erfurt. Es ist durchaus möglich, dass sie sich bereits aus Kinder- oder Jünglingstagen kannten. ¶ Wie noch ausgeführt wird, traf Amplonius, fünftens, bestimmte Festlegungen hinsichtlich des Unterrichts in seinem Kolleg. Er verfügte, dass ohne Wenn und Aber die *via moderna* und eben nicht die *via antiqua* gelehrt wurde. Von der *via moderna* führt jedoch ein direkter Weg zur Erfindung des Buchdruckes mit beweglichen Lettern, der bisher übersehen wurde. Das bedeutet, dass Henne zur Laden nicht in Köln oder an einer anderen Universität, die noch die *via antiqua* lehrte, studiert haben kann, sondern nur in Erfurt oder in Prag, denn dort gab man der *via moderna* den Vorzug. ¶ Aus all diesen Gründen dürfte Henne zur Laden, versehen mit guten Wünschen und strengen Ermahnungen der Eltern, im Sommer 1418 fortgezogen sein aus Mainz, dieses

Mal nicht nach Eltville, sondern ins zehn Tagesreisen entfernte Erfurt. Vielleicht ritt er oder der Vater begleitete ihn oder, nach der Art der *via moderna* geschlossen, seine Cousins nahmen ihn einfach mit, als sie zum neuen Semester an die Hohe Schule zurückkehrten.[31] ¶ Obwohl er die elterliche Welt damit verließ, blieb er dennoch in der der Mutter, zumindest in der Welt ihrer Vorstellungen und Hoffnungen, dass aus ihrem Hennchen ein gebildeter Mann werden würde.

Rendezvous mit dem Humanismus

Die Welt der Bücher

Bevor Johannes Gutenberg durch seine Erfindung technisch ermöglichte, dass eine neue Welt durch eine neue Form der Wissenskommunikation, durch Bücher und Flugblätter entstand, musste er zunächst mit der Welt der Bücher selbst in Berührung geraten, hatte er eine Vorstellung davon zu gewinnen, dass eben diese Kommunikation ein ganz neuer, großer Absatzmarkt für neue Produkte werden konnte, war eine Begegnung mit dem Kommunikationsort, den Kommunizierenden und dem Medium der Kommunikation unerlässlich. All das fand er konzentriert in der Universität, dem Ort, der Professoren, Magister und Studenten vereinte und der über Bibliotheken verfügte. ¶ Bücher wurden damals weit mehr als heute als pure Wissensspeicher benutzt. Im Buch fand man die Welt. Durch das Studium lernte er diese Welt kennen. Natürlich bereiteten Bücher auch ästhetischen Genuss, wenn man an die Stundenbücher, die reich illustriert waren, denkt oder die aufwendige Gestaltung vieler Handschriften betrachtet. Aber in der Universität ging es um das Erlernen der Wissenschaft, und selbst die aufs Künstlerischste bearbeitete Handschrift stellte letztlich nur die aufwendige Form für einen Inhalt, der Wissen hieß, dar, wie das kostbare Reliquiar der Reliquie diente und nur durch sie seinen wirklichen Wert gewann. Man darf nur nicht die heutige Vorstellung von Wissen unterstellen, denn unter Wissen wurde eher Qualifizierbares als Quantifizierbares verstanden. ¶ Auch wenn Erfurt nicht mehr die drittgrößte Stadt Deutschlands war, wie noch einhundert Jahre zuvor, da Meister Eckhart als Novizenmeister im Kloster der Predigerbrüder seine berühmte *Rede der Unterweisun-*

gen[32] gehalten hatte, zählte die Stadt immerhin noch zu den Metropolen des Reiches, als Henne zur Laden im Frühjahr 1418 über die alte Haupthandelsstraße, die Via Regia, durch das Brühler Tor schritt. Fremd wird er sich nicht gefühlt haben, wie in Mainz stand auch hier alles im Zeichen des Handels. ¶ Henne dürfte von seinem Vater mit reichlich Barschaft ausgestattet worden sein, denn die Immatrikulations-, Unterbringungs-, Bücher- und Kleiderkosten fielen nicht zu knapp aus. Friele Gensfleisch hatte genügend darüber von seinen Neffen Friele und Rulemann zur Laden erfahren, da sie ja schon in Erfurt studierten. ¶ Der große Platz, der sich jenseits der Brücke vor der Kirche öffnete, hieß bei den Erfurtern nur »bei St. Benedicti«. Von hier aus führte eine lange Straße zur Amploniana. Der Hof, zu dem sie gehörte, wurde auch Zur Himmelspforte genannt. Hatte ihm tatsächlich Amplonius Rating de Berka Erfurt als Studienort empfohlen, so wählte Henne zur Laden ohne Frage zur Burse, in der er unterkommen, in der er zu leben und zu studieren gedachte, die Amplonia, die Stiftung des Dechanten am Mainzer St.-Viktor-Stift. ¶ Die Stiftung entwickelte sich im Lauf der Jahre zu einem Campus mit Unterbringungsmöglichkeiten für die Studenten und Dozenten, einer Bibliothek, Übungs-, Vorlesungs- und Wirtschaftsräumen. Außer den obligatorischen Werken der Theologie enthielt die Bibliothek Bücher über Medizin und Philosophie, aber auch die Schriften von Petrarca und Boccaccio, darunter Petrarcas Ethik *De remediis utriusque fortunae* (Heilmittel gegen Glück und Unglück), die autobiographischen Texte *De vita solitaria* (Vom einsamen Leben) und *De contemptu mundi* (Von der Verachtung der Welt), *De otio religiosorum* (Von der Muße der Mönche). Wenn Henne gewollt hätte, hätte er von Giovanni Boccaccio Episoden aus dem Leben berühmter Persönlichkeiten, die ein schlimmes Schicksal erlitten hatten (*De casibus virorum illustrium*), und eine Sammlung von Biographien berühmter Frauen (*De mulieribus claris*) lesen können. ¶ Daneben fanden sich die üblichen Werke der Theologie und Philosophie wie der Sentenzenkommentar des Petrus Lombardus, die *Theorema* des Ägidius Romanus, der *Trost der Philosophie* des Boethius, die verfügbaren Werke des Aristoteles, Michael Scotus mit *De arte fidei catholicae*, sehr viel Augustinus, Hugo von St. Viktor, Nikolaus von Lyra, Anselm von Canterbury, Beda Venerabilis, Albertus Magnus, Thomas von Aquin, Bonaventura, Bernhard von Clairvaux, Duns Scotus, Jean Gerson, und natürlich durfte in der Bibliothek eines glühenden Nominalisten nicht William von Ockham fehlen,[33] um nur einige zu nennen. ¶ Wie für alle Erstsemester galt es für Henne, das Grundlagenstudium der Septem Artes liberales zu absolvieren und mit dem Titel eines *magister in artibus*, eines Meisters der sieben freien Künste, zu beenden, bevor er sich dem eigentlichen Fachstudium widmen konnte, entweder der Theologie, der Medizin oder der Jurisprudenz. ¶ Die Erfurter Universität bestand aus Fakultäten, nicht aus Nationen. Bevor ein Student an der theologischen, medizinischen oder juristischen Fakultät studieren durfte, hatte er zunächst im Sinne eines Grundlagenstudiums die philosophische zu besuchen, die mit dem Grad eines *magister in artibus* abgeschlossen wurde, eines Meisters der sieben freien Künste. ¶ Die sieben freien Künste wurden in den Dreiweg (Trivium) und den Vierweg (Quadrivium) unterteilt. Neben Grammatik und

Rhetorik gehörte zum Trivium auch die Dialektik, die Lehre von den Beweisen. Ihre Grundlage bildete das Organon des Aristoteles, welches das wissenschaftliche Handwerkszeug bot. ¶ Aristoteles, der nur allgemein »der Philosoph« genannt wurde, galt als die philosophische Autorität im Mittelalter, zumindest das, was man für Aristoteles hielt. Eine wichtige Vermittlung des Griechen leistete für die Philosophen des Abendlandes der Aristoteliker Ibn Ruschd aus Córdoba, den die Lateiner Averroës nannten. Ihn bezeichnete man allgemein als »den Kommentator«. ¶ Dass mit der Entdeckung Platons der Humanismus und die Renaissancephilosophie erst in ihre entscheidende Phase traten, kann hier nicht weiter dargelegt werden, wichtig ist jedoch, die Tatsache nicht aus den Augen zu verlieren, dass gerade Gutenbergs Erfindung die wirkungsvolle Verbreitung der platonischen Schriften, wie sie von Marsilio Ficino ins Lateinische übersetzt und als griechische Originaltexte von dem Venezianer Aldus Manutius gedruckt wurden, ermöglichte und seine Innovation die Voraussetzung für den Siegeszug der Renaissancephilosophie, des deutschen Humanismus und schließlich der Reformation schuf. ¶ Leider lässt sich nicht erschließen, ob Henne zur Laden die Bibliothek der Amploniana genutzt und welche Bücher er gegebenenfalls gelesen hat. Allerdings sollte man sich wohl keine übertrieben großen Vorstellungen davon machen, weil allein das Studium selbst, die Vorlesungen und Übungen genügend Zeit kosteten. Man musste schon ein besonders eifriger Student sein, um nach dem Studienalltag auch noch Lektüre in der Bibliothek zu treiben. Wirft man einen Blick auf den weiteren Lebensweg, so gewinnt man nicht den Eindruck, dass er ein starkes Interesse an vertiefenden Studien und an der Theorie besaß, sondern dass er über einen sehr praktischen Verstand verfügte, der etwas in Bewegung setzen, Geschäfte machen und Unternehmen gründen wollte. ¶ Auf das Trivium folgte das Quadrivium mit der Arithmetik, der Geometrie, der Musik und der Astronomie. ¶ Als Voraussetzung, um ein Studium zu beginnen, genügte es im Grunde, wenn man über einige Kenntnisse im Latein verfügte. Häufig wurden Kinder im Alter von dreizehn oder vierzehn Jahren immatrikuliert, einige sogar schon mit zwölf. Daher lag Henne vollkommen im Durchschnitt, wenn er mit siebzehn oder achtzehn Jahren zur Hohen Schule nach Erfurt ging. Aufgrund der doch sehr jungen Studenten, die häufig noch Knaben oder Jünglinge waren, ergab sich die Notwendigkeit einer strengen Regulierung des Tagesablaufes und einer permanenten Aufsicht, was in die Zuständigkeit der in den Kollegiaten lebenden Dozenten fiel. ¶ Trotz der strengen Kontrolle gelang es nicht einmal annähernd, die Disziplin durchzusetzen, die man offiziell als Norm forderte. Als Student unterstand Henne nicht der städtischen, sondern der Universitätsgerichtsbarkeit. Aber so hielt man es ohnehin im Mittelalter, denn für unterschiedliche Bevölkerungsgruppen existierten verschiedene Gerichte: Geistliche durften nur vor ein geistliches Gericht zitiert werden, Universitätsangehörige nur vor ein Universitätsgericht, und in Mainz hatten auch die Genossen der Münzerhausgenossenschaft ihr eigenes Gericht – und zwar im Haus auf der Münze –, das dem Vorsteher der Münzerhausgenossenschaft unterstand. Keinem anderen wurde das Recht zugestanden, über sie zu urteilen. ¶ An der Erfurter Universität bildete der Brauch der Deposition für die Erstsemester eine Art Initiation in das studentische Leben. Zuvor allerdings hatte Henne dem Dekan der Fakultät Gehorsam zu schwören. Für den Neuling war die Feier der Deposition ein kostspieliges, wenn auch notwendiges Vergnügen zweifelhafter Art. Man warf Henne einen Kittel über und setzte ihm eine Tiermaske auf, die an Esel und Schweine erinnerte. Nun wurde er von Studenten der älteren Semester derb verspottet und schließlich wie bei einer Taufe mehrfach mit kaltem Wasser übergossen. Das Wasser reinigte den Kittel und weichte die Maske nach und nach auf. Unter der zerfließenden Maske kam allmählich der *wahre* Mensch zum Vorschein. Ein Mensch, der nicht studiert hatte, konnte für die Akademiker dieser Zeit nur ein Tier sein. Wer sich hingegegen durch Trivium und Quadrivium, vielleicht sogar bis zur Promotion durchgekämpft hatte, galt erst als Mensch und gehörte nun der Gemeinschaft der Gebildeten an. Diesen Brauch nahm man sehr ernst, und es scheint, dass seine Grundlage in der etwas oberflächlichen Rezeption des einflussreichen Romans des Apuleius aus Madaura, *Der goldene Esel*, zu suchen ist. Zum Stolz des Patriziers, in dessen Adern sogar adliges Blut floss, trat nun das hohe Selbstgefühl des Studenten. ¶

Um fünf Uhr wurde Henne geweckt. Es folgte der Gottesdienst. Um sechs Uhr begann das Studium. Die erste Mahlzeit nahm er um zehn Uhr ein. Am Nachmittag um fünf stand das Abendessen auf dem Mensatisch. Zwischen den Mahlzeiten besuchte er die Vorlesungen. Dort – deshalb nannte man sie so – pflegte der Dozent nicht die freie Rede, sondern las tatsächlich aus einem Buch vor. Sicher verschloss der Büttel um acht Uhr abends die Tore der Bursen, aber die Studenten kannten die geheimen Wege ins Nachtleben und nutzten sie. ¶ Es ist durchaus möglich, dass Henne eher einen solchen Weg nach draußen und zurück als den in die Bibliothek fand. Erfurt war keine biedere deutsche Kleinstadt, sondern eine Metropole, ein Bier- und ein Hurenhaus, wie es Martin Luther ein Jahrhundert später ausdrücken sollte. ¶ Als Henne zur Laden also im Frühjahr 1418 die kurmainzische Stadt betrat, begann nicht nur für ihn etwas einschneidend Neues, sondern auch für das Reich, ja für die gesamte lateinische Christenheit. In Konstanz tagte seit 1414 das Konzil, das das Große Abendländische Schisma beenden sollte. Der erste Versuch wenige Jahre zuvor in Pisa war nicht nur misslungen, sondern hatte das Problem buchstäblich vergrößert, denn durch die Papstwahl von 1409 in der toskanischen Stadt ließen sich weder der Amtsträger in Rom noch der in Avignon beeindrucken. So war aus der »verruchten Zweiheit« die »verfluchte Dreiheit« geworden. Allerdings trat den weltlichen Herrschern in Europa immer deutlicher vor Augen, dass der grundstürzende Autoritätsverlust der Kirche auch ihre Macht ins Wanken brachte. Sollte der allgemeine Niedergang nicht auch sie erfassen, musste dieser Zustand beendet werden. ¶ Als Schirmherr der Kirche, als der er sich empfand, entfachte Sigismund von Luxemburg, seit 1411 römisch-deutscher König, eine Vielzahl an Initiativen. Mehrmals bereiste er ganz Europa, wobei ihm seine robuste Gesundheit zustattenkam. Er beriet sich mit den Mächtigen, um die Kirchenspaltung zu überwinden. In der größten Krise erinnerte man sich an eine Institution, aus der sich die Alte Kirche gebildet hatte: das Konzil als Kirchenparlament. ¶ Dieses

Konzil konnte nur gelingen, wenn die weltlichen Herrscher und die Mehrheit der Fürsten die Versammlung unterstützten und ihre Resultate anerkennen würden, insofern kam der erfolgreichen Reisediplomatie des Königs eine entscheidende Bedeutung zu. In teils komplizierten Verhandlungen sollte er sicherstellen, dass es als allgemeines, als ökumenisches Konzil anerkannt werden würde, sowohl von den Klerikern, den Bischöfen, Prälaten und Ordensoberen als auch von den weltlichen Fürsten. Nicht das geringste Problem aber bestand darin, dass nur der Papst das Recht hatte, ein Konzil einzuberufen, doch keiner der drei – Gregor XII. in Rom, Benedikt XIII. in Avignon und Johannes XXIII. als Nachfolger des in Pisa gewählten Pontifex – wollte seine Absetzung riskieren. Die Logik ihrer Interessen gebot ihnen, das Konzil zu verhindern, indem sie seine Einberufung ablehnten. ¶ Sigismund gelang es, dem Pisaner Papst Johannes XXIII. die Zustimmung zu einem Konzil in Konstanz abzupressen. Am 5. November 1414 nahm es seine Arbeit auf, und die Teilnehmer begannen sich in der Tat auch zusammenzuraufen, um die existenziellen Probleme zu lösen. Aus dem Kirchenparlament ging ein neuer Stellvertreter Christi hervor, der untadelige Oddo Colonna, ein Mann aus altem stadtrömischem Adel und mit einer hohen Verwaltungserfahrung. Seine Bescheidenheit und Frömmigkeit sicherten ihm die Sympathien. Die Zeit Avignons als Sitz des Papstes war nunmehr endgültig vorbei, und vielleicht nannte sich Oddo Colonna nicht nur deshalb Martin V., weil er am 11. November, dem Martinstag, gewählt wurde, sondern auch, um die Franzosen zu versöhnen, die den heiligen Martin in besonderer Weise verehrten. ¶ Das Konzil hatte die Einheit der Christenheit wiederhergestellt und die Bedeutung des Konzils als Kirchenversammlung, die der Papst regelmäßig einzuberufen hatte, im Vergleich zur Macht des Stellvertreters Christi erheblich gestärkt. Mehr noch, es sollte zum Korrektiv und Gegengewicht zur monarchischen Gewalt der Päpste werden, was aber nie gelang und von den Päpsten letztlich erfolgreich hintertrieben wurde, freilich um den Preis der Reformation. ¶ In Mainz oder in Eltville atmete auch Henne erleichtert auf, als an sein Ohr die Kunde drang, dass es nur noch einen Papst gab und niemand mehr in der Gefahr schwebte, sich für den falschen Papst, sich für den Schismatiker entschieden und damit sein Seelenheil verspielt zu haben. Denn die größte Sünde bestand für die Kirche im Angriff auf die Einheit der Kirche, im Schisma, und der teuflischste Sünder war der, der es betrieb und verursachte, der Schismatiker. Ihm zu folgen bedeutete hinsichtlich des Heils, des Urteils beim Jüngsten Gericht, ihm gleichgestellt zu werden und dessen Strafe miterleiden zu müssen. ¶ Vom Konzil von Konstanz ging auch ein Impuls für die Reform des Reiches und für die Entwicklung einer modernen Reichsverwaltung aus, die für Johannes Gutenberg und für die Erfindung des Buchdruckes die allergrößte Bedeutung erlangte. Ob Gutenberg den Buchdruck mit beweglichen Lettern ohne das Konzil überhaupt erfunden, sich diese Aufgabe gestellt hätte, ist zwar angesichts der Quellenlage eine höchst spekulative Frage, aber in Ansehung der unmittelbaren Zeitumstände könnte man sie mit einem »wohl nicht« beantworten. Von der Reichsreform, die in diesen Tagen ihren Anfang nahm, die Sigismund begann und Friedrich III. fortzusetzen versuchte, bekam der Student zwar noch nichts mit, aber sie sollte ein paar Jahre später sein Denken beschäftigen. ¶ Bald schon entwickelte sich die Vielzahl an Auseinandersetzungen, die unter dem Begriff Hussitenkriege zusammengefasst werden, zu einer tiefen politischen Krise im Reich, auch Henne sah sich bereits in Erfurt damit konfrontiert. 1415 wurde in Konstanz der Prediger und Professor der Prager Universität Jan Hus verbrannt, und ein Jahr später sein Mitstreiter, Hieronymus von Prag, der ihn mit den Ideen John Wyclifs vertraut gemacht hatte. Der Feuertod des Jan Hus, der unter Bruch des königlichen Versprechens des freien Geleits erfolgte, führte zum Aufstand der Tschechen, die dessen kirchlicher Lehre anhingen. Der Erfurter Theologe Johannes Zachariae, der dem Orden der Augustinereremiten angehörte, hatte im Jahr 1415 auf dem Konzil zu Konstanz gepredigt und mit Jan Hus disputiert. Es heißt, er habe Hus der Ketzerei überführt, weshalb ihm König Sigismund den Ehrennamen »Hussomastrix« verlieh. Zeitgleich mit Hennes Ankunft erreichte Johannes Zachariae die Goldene Tugendrose, die ihm König Sigismund in Ansehung seiner Verdienste schickte. ¶ In zweierlei Gestalt wurde Henne zur Laden mit den Auswirkungen der Prager Ereignisse in Erfurt konfrontiert, wenngleich nur mittelbar: Zum einen kamen die Gründungsgelehrten und ersten Professoren der Erfordensis aus Prag. Die theologischen Auseinandersetzungen hatten sie hautnah erlebt. Auch Amplonius Rating de Berka hatte in der Moldaustadt studiert. Hennes Rektor im Universitätsjahr 1418–1419 war Ludolph Meistermann, der die Universität in Prag besucht hatte und dort promoviert worden war. Als zu Beginn des 15. Jahrhunderts die Spannungen zwischen den Deutschen und den Tschechen, die einen größeren Einfluss auf die Leitung der Universität nehmen wollten, sich verschärften, manifestierte sich dies vor allem in der Auseinandersetzung um die Lehre von John Wyclif. ¶ Meistermann wurde im Kollegiatsstreit und in der Auseinandersetzung um die Lehre John Wyclifs zum Wortführer der deutschen Professoren, konnte sich aber letztlich nicht gegen Stanislaus von Znaim und Jan Hus durchsetzen, hinter denen anfangs der Erzbischof Zbynko von Prag stand, der sich allerdings bald schon gezwungen sah, gegen die Anhänger John Wyclifs vorzugehen. Im Laufe der Kämpfe wurde Meistermann tätlich angegriffen und schwer verwundet. Im Jahr 1409 zogen schließlich die deutschen Professoren und Studenten aus Prag aus. Viele von ihnen gingen nach Leipzig, wo gerade eine neue Universität gegründet wurde, einige aber auch nach Erfurt. Ein Jahr später, nachdem sich Ludolph Meistermann von seiner Verwundung erholt hatte, traf er in Erfurt ein und wurde ein wichtiges und vor allem prägendes Mitglied der Artistenfakultät, wie der auch von der Prager Hohen Schule stammende Heinrich Geismar. Die Besonderheit der Kämpfe, die an der Prager Universität tobten, lag in ihrer Vermischung von nationalen Zielen, religiösen Anschauungen und philosophischen Grundsätzen. Ersteres spielte für Henne zur Laden keine Rolle, in Erfurt war man weitab von Prag, Zweiteres tangierte ihn höchstens, das Dritte aber, die philosophischen Grundlagen, betraf ihn, bildeten diese doch eine Erkenntnis und eine Denkweise ab, die mindestens unbewusst und untergründig zu Hennes Erfindung führten, zum Entschluss, mit beweglichen Lettern zu arbeiten. ¶ Fragt man nach der Entstehung der Grundgedanken, die schließlich zur Erfindung des Buchdruckes mit beweglichen Lettern führten, empfiehlt es sich, einen Blick auf das geistige Umfeld und auf die Inhalte des Studiums zu werfen. In der Schrift, in der Ludolph Meistermann einen Glaubensprozess gegen das Haupt der Prager Wyclifianer, Stanislaus von Znaim, anregte, stieß er nach gründlicher theologischer Diskussion zu den philosophischen Grundlagen vor, die er im Universalienrealismus erkannte. Die deutschen Philosophen der Prager Universität lehnten aber den Universalienrealismus ab und verstanden sich als Nominalisten, verabscheuten die *via antiqua* und folgten begeistert der *via moderna*. Diese Philosophie brachten die Prager mit nach Erfurt und installierten sie mit aller Entschiedenheit erfolgreich als Weltanschauung und Methode an der Erfordensis. ¶ Der »Prager« Amplonius Rating de Berka verpflichtete in den Statuten seines Collegium Amplonianum die Studenten darauf, sich der nominalistischen Methode zu bedienen: »Ich möchte, dass sie mit Sorgfalt und Eifer lesen und dabei wie folgt vorgehen: zunächst die Texte analysieren, wie bei den Modernen üblich und dabei die Schlüsse ziehen [...].«[34] Mit den Modernen (*moderni*) waren die Nominalisten gemeint, die eben der *via moderna* folgten. Henne zur Laden nutzte im Studium der Septem Artes liberales selbstverständlich die *via moderna*. Zu seinen Unterrichtsfächern gehörte auch die Logik, gelehrt gemäß William von Ockham, dessen Methode landläufig nominalistisch genannt wird. ¶ Im Grunde ging es um die Frage, ob den Allgemeinbegriffen (Universalien) wie Menschheit, Tiere, Pflanzen, Planeten oder Sterne eine reale Existenz zukam oder ob sie nur als Bezeichnungen dienten, die Entitäten, Einzelheiten zusammenfassten, damit man sie diskutieren und für die Erkenntnis nutzen konnte wie mathematische Formeln, denen selbst auch keine reale Existenz zukam. ¶ Während die Realisten davon ausgingen, dass den Universalien Realität zukam, hielten die Nominalisten sie für Zeichen. Der ein knappes Jahrhundert später an der Erfordensis lehrende Philosoph Jodokus Trutfetter definierte streng nominalistisch zu einem Zeitpunkt, an dem der Nominalismus orthodox geworden war und zu verknöchern begann, in schönster doktrinärer Klarheit: »Universalien sind Bezeichnungen oder Aussagen, aber Realität kommt ihnen nicht zu.«[35] So hatte es auch Henne gelernt. ¶ Die Verbindung, die Amplonius zwischen den Realisten und den Hussiten herstellte und wie sie auch Henne zur Laden vermittelt wurde, fand ihren Grund im Wyclif'schen Realismus, dem Jan Hus, Stanislaus von Znaim und Hieronymus von Prag anhingen und wie er in der Anklageschrift von Ludolph Meistermann aufgezeigt wurde.[36] Henne zur Laden las hierzu unmissverständlich in den Statuten seiner Burse, die er zur Kenntnis zu nehmen und zu verinnerlichen hatte: ¶ »Desgleichen lege ich fest und ordne ich an, dass sich hier kein Kollegiat öffentlich im Unterricht oder für sich privat mit solchem Stoff auseinandersetzen soll, der sich direkt oder indirekt zum Ketzertum bzw. zum hussitischen Unglauben [...] bekennt.«[37] ¶ Im selben Paragraphen, in dem vor den Ketzern und Hussiten gewarnt wurde, die nicht gelehrt werden durften, traf die Realisten der Bannstrahl der Häresie, wenn Amplonius von denjenigen sprach, die sich »zu real existierenden Universalien« bekennen oder »Ansichten über die Vielheit von realen Dingen« verbreiten, was er strikt ablehnte.[38] Der gerade in Konstanz hingerichtete Jan Hus und die *via antiqua* galten dem Nominalisten Amplonius Rating de Berka als gleich häretisch, mehr noch, Wyclifs Lehre und die von Jan Hus entsprangen geradezu der Ketzerei des Realismus. Die *via antiqua* führte direkt in die Hölle – so wurde es auch Henne eingetrichtert. ¶ Einem Patriziersohn wie Henne zur Laden, der mit den politischen und wirtschaftlichen Aktivitäten und dem Behauptungswillen der Patrizier aufgewachsen war, dessen Leben sehr früh schon mit der alltäglichen und allerrealsten Realität konfrontiert wurde, kam natürlich William von Ockhams Ansatz entgegen, dessen Philosophie die Realität in die Theorie holte und sie so erdete. Seine Philosophie flüchtete sich nicht vor der Realität in die höchsten Sphären der Abstraktion und der unausgesetzten Begriffszeugung, sondern führte wieder ins Leben zurück. ¶ Man kann sogar, wenn man so weit gehen will, die drei Prinzipien Williams in der Praxis betrachten, und zwar in Gutenbergs Konzeption und Arbeit an seiner Erfindung. Zunächst forderte William, Erklärungen nicht zu verkomplizieren, alles Überflüssige wegzuschneiden. Daher stammt der Begriff »Ockhams Rasiermesser«. Denkt man über die einfachste Form eines Textes nach, kommt man über das Wort zum Buchstaben. Dann empfiehlt der Philosoph dringend, nach der Ursache einer Erkenntnis zu fragen, danach, woher man etwas weiß, was auch bedeutete, nichts stehen zu lassen, sondern alles sogar von Anfang an noch einmal zu überprüfen – und für Gutenbergs Innovation war es essenziell, dass der Erfinder ganz von vorn begann und neu dachte und neu kombinierte. Und schließlich formulierte der Engländer:

Wird Zusammenhängendes behauptet, ist zu prüfen, ob die Trennung einen Widerspruch einschließt. ¶ Alle drei Prinzipien verweisen auf das Einzelne, das allein nur real ist. Kurt Flasch brachte die Wirkung von Williams Philosophie so auf den Punkt: »Was die Welt an metaphysischem Glanz verlor, gewann das Denken an Radikalität und das Handeln an Spielraum zurück.«[39] Für William von Ockham existierte nur das Einzelne, Individuelle, nicht aber das Allgemeine. Zum Einzelnen, zum Individuellen wurde aber für Henne zur Laden, wenn er sich die Frage stellte, wie er mittels Druck möglichst viele Texte fehlerfrei und identisch kopieren oder vervielfältigen konnte, die einzelne Letter als Träger des Buchstabens. Williams Philosophie »brachte auf den Begriff, was sich in der politischen, sozialen und ökonomischen Realität durchzusetzen begann: der Primat des Individuums.«[40] ¶ Genau diese Philosophie wurde in Erfurt gelehrt, und sie stärkte den Patriziersohn in der Vorstellung eines selbstverantworteten Handelns, eines freien Unternehmertums, dem er sich verschreiben sollte. Es ist daher kein Zufall, dass ein anderer Sohn eines freien Unternehmers, der Sohn des Mansfelder Bergbaubetreibers Hans Luder, Martin, der durch die gleiche Schule ging, ein Jahrhundert später das Individuum im Glauben entdeckte und die Reformation auslöste, deren Erfolg zu einem nicht unwesentlichen Teil auf den enormen Möglichkeiten der Publizität beruhte, die Gutenbergs Erfindung bot. ¶ Noch eines ist allerdings in Williams Philosophie folgenreich für Henne zur Laden: Für den Engländer existieren die Allgemeinbegriffe nicht in der Realität, sondern stellen Zeichen dar, drücken etwas aus und fassen Reales und Existierendes zusammen, sie stehen für etwas, nämlich für das, was sie bezeichnen. Diese Zeichen können akustisch oder auch schriftlich wiedergegeben werden. Die schriftliche Wiedergabe der Zeichen zeigt, dass auch das Zeichen eine materielle Bildung aus kleineren Einheiten ist, die wiederum individuell sind. Man kommt auf den Buchstaben und dadurch auf die Idee, nicht Texte zu vervielfältigen, sondern Buchstaben, die Texte bilden. »Ockham dachte die Begriffe als Zeichen, nicht mehr, wie die ältere Abstraktionstheorie, als Bild.«[41] ❡ Die Vervielfältigung eines Bildes war schon vor Gutenberg möglich, indem ein Bild in einen Holzblock geschnitten, mit Farbe eingerieben und gedruckt wurde. Und so, wie man Bilder ins Holz schnitt, ließen sich ganze Buchseiten in Holzblöcke schneiden, nur bedeutete das bei einem Buch mit etwa einhundert Seiten, dass einhundert Holzschnitte herzustellen waren. Löste man sich aber vom Bild, begriff man einen Text als eine Einheit, die aus Zeichen gebildet wurde und die man auch widerspruchsfrei zerlegen konnte, so war es kein allzu großer Schritt mehr, die Zeichen in Buchstaben aufzulösen. ❡ Innerhalb dieses geistigen Umfelds kam Henne außerdem mit einer Welt in Berührung, die ihn vielleicht zunächst aus pekuniären Gründen sehr praktisch mit der Welt der Buchstaben verband.

Zwischen Schankstube und Skriptorium

Die Bücher, die Henne zur Laden während seines Studiums nutzte, waren natürlich Handschriften. Es existierten als Druckerzeugnisse zwar sogenannte Blockbücher, doch stammen die bisher gefundenen Exemplare aus der Mitte des 15. Jahrhunderts, so dass zu vermuten steht, dass sie auch erst in der Mitte des Säkulums als eine eher schnurrige Seitenentwicklung auf dem Wege zum modernen Buchdruck entstanden. Abgeleitet ist die Bezeichnung von dem Umstand, dass eine komplette Seite in einen Holzblock geschnitten und dann gedruckt wurde. Der Nachteil, das letztlich Unpraktische dieser Methode, bestand darin, dass das Vorschneiden einer ganzen Seite in einen Holzblock, auf den dann das Papier gelegt und angerieben wurde, sehr zeitintensiv war, weshalb der Umfang der Bücher nicht allzu voluminös sein sollte. Außerdem konnte das Papier nur einseitig bedruckt werden, wollte man das Durchdrücken der Tinte vermeiden. ¶ Im Grunde wurden die Blockbücher wie Holzschnitte hergestellt und vervielfältigt. Bevorzugtes Genre der Blockbücher war die *biblia pauperum*, die Armenbibel, die Episoden aus der Heiligen Schrift als Bildergeschichte darstellte, weil auch den Leseunkundigen so der entsprechende Inhalt vermittelt werden sollte. ¶ Ein Markt für die *biblia pauperum*, aber auch für eine ganze Frömmigkeitsliteratur entstand mit der im Großen Abendländischen Schisma verstärkten Hinwendung zu einer neuen Frömmigkeit, die sich aber nicht mehr vordergründig mit dem Besuch der Messe, sondern mit einer sich im Häuslichen und Privaten praktizierten Religiosität verband, die zugleich etwas Individuelleres auszeichnete. ¶ Wer dennoch die Gemeinschaft suchte, war auch dann noch nicht auf die Kirche angewiesen, denn er konnte sich einer Laienbewegung anschließen, von denen die bekannteste und wirkungsvollste die Ende des 14. Jahrhunderts von Gert Groote in den Niederlanden gegründete Gemeinschaft der Brüder vom gemeinsamen Leben, der *fratres vitae communis*, kurz Fraterherren, war. Die Laienbrüder legten kein kirchlich bindendes Gelöbnis ab und gliederten sich nicht in die institutionelle Hierarchie der Kirche ein, sondern lebten in den Brüderhäusern zusammen, suchten ein gottgefälliges Leben mit eifriger Bibellektüre zu führen und verdienten ihren Lebensunterhalt mit dem Kopieren von Büchern. ¶ Aus dieser Frömmigkeitsentwicklung am Ausgang des 14. Jahrhunderts ging das Bedürfnis nach häuslicher Andacht hervor, die Bilder mit religiösen Motiven benötigte. So explodierte geradezu der Markt für gedruckte Andachtsbilder, für Holzschnitte, und es steht zu vermuten, dass aus den Andachtsbildern schließlich Andachtsbücher wurden, nämlich die *biblia pauperum*, zumal die Herstellungstechnik identisch war, wenn man vom Binden absieht. Während zu Beginn des 15. Jahrhunderts das Andachtsbild den Druck dominierte, traten profane Motive wie Totentänze, Darstellungen der Tugenden und Laster erst in der Mitte des Säkulums auf.[42] Eine Ausnahme bilden hier nur die Kartenmalerei und der Spielkartendruck, die bereits Ende des 14. Jahrhunderts einen ungeheuren Aufschwung erlebten. ¶ Dass Henne zur Laden diese Frömmigkeitsentwicklung, die gerade im Bürgertum und im Patriziat um sich griff, als eine neue Form, die Welt zu begreifen, aktiv und selbstbestimmt in der Welt zu sein, indem man seinen eigenen, individuellen Weg zu Gott suchte, vertraut war, er sogar in diesen Vorstellungen durchaus gedacht und geglaubt hat, kann auch ohne explizites Zeugnis als sicher gelten, obgleich vermutet werden darf, dass die Familie des Patriziers Friele Gensfleisch zur Laden sich nicht mit Andachtsbildern begnügte, sondern sich durchaus ein Fresko, wahrscheinlicher noch ein oder zwei Tafelbilder zum Zwecke der häuslichen Andacht geleistet hatte. Hennes erstes größeres Engagement als Unternehmer führte ihn zwar nicht zum Druck von Andachtsbildern, aber immerhin zur Anfertigung von Wallfahrtsspiegeln, also einer durch und durch religiösen Ware. Sie entsprang dem Bedürfnis einer gesteigerten Frömmigkeit, die zum einen die private Andacht in den Mittelpunkt stellte und zum anderen das Pilgern entdeckte. Man pilgerte in der Regel nicht wie der Adel und die reichen Kaufleute an entfernte Orte wie Jerusalem, Rom oder Santiago, sondern innerhalb Deutschlands, nach Aachen oder nach Wilsnack. ¶ Aber auch wenn er Bücher aus der Bibliothek der Universität oder der Amplonia entlieh, blieb er auf das Schreiben angewiesen. Es war damals üblich, dass die Dozenten den Studenten ihre eigenen Vorlesungen oder die von abwesenden Magistern diktierten, was *pronuntiatio* genannt wurde. Übrigens verwandte man für das Nachschreiben den lateinischen Begriff *reportare*. ¶ Wahrscheinlich beschäftigte sich Henne auch mit dem Kopieren. Der Bedarf an Lehrbüchern gerade des Donatus oder des Lehrbuches des Alexander de Villa Dei war naturgemäß hoch, zumal sie noch nicht beliebig im Druck vervielfältigt werden konnten und jedes Exemplar eine von einem Schreiber per Hand angefertigte Abschrift darstellte. An den italienischen Universitäten entwickelte sich deshalb bereits sehr früh im 12. Jahrhundert das Pecia-System. Das jeweilige Buch wurde als beglaubigte Abschrift einem Buchhändler übergeben, der es in kleine Einheiten (*pecia* = Stück) von 20 Seiten aufteilte. Diese verlieh er an Studenten, die nach Ablauf der Leihfrist eine Kopie abliefern mussten. Da auf diese Weise viele Studenten an der Kopie eines jeweils anderen, überschaubaren Abschnitts arbeiteten, gelang es in kurzer Zeit, eine weitere Kopie des Lehrbuches herzustellen, wenn man die Teile anschließend zusammenband. So sorgte die Universität dafür, dass der Bestand an Lehrbuchexemplaren erweitert wurde. Möglich, dass auch Henne zur Laden aus diesem Grunde Kapitel oder Abschnitte kopierte. ¶ Denkbar ist aber auch, dass er sich in einem bzw. für ein Skriptorium verdingte. Das Leben in den Bursen stellte wie auch der Verlauf einer Handwerkslehre eine harte Schule dar. Auch für die jungen Studenten galt: Lehrjahre sind keine Herrenjahre. So wie die Lehrjungen von den Gesellen malträtiert wurden, so widerfuhr es den jüngeren Semestern, den Füchsen, von den älteren Studenten, den Bacchanten, denen sie zu dienen, deren Wäsche sie zu waschen, für die sie auch Geld aufzutreiben hatten, durch Betteln, Singen oder Kopieren. ¶ Die Form des Buches existierte also bereits, und abgesehen davon, dass der Text durch Abschreiben und nicht durch Druck auf die Seiten gelangt war, unterschied sich die Handschrift vom gedruckten Buch weder im Format noch in der Bindung. Vergleicht man das Schriftbild der 42-zeiligen Bibel mit seinen beiden Kolumnen mit den handgeschriebenen Exemplaren, wie sie beispielsweise in Erfurt, Eltville oder Mainz in den Klöstern benutzt wurden, kann man den höchst künstlerischen Prozess verfolgen, wie aus der dort gebräuchlichen Schrift, der Missale, die Typen der Gutenbergbibel entstehen. Die Type ging in einem von ästhetischem Formwillen getriebenen künstlerischen Akt aus dem Buchstaben der klösterlichen Skriptorien hervor. Es ist daher evident, dass Henne zur Laden, wenn er die Typen selbst geschaffen hatte, über Erfahrung und beträchtliches handwerkliches Vermögen im Schreiben verfügte. Deshalb stellt sich die Frage, wo er diese Fertigkeiten erwarb. Die Ausbildung in der Lateinschule, wie gut sie auch immer war, dürfte dafür nicht ausgereicht haben, Interesse, vielleicht sogar Leidenschaft und Übung mussten irgendwann hinzugetreten sein. Benutzt man das Ockham'sche Rasiermesser in rechter Weise, kämen dafür die Jahre in Erfurt in Betracht. ¶ In der spätmittelalterlichen Welt hatten sich die Skriptorien erheblich verändert. Ursprünglich gehörte das Abschreiben zur klösterlichen *labora*. Dass Texte der Antike kopiert wurden und dadurch erhalten blieben, verdankt Europa der Geduld und dem Fleiß der Mönche, begonnen mit der Gründung des Vivariums. Es war der reiche Staatsmann Cassiodor, der sich im Jahr 554 mit siebzig Jahren auf sein Landgut nach Kalabrien zurückzog und dort ein Kloster gründete, das er »Monasterium Vivariense« nannte, und sich der Sammlung des Wissens und dem Abschreiben von Manuskripten widmete. Um das Jahr 529 hatte bereits Benedikt von Nursia, auch aus wohlhabendem Hause stammend, auf dem Monte Cassino bei Neapel einen Orden gegründet, in dem zur frommen Lebensführung die Arbeit und eben auch die Bildung zählten. Aus dieser Gründung ging der Benediktinerorden hervor, dem große Verdienste in der Bildung des lateinischen Westens im frühen Mittelalter zukommen. ¶ Mit der Gründung und dem Erfolg der Universitäten entstand jedoch ein großer Bedarf an Büchern, den der aufkommende Humanismus eines Petrarca und Boccaccio noch steigerte. Reich gewordene Bürger drängte es zur Lektüre. So entstanden einerseits gewerbliche Schreibstuben, und andererseits entwickelten die Universitäten eigene Organisationsformen des Kopierens von Büchern wie etwa das Pecia-System oder beschäftigten Skriptorien, die privilegiert wurden, indem ihre Besitzer als Angestellte (»Universitätsverwandte«) an den Privilegien der Universität partizipierten. Das Verleihen und Vervielfältigen von Handschriften trugen die Universitäten besonderen Beamten auf, den *stationari* als Verleihern und den *librarii* als Kommisionshändlern für Handschriften, die aber nur in limitierten und genau definierten Grenzen Handel treiben durften, wie es erstmals im Statut der Pariser Universität festgelegt wurde.[43] ¶ So setzte in der Hochzeit der Gotik das moderne Buchwesen ein, das von den Universitäten ausging. Und es ist nicht unerheblich, dass die mächtige Hinwendung zum Wissen aus einem Selbstzweck geschah, abseits von Pragmatismus und Utilitarismus, dass man nach Wissen strebte einzig und allein aus dem Drang nach Wissen und Weisheit, weil man dadurch mit dem Goldenen Zeitalter, mit der Antike in Berührung kam. Und natürlich führte für viele, nicht für alle, der Weg des Wissens zu Gott, und dieser Weg war ein Weg der Bücher und des beschriebenen Papiers. ¶ Die Zeit der Klosterschulen neigte sich dem Ende zu, und aus den Generalstudien der Orden waren Universitäten geworden oder sie verloren an Bedeutung. Aus den neuen Hohen Schulen aber drängten immer mehr Juristen, Mediziner, Ärzte, Philosophen, eine neue säkulare Intelligenz, zu deren tiefen Bedürfnissen die Lektüre gehörte und deren Entfernungen überspannende Kommunikation mittels Briefen verstetigt wurde. ¶ Daneben setzte eine häufig für das Entstehen des Buchwesens unterschätzte oder übersehene Entwicklung ein, weil sie in den Bereich der Wirtschaftsgeschichte fällt. Durch das Prosperieren des Handels, vor allem des Fernhandels, und die Herausbildung der Finanzwirtschaft entstand die Notwendigkeit der schriftlichen Fixierung der Geschäfte, der Buchführung und Bilanzierung. Die großen Handelsunternehmen und Banken benötigten Kontore und Kontoristen. Bücher wurden eingebunden und archiviert, die Kommunikation verschriftlichte sich. Auf den Wirtschaftsmessen wie in Frankfurt wurden Bücher zum festen Bestandteil der Handelsware, weil Buchherstellung und Buchvertrieb zu wirtschaftlichen Unternehmungen wurden. Es ist auffällig, dass später der Buchdruck mit beweglichen Lettern vor allem dort in atemberaubender Geschwindigkeit Fuß fasste, wo große Handelsmessen stattfanden oder eine starke Kaufmannschaft existierte. Die Produktion von Handschriften nahm fast industrielle Ausmaße an, weil die Skriptorien der Klöster abgelöst wurden von den erwerbsmäßigen Schreibstuben, in denen Schreiber nach Diktat schrieben. Diese Entwicklung führte allerdings zu einer Qualitätsminderung der Kopien, da sich häufiger Abschreibefehler einschlichen im Vergleich zur Arbeit eines Mönches, der Seite für Seite die ihm vorliegende Schrift kopierte. ¶ Die Produktion von Büchern durch händisches Kopieren stieß an ihre Grenzen. Zwar konnte der Bedarf noch gedeckt werden, aber die

Auslastung der Kapazitäten wurde bereits sichtbar, und vor allem blieben Bücher aufgrund ihrer Herstellungskosten teuer. In den Skriptorien wurde bereits arbeitsteilig gearbeitet. Nicht Drucker und Setzer, aber Kopisten, Rubrikatoren (die in ein Buch mit roter Farbe – *rubrum* – Initialen, Überschriften oder Hervorhebungen eintrugen) und Illuminatoren (die für die malerische Ausgestaltung des Buches verantwortlich waren) übernahmen einzelne Arbeitsschritte in der Herstellung der Bücher. Das gesamte Geflecht der arbeitsteiligen Produktion und des Vertriebs der Bücher existierte bereits, nur erwies sich die Technik, die Vervielfältigung der Texte in Handarbeit als großes Hemmnis, aus der *Kunst des Abschreibens per Hand* musste eine *Kunst der mechanischen Vervielfältigung* werden. ¶ Sehr wahrscheinlich erlebte Henne zur Laden diesen Prozess der Buchherstellung mit, indem er während des Studiums Geld mit Abschreiben in einem gewerblichen Skriptorium verdiente. Die Notwendigkeit der schriftlichen Kommunikation hatte er als Sohn eines Patriziers kennengelernt, als Lateinschüler und später als Student Bücher zum Lernen und zum Studium benutzt und in den Skriptorien die technischen Schritte der Buchherstellung erlernt, vor allem als Abschreiber den Umgang mit der Schrift oder besser den Schriften. ¶ Von großer Bedeutung für den Aufschwung des Buchhandels war der Siegeszug des Papiers Ende des 14. Jahrhunderts in Europa. Zuvor hatte man auf Pergament geschrieben, auf Häute von Kühen, Schafen und Ziegen, wobei das Pergament aus Kuhhaut, das Velin, bevorzugt wurde. Unzählige Tiere mussten für die Bücher im Mittelalter ihr Leben geben. Nicht nur weil Pergament ein sehr teures Medium war, stieß man oft an natürliche Beschaffungsgrenzen, sondern auch weil sich die vielen Tierhäute gar nicht auf einmal organisieren ließen. Das aus Hanf, Leinen oder vor allem Lumpen hergestellte Papier konnte hingegen in großen Mengen produziert werden. Papyrus eignete sich nur in warmen, vor allem trockenen Ländern. ¶ Ursprünglich wurde das Papier in China erfunden und von den Muslimen nach Europa gebracht, zuallererst nach Spanien und Sizilien. Der Stauferkaiser Friedrich II. verbot 1231 seiner Kanzlei Urkunden auf Papier zu schreiben, weil er an dessen Haltbarkeit zweifelte, und wies deshalb die Benutzung von Pergament als Speichermedium für diese Textsorte an. Die erste Papiermühle in Europa entstand um 1150 im spanischen Xativa. Der Notar Giovanni Scriba benutzte in Genua 1154 Papier, und seit 1223 bedienten sich auch die Venezianer des Papiers als Speichermedium. Berühmtheit erlangten die in der Mark Ancona in Fabriano produzierenden Papiermühlen, deren erste 1276 den Betrieb aufnahm. ¶ In Italien entwickelte sich eine Papierindustrie, die Europa und sogar den Orient mit Papier versorgte. Der Nürnberger Patrizier Ulman Stromer erkannte das Verkaufspotential von Papier, holte Experten aus Italien – Nürnberg unterhielt fast symbiotische Beziehungen zu Venedig, aber auch zu Rom, Florenz, Padua, Pavia und Bologna – und ließ 1389 eine Drahtziehermühle zur Papiermühle umbauen. Allerdings gelang es ihm nicht, die Technologie geheim zu halten, und 1393 erstand ihm in Regensburg Konkurrenz.[44] ¶ Das europäische Papier war dem chinesischen und arabischen an Haltbarkeit überlegen, weil es nicht mit Sieben aus Pflanzenfasern, sondern mit Sieben aus Draht geschöpft wurde. Stromer stellte aber nicht nur

Papier für die Skriptorien und Kontore her, sondern auch als Verpackungsmaterial für Nadeln, Ösen, Nägel etc., denn Nürnberg war bekannt und berühmt für seine Metallindustrie, in der von Rüstungsgütern über Draht und andere metallische Gebrauchsgüter alles produziert wurde, was guten Absatz im Reich und darüber hinaus nach Frankreich, Polen und Russland versprach. Für Henne zur Laden war Papier bereits alltäglicher Stoff, der als Verpackungsmaterial und als Speichermedium für Kontor und Buch Verwendung fand. ¶ Spätestens in Erfurt kam der Mainzer Patriziersohn mit allen wichtigen Details und Entwicklungen in Berührung, die zu den Voraussetzungen der Erfindung des Buchdruckes führten: 1. die Verwendung von Papier als massenhaftes Speichermedium, 2. der Umgang mit Schriften und Buchstaben, 3. die technische Mitarbeit an der Herstellung eines Buches, 4. die Kenntnis der arbeitsteiligen Produktion, 5. Kenntnis der Absatzmärkte, 6. Einblick in die Organisation des Buchhandels, 7. Beherrschung des Latein und 8. die notwendigen geistigen Voraussetzungen durch die Schulung in Ockhams Philosophie und in der *via moderna*. ¶ Sicher sah er Holzschnitte als Andachtsbilder. Und erste Drucker hatten bereits ihre Arbeit aufgenommen. So finden sich, wie sinnreich übrigens, in Inquisitionsakten die ersten Hinweise auf Drucker in Mainz, etwa 1356 auf den »Drucker Hartwich« und 1409 auf »Arnold den Jungen, Drucker«.[45] Es wurde nicht nur auf Papier, sondern auf Tuch gedruckt, durch die »Zeugdrucker«, die sich in einer Stadt wie Mainz, in der die Produktion und der Handel mit Tüchern eine so wichtige Rolle einnahmen, ja der Haupterwerbszweig der Stadt gewesen zu sein scheinen, ansiedelten. Der

»pilddruck« oder die »bildtücher«[46] ahmten durch den Textildruck Silber- oder Goldbrokat nach, um so die Stoffe zu veredeln. Bereits zum Ende des 14. Jahrhunderts beschrieb der Italiener Cennino Cennini in seinem Lehrbuch der Malerei die Technik des Stoffdrucks, des Zeugdrucks.[47] So kam der kleine Henne von Kindesbeinen an mit Druckern in Berührung. ¶ Um 1376 eroberte eine neue Leidenschaft Italien, trat ihren Siegeszug über die Alpen an und konkurrierte als beliebtes Glücksspiel mit den bis dahin viel verwandten und oft geschmähten Würfeln: die Spielkarten. Oft wurde das Aufkommen der Spielkarten durch Verbote dokumentiert wie 1379 in Konstanz und 1381 in Nürnberg. Die ersten berufsmäßigen Kartenmaler erscheinen in den Quellen beispielsweise 1392 in Frankfurt am Main und 1414 in Nürnberg. ¶ Begeisterte Kartenspieler fanden sich schnell unter den Landsknechten und den Studenten, so dass Henne so manchen Abend in einer Kneipe oder auch in der Burse beim freilich für alle Christen verbotenen Kartenspiel zugebracht haben könnte. Aber selbst wenn er dem neuen Spiel nicht sonderlich viel hätte abgewinnen können, dürfte er mit den bedruckten Karten, die, einmal in Holz geschnitten, sich in großer Zahl herstellen ließen, in Berührung gekommen sein. Die Vervielfältigung von Büchern auf dem Wege des Drucks, wie es die Spielkarten anschaulich vor Augen führten, stand unübersehbar auf der Tagesordnung, nur dass der Holzschnitt zwar für Bilder, nicht aber für längere Texte taugte. ¶ Man sollte mit Hennes Studentenleben nicht allzu phantastische Vorstellungen verbinden, denn der Johannes de alta villa war ein zielstrebiger Student, der nach zwei Jahren, 1420, das Baccalaureat erwarb und als Baccalaureus die Universität verließ. Für diejenigen, die keine Universitätskarriere anstrebten oder Jurist, Mediziner oder Theologe zu werden gedachten, genügte der unterste akademische Grad bei weitem, mit dem man in den Kontoren der Handelsherren, den landesfürstlichen Verwaltungen, den Magistraten der Stadt oder als Lehrer einer Lateinschule unterkam. Siebzig Prozent der Studenten verließen als Baccalaureus die Universität, und auch für Henne genügte der Abschluss. ¶ Selbst wenn die Hypothese nicht zutreffen und Johannes Gutenberg nicht in Erfurt studiert haben sollte, bleibt die Tatsache, dass er studiert haben, über Kenntnisse im Latein und im Kopieren von Büchern, im professionellen Umgang mit der Schrift verfügt haben muss. Andernfalls müsste man unterstellen, dass er im Grunde nur der Finanzier der Erfindung war und für alle Bereiche Fachleute engagiert hätte. Die Vorstellung, dass ein Mann unter persönlichen Opfern über ein Jahrzehnt an einer Erfindung arbeitete, der er nichts weiter als eine Idée fixe und Geld beizusteuern hätte, ständig auf der Suche nach Spezialisten, würde zu einer komplizierten Konstruktion führen, die es als dringend geraten erscheinen lässt, erneut zu Ockhams Rasiermesser zu greifen.

Mainzer Eskapaden und Wirren

Während Henne zur Laden noch in Erfurt seinen Studien nachging, verschlechterte eine Entscheidung König Sigismunds 1418 die wirtschaftliche Situation seiner Heimatstadt gravierend und mittelbar auch die seiner Familie. Der Luxemburger ließ die Reichsmünze in Frankfurt wiederaufleben. Die Konzentrierung des Edelmetallhandels und des Wechselwesens auf Frankfurt tat den Geschäften der Mainzer Münzerhausgenossen herben Abbruch. Reichsmünzen existierten zwar auch in Nördlingen und in Basel, doch wirkten sich zum einen die unmittelbare Nähe zu Mainz und zum anderen die Tatsache, dass Frankfurt als Handelsmetropole dank seiner Messen prosperierte, für die Bischofsstadt als Handels- und Wirtschaftszentrum in der Folge extrem nachteilig aus. Zudem erschütterten Mainz Zyklen schwerer politischer Kämpfe, und die Verschuldung nahm horrende Ausmaße an. ¶ Alle drei Prozesse verstärkten sich gegenseitig, so dass sich die Abwärtsspirale beschleunigte. Die Verschuldung machte die Stadt als Wirtschaftsstandort zunehmend unattraktiv, was wiederum dazu führte, dass ihre Finanzen aufgrund fehlender Einnahmen in eine immer katastrophalere Schieflage gerieten, was den Wert des Standortes weiter verringerte, ein klassischer *circulus vitiosus*. Es herrschte allgemein große Hoffnungslosigkeit. ¶ Während Fürsten es vermeiden konnten, ihre Schulden zu bezahlen, bildeten die Bewohner der Freien Städte als Rechtskörperschaft eine Genossenschaft, d.h. jeder Bürger der Stadt haftete mit seinem Vermögen für die Schulden der Kommune. Das konnte einen Mainzer Kaufmann in den Ruin treiben, wenn er auswärts mit seinen

Waren für die Schulden der Stadt einzustehen hatte. Der Gefahr entging man, wenn man seine Geschäfte von Oppenheim oder von Frankfurt am Main aus betrieb. Im Oktober 1422 sprang sogar der Erzbischof ein, um die Stadt bei der Tilgung ihrer Schulden finanziell zu unterstützen. Es war nicht christliche Barmherzigkeit, die den Stadtherrn zu diesem großzügigen Schritt bestimmte, sondern einzig und allein die Notwendigkeit, den Frieden zu wahren, trieb ihn dazu. Die durch die Privilegien der Patrizier und den exzessiven Rentenverkauf mitverursachten Verbindlichkeiten führten zu erheblichen inneren Unruhen, weil der Rat den Ausweg – wie immer – in der Sozialisierung der Schulden sah. Aufkommen für Misswirtschaft und persönliche Bereicherung sollten die Zünfte. Hinzu kam, dass sowohl in den Reihen der Patrizier als auch der Zünfte unterschiedliche Standpunkte bezogen wurden, weil die politische Stellungnahme sehr von den eigenen wirtschaftlichen Interessen abhing. ¶

Das erlebte Henne zur Laden hautnah mit. Auch wenn er die Klagen der Zünfte für unberechtigt hielt und als Patrizier kein Jota seiner Privilegien aufzugeben gedachte, wurde ihm immer bewusster, wie brüchig in Wahrheit die politische Situation in Mainz war. Darin mag man einen Grund finden, warum sich die Mainzer Patrizier auch zum Rentenerwerb in anderen Städten umsahen, obgleich die Konditionen nicht mit denen, die sie sich in Mainz genehmigten, konkurrieren konnten. Aber es entsprach einer klugen Vorsorge, die man heute Risikostreuung nennen würde. Deshalb erwarb die Familie auch Leibrenten in Straßburg und Frankfurt. ¶

Die Handelsmessen als zentrale Umschlagplätze, die den Rhythmus des Wirtschaftslebens entscheidend beeinflussten, wurden en passant auch zu Plätzen des Zahlungsverkehrs, des Handels mit Wechseln, Assekuranzen und Krediten, so dass sich hier eine Art Börse herausbildete. Auch Johannes Gutenberg sollte seine Erfindung zuerst in der Messestadt Frankfurt präsentieren, wie der bereits zitierte Brief Enea Silvio Piccolominis an den Kardinal Juan de Carvajal belegt. ¶ In diese von inneren Kämpfen zerrissene und vor Empörung brodelnde Stadt kehrte Henne also zurück. Was mochte er gefühlt haben, als vor ihm die Silhouette der Stadt hinter dem Rhein auftauchte mit ihrer Vielzahl an Kirchtürmen, den Kränen am Hafen und dem im Süden mächtig aufragenden »Drususstein«, der die Mainzer an ihre römische Vergangenheit erinnerte? Über eine, freilich fiktive, Stadtansicht schrieb Hartmann Schedel: »Drusus nero, nach teutscher nacion Germanicus genant«, hat »das lob vnd den rum« von Mainz »clerlich gemeret«.[48] ¶ Was bewegte den jungen Heimkehrer? Stolz auf seine Stadt? Freude über den Universitätsabschluss? Überschattet wurde seine Rückkehr jedenfalls vom Tod des Vaters in der zweiten Hälfte des Vorjahres. So gab es kein Wiedersehen, kein lobendes Schulterklopfen, und die Mutter trat ihm als Witwe entgegen. Die selbstbewusste Frau heiratete nicht wieder, sondern scheint in die Regelung der Familienangelegenheiten recht kräftig eingegriffen zu haben. ¶ Wann hatte ihn die Kunde vom Ableben des Vaters erreicht? Befand er sich mitten in den Prüfungen? Die Matrikel der Erfurter Universität verzeichnen im Wintersemester 1419/20 den Eintrag: »Baccalarii prius intitulati addiderunt Conradus Swerym II boh … Johannes de Altavilla II bohn et II simpl.«[49] Johannes de Altavilla, oder eben Henne zur Laden, hatte seine Pro-

ungat epistola quos iūgit sacerdocium: immo carta non dividat: quos
xp̄i nectit amor. Cōmētarios in osee-
amos · ⁊ zachariā malachiā · quoq;
poscitis. Scripsissē: si licuisset pre valitudine. Mittitis solacia sumptuum:
notarios nr̄os et librarios sustentatis: ut vobis potissimū nr̄m desudet
ingeniū. Et ecce ex latere frequēs turba
diūsa poscentiū: quasi aut equū sit me
vobis esurientibꝫ aliis laborare: aut
in racione dati et accepti · cuiq; preter
vos obnoxiꝰ sim. Itaq; lōga egrotatione fractus · ne penitus hoc anno re-
ticerē · ⁊ apud vos mutus essem · tridui
opus nomini vr̄o consecraui · interp̄-
tationē videlicet triū salomonis vo-
luminū: masloth qd̄ hebrei parabolas ·
vulgata editio pūbia vocat: coeleth ·
quē grece ecclesiasten · latine ꝯcionatorē
possumꝰ dicere: sirasirim · qd̄ ī linguā
nr̄am vertitᷣ canticū cāticoꝝ. Fertur et
panaretos · ihu filii sirach liber: ⁊ aliꝰ
pseudographus · qui sapientia salomonis inscribitᷣ. Quoꝝ priorē hebraicum reperi · nō ecclesiasticū ut apud latinos: sed parabolas p̄notatū. Cui iūcti
erāt ecclesiastes · et canticū canticoꝝ: ut
similitudinē salomonis · nō solū numero librorū: sed etiā materiaꝝ genere coequaret. Secūdus apud hebreos
nusq̄ȝ est: quia et ipse stilus grecam
eloquētiā redolet: et nōnulli scriptoꝝ
veteꝝ hūc esse iudei filonis affirmāt.
Sicud ergo iudith ⁊ thobie ⁊ macha-
beoꝝ libros · legit quidē eos eccl̄ia · sed
inter canonīcas scripturas nō recipit:
sic ⁊ hec duo volumina legat ad edi-
ficationē plebis: nō ad auctoritatem
ecclesiasticoꝝ dogmatū ꝯfirmandam.

Si cui sane septuagīta interpretum
magis editio placet: habet eā a nobis
olim emēdatā. Neq; enī noua sic cu-
dimꝰ: ut vetera destruamꝰ. Et tamē cū
diligētissime legerit · sciat magis nr̄a
scripta intelligi: que nō in tercium vas
trāsfusa coacuerit: sed statim de prelo
purissime ꝯmēdata teste: suū saporē ser-
uauerit.

Arabole salomonis
filii david regis isrl̄:
ad sciendā sapienti-
am ⁊ disciplinā: ad
intelligendā verba
prudentie et suscipi-
endā eruditationē doctrine: iusticiā
et iudiciū ⁊ equitatē: ut detur paruulis
astutia: et adolescenti sciencia et intellectus. Audiēs sapiēs sapiencior erit: ⁊
intelligēs gubernacula possidebit. Ani-
aduertet parabolam et interpretacionem: verba sapienciū ⁊ enigmata eoꝝ.
Timor dn̄i pricipiū sapiētie. Sapien-
ciam atq; doctrinam stulti despiciūt.
Audi fili mi disciplinā p̄ris tui et ne
dimittas legem m̄ris tue: ut addatur
gracia capiti tuo: ⁊ torques collo tuo.
Fili mi si te lactauerint pc̄ōres: ne acquiescas eis. Si dixerit veni nobiscū ·
insidiemur sāguini · abscōdamꝰ tedi-
culas ꝯtra insontem frustra · deglutiamus eū sicud infernus viuentē ⁊ integrum · quasi descēdentē in lacū: omnē
p̄ciosā substanciā reperiemꝰ · implebimꝰ
domus nr̄as spoliis · sortem mitte nobiscum · marsupiū sit unum omniū
nr̄m: fili mi ne ambules cū eis. Prohibe pedem tuū a semitis eoꝝ. Pedes
enī illoꝝ ad malū currūt: ⁊ festināt ut
effundant sāguinem. Frustra autem
iacitᷣ rete ante oculos pēnatoꝝ. Ipi q̄;
contra sanguinē suū insidiantur: et

Incipit prologus sancti Jeronimi presbiteri in parabolas salomonis.

ungat epistola quos iūgit sacerdocium: immo carta non diuidat: quos
xp̄i nectit amor. Cōmētarios in osee.
amos. ⁊ zachariā malachiā. quoq;
poscitis. Scripsissē: si licuisset pre valitudine. Mittitis solacia sumptuum.
notarios nr̄os et librarios sustentatis: ut vobis potissimū nr̄m desudet
ingeniū. Et ecce ex latere frequēs turba
diuersa poscētiū: quasi aut equū sit me
vobis esuriētibȝ aliis laborare: aut
in racione dati et accepti. cuiq; preter
vos obnoxi⁹ sim. Itaq; lōga egrotatione fractus. ne penitus hoc anno re-
ticerē ⁊ apud vos mutus essem. tridui
opus nomini vr̄o consecraui. interp̄-
tationē videlicet triū salomonis vo-
luminū: masloth qd̄ hebrei parabolas.
vulgata editio proūbia vocat: coeleth.
quē grece ecclesiasten. latine ɔcionatorē
possum⁹ dicere: sirasirim. qd̄ ī linguā
nr̄am vertit̄ canticū cāticorꝫ. Fertur et
panarethos. ihu filii sirach liber: ⁊ ali⁹
pseudographus. qui sapientia salomonis inscribit̄. Quorꝫ priorē hebraicum reperi. nō ecclesiasticū ut apud latinos: sed parabolas p̄notatū. Cui iūcti
erāt ecclesiastes. et canticū canticorꝫ: ut
similitudinē salomonis. nō solū numero librorū: sed etiā materiarꝫ genere coequaret. Secūdus apud hebreos
nusq̄ȝ est: quia et ipse stilus grecam
eloquētiā redolet: et nōnulli scriptorꝫ
veterꝫ hūc esse iudei filonis affirmāt.
Sicud ergo iudith ⁊ thobie ⁊ macha-
beorꝫ libros. legit quidē eos ecclesia. sed
inter canonicas scripturas nō recipit:
sic ⁊ hec duo volumina legat ad edi-
ficationē plebis: nō ad auctoritatem
ecclesiasticorꝫ dogmatū ɔfirmandam.
Si cui sane septuaginta interpretum
magis editio placet: habet eā a nobis
olim emēdatā. Neq; enim noua sic cu-
dim⁹: ut vetera destruam⁹. Et tamē cū
diligētissime legerit. sciat magis nr̄a
scripta intelligi: que nō in tertiū vas
trāsfusa coacuerit: sed statim de prelo
purissime ɔmēdata teste: suū saporē ser-
uauerit. Incipiunt parabole salomonis.

Arabole salomonis
filii dauid regis isrl̄:
ad sciendā sapienti-
am ⁊ disciplinā: ad
intelligendā verba
prudentie et suscipi-
endā eruditationē doctrine: iusticiā
et iudiciū ⁊ equitatē: ut detur paruulis
astutia: et adolescenti sciencia et intellectus. Audiēs sapiēs sapiēcior erit: ⁊
intelligēs gubernacula possidebit. Ani-
aduertet parabolam et interpretationem: verba sapienciū ⁊ enigmata eorꝫ.
Timor dn̄i principiū sapiētie. Sapientiam atq; doctrinam stulti despiciūt.
Audi fili mi disciplinā pr̄is tui et ne
dimittas legem mr̄is tue: ut addatur
gracia capiti tuo: ⁊ torques collo tuo.
Fili mi si te lactauerint peccores: ne acquiescas eis. Si dixerit veni nobiscū.
insidiemur sāguini. abscōdam⁹ tendiculas ɔtra insontem frustra. deglutiamus eū sicud infernus viuentē ⁊ integrum. quasi descēdentē in lacū: omnē
p̄ciosā substanciā reperiem⁹. implebim⁹
domus nr̄as spoliis. sortem mitte nobiscum. marsupiū sit vnum omniū
nr̄m: fili mi ne ambules cū eis. Prohibe pedem tuū a semitis eorꝫ. Pedes
enī illorꝫ ad malū currūt: ⁊ festināt ut
effundant sāguinem. Frustra autem
iacit̄ rete ante oculos pēnatorꝫ. Ipsi q̄ȝ
contra sanguinē suū insidiantur: et

Incipit prologus ſancti Jeronimi pſ-
biteri in parabolas ſalomonis.

ungat epiſtola quos iūgit ſacerdo-
ciū: immo carta non diuidat: quos
xp̄i nectit amor. Cōmētarios in oſee.
amos. ⁊ zachariā malachiā. quoq;
poſcitis. Scripſiſſē: ſi licuiſſet pre valitudine. Mittitis ſolacia ſumptuum.
notarios nr̄os et librarios ſuſtenta-
tis: ut vobis potiſſimū nr̄m deſudet
ingeniū. Et ecce ex latere frequēs turba
diuſa poſcētiū: quaſi aut equū ſit me
vobis eſuriētibꝫ aliis laborare: aut
in racione dati et accepti. cuiq; preter
vos obnoxi⁹ ſim. Itaq; lōga egrotatione fractus. ne penitus hoc anno re-
ticerē. ⁊ apud vos mutus eſſem. tridui
opus nomini vr̄o conſecraui. interp-
tationē videlicet triū ſalomonis vo-
luminū: maſloth qđ hebrei p̄abolas.
vulgata editio p̄ūbia vocat: coeleth.
quē grece eccliaſten. latine ꝯcionatorē
poſſum⁹ dicere: ſiraſirim. qđ ī linguā
nr̄am vertit̄ canticū cāticoꝝ. Fertur et
panaretos. ihū filii ſirach liber: ⁊ ali⁹
pſeudographus. qui ſapiencia ſalomonis inſcribit̄. Quoꝝ priorē hebraicum reperi. nō eccliaſticū ut apud latinos: ſed p̄abolas p̄notatū. Cui iūcti
erāt eccliaſtes. et canticū canticoꝝ: ut
ſimilitudinē ſalomonis. nō ſolū numero librorū: ſed etiā materiaꝝ genere coequaret. Secūdus apud hebreos
nuſq; eſt: quia et ipſe ſtilus grecam
eloquētiā redolet: et nōnulli ſcriptoꝝ
veteꝝ hūc eſſe iudei filonis affirmāt.
Sicud ergo iudith ⁊ thobie ⁊ macha-
beoꝝ libros. legit quidē eos eccia. ſed
inter canoīcas ſcripturas nō recipit:
ſic ⁊ hec duo volumina legat ad edi-
ficationē plebis: nō ad auctoritatem
eccliaſticoꝝ dogmatū ꝯfirmandam.

Si cui ſane ſeptuaginta interpretum
magis editio placet: habet eā a nobis
olim emēdatā. Neq; enī noua ſic cu-
dim⁹: ut vetera deſtruam⁹. Et tamē cū
diligētiſſime legerit. ſciat magis nr̄a
ſcripta intelligi: que nō in tercium vas
trāſfuſa coacuerit: ſed ſtatim de prelo
puriſſime ꝯmēdata teſte: ſuū ſaporē ſer-
uauerit. Incipiūt parabole ſalomonis.

Arabole ſalomonis
filii dauid regis iſrl:
ad ſciendā ſapienti-
am ⁊ diſciplinā: ad
intelligendā verba
prudentie et ſuſcipi-
endā eruditationē doctrine: iuſticiā
et iudiciū ⁊ equitatē: ut detur paruulis
aſtutia: et adoleſcenti ſciencia et intellectus. Audiēs ſapiēs ſapiētior erit: ⁊
intelligēs gubernacula poſſidebit. Ani-
aduertet parabolam et interpretationem: verba ſapientū ⁊ enigmata eoꝝ.
Timor dn̄i principiū ſapiētie. Sapientiam atq; doctrinam ſtulti deſpiciūt.
Audi fili mi diſciplinā p̄ris tui et ne
dimittas legem m̄ris tue: ut addatur
gracia capiti tuo: ⁊ torques collo tuo.
Fili mi ſi te lactauerint peccātores: ne ac-
quieſcas eis. Si dixerit veni nobiſcū.
inſidiemur ſāguini. abſcōdam⁹ tedi-
culas ꝯtra inſontem fruſtra. deglutiamus eū ſicud infernus viuentē ⁊ integrum. quaſi deſcēdentē in lacū: omnē
p̄cioſā ſubſtanciā reperiem⁹. implebim⁹
domus nr̄as ſpoliis. ſortem mitte no-
biſcum. marſupiū ſit unum omniū
nr̄m: fili mi ne ambules cū eis. Prohibe pedem tuū a ſemitis eoꝝ. Pedes
enī illoꝝ ad malū currūt: ⁊ feſtināt ut
effundant ſāguinem. Fruſtra autem
iacit̄ rete ante oculos pēnatoꝝ. Ipſi q̄;
contra ſanguinē ſuū inſidiantur: et

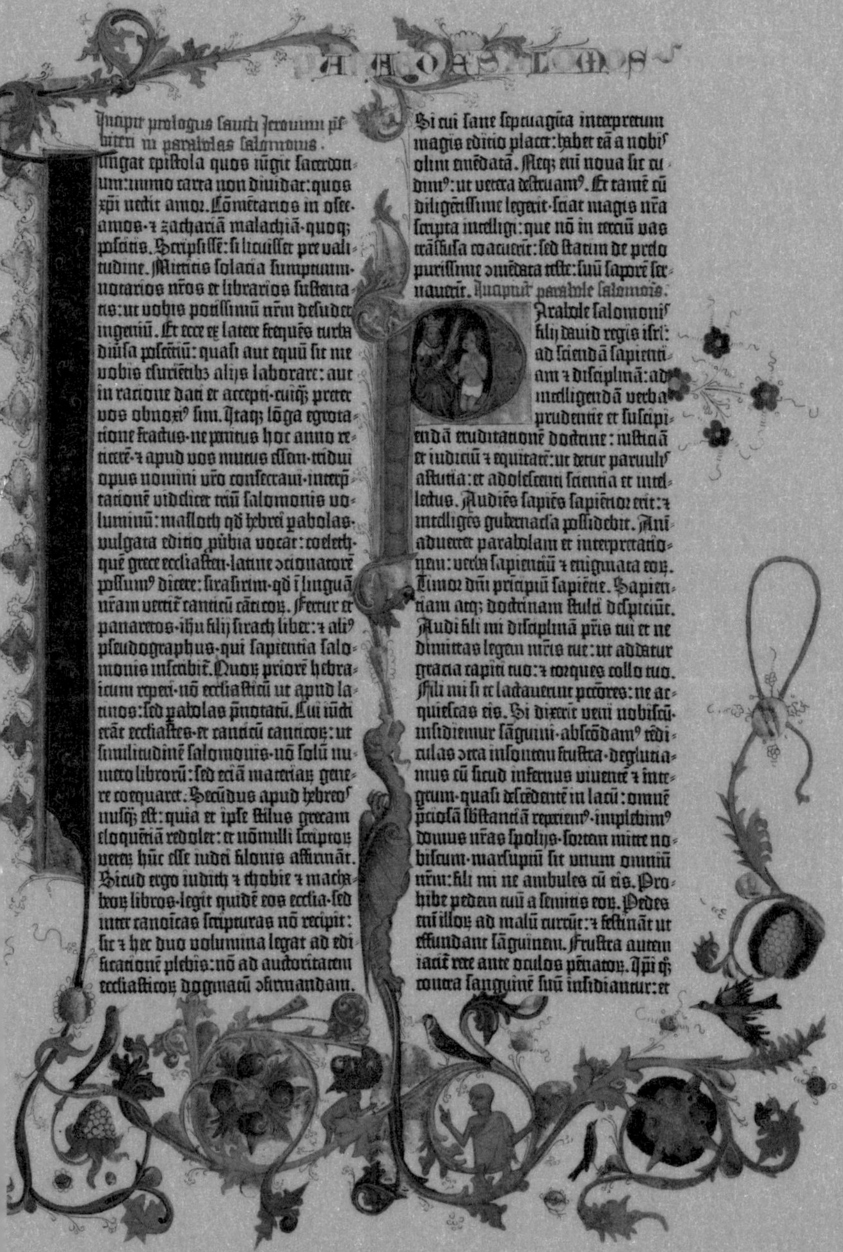

Incipit prologus sancti Jeronimi presbiteri in parabolas salomonis.

Iungat epistola quos iungit sacerdocium: immo carta non dividat quos Christi nectit amor. Commentarios in osee, amos et zachariam malachiam quoque poscitis. Scripsissem: si licuisset pre valitudine. Mittitis solacia sumptuum, notarios nostros et librarios sustentantes: ut vobis potissimum nostrum desudet ingenium. Et ecce ex latere frequens turba diversa poscentium: quasi aut equum sit me vobis esurientibus aliis laborare: aut in racione dati et accepti cuiquam preter vos obnoxius sim. Itaque longa egrotacione fractus, ne penitus hoc anno reticerem et apud vos mutus essem, tridui opus nomini vestro consecravi: interpretacionem videlicet trium salomonis voluminum: masloth quod hebrei parabolas, vulgata edicio proverbia vocat: coeleth, quem grece ecclesiasten, latine concionatorem possumus dicere: sirasirim, quod in linguam nostram vertitur canticum canticorum. Fertur et panaretos ihesu filii sirach liber: et alius pseudographus, qui sapientia salomonis inscribitur. Quorum priorem hebraicum reperi, non ecclesiasticum ut apud latinos: sed parabolas prenotatum. Cui iuncti erant ecclesiastes et canticum canticorum: ut similitudinem salomonis non solum numero librorum: sed etiam materiarum genere coequaret. Secundus apud hebreos nusquam est: quia et ipse stilus grecam eloquenciam redolet: et nonnulli scriptorum veterum hunc esse iudei filonis affirmant. Sicud ergo iudith et thobie et machabeorum libros legit quidem eos ecclesia, sed inter canonicas scripturas non recipit: sic et hec duo volumina legat ad edificacionem plebis: non ad auctoritatem ecclesiasticorum dogmatum confirmandam. Si cui sane septuaginta interpretum magis edicio placet: habet eam a nobis olim emendatam. Neque enim nova sic cudimus: ut vetera destruamus. Et tamen cum diligentissime legerit: sciat magis nostra scripta intelligi: que non in tercium vas transfusa coacuerint: sed statim de prelo purissime commendata teste: suum saporem servaverint. Incipiunt parabole salomonis.

Parabole salomonis filii david regis israel: ad sciendam sapientiam et disciplinam: ad intelligenda verba prudentie et suscipiendam eruditacionem doctrine: iusticiam et iudicium et equitatem: ut detur parvulis astutia: et adolescenti sciencia et intellectus. Audiens sapiens sapientior erit: et intelligens gubernacula possidebit. Animadvertet parabolam et interpretacionem: verba sapientum et enigmata eorum. Timor domini principium sapientie. Sapientiam atque doctrinam stulti despiciunt. Audi fili mi disciplinam patris tui et ne dimittas legem matris tue: ut addatur gracia capiti tuo: et torques collo tuo. Fili mi si te lactaverint peccatores: ne acquiescas eis. Si dixerint veni nobiscum, insidiemur sanguini, abscondamus tendiculas contra insontem frustra, degluciamus eum sicud infernus viventem et integrum, quasi descendentem in lacum: omnem preciosam substanciam reperiemus, implebimus domos nostras spoliis, sortem mitte nobiscum, marsupium sit unum omnium nostrum: fili mi ne ambules cum eis. Prohibe pedem tuum a semitis eorum. Pedes enim illorum ad malum currunt: et festinant ut effundant sanguinem. Frustra autem iacitur rete ante oculos pennatorum. Ipsi quoque contra sanguinem suum insidiantur: et

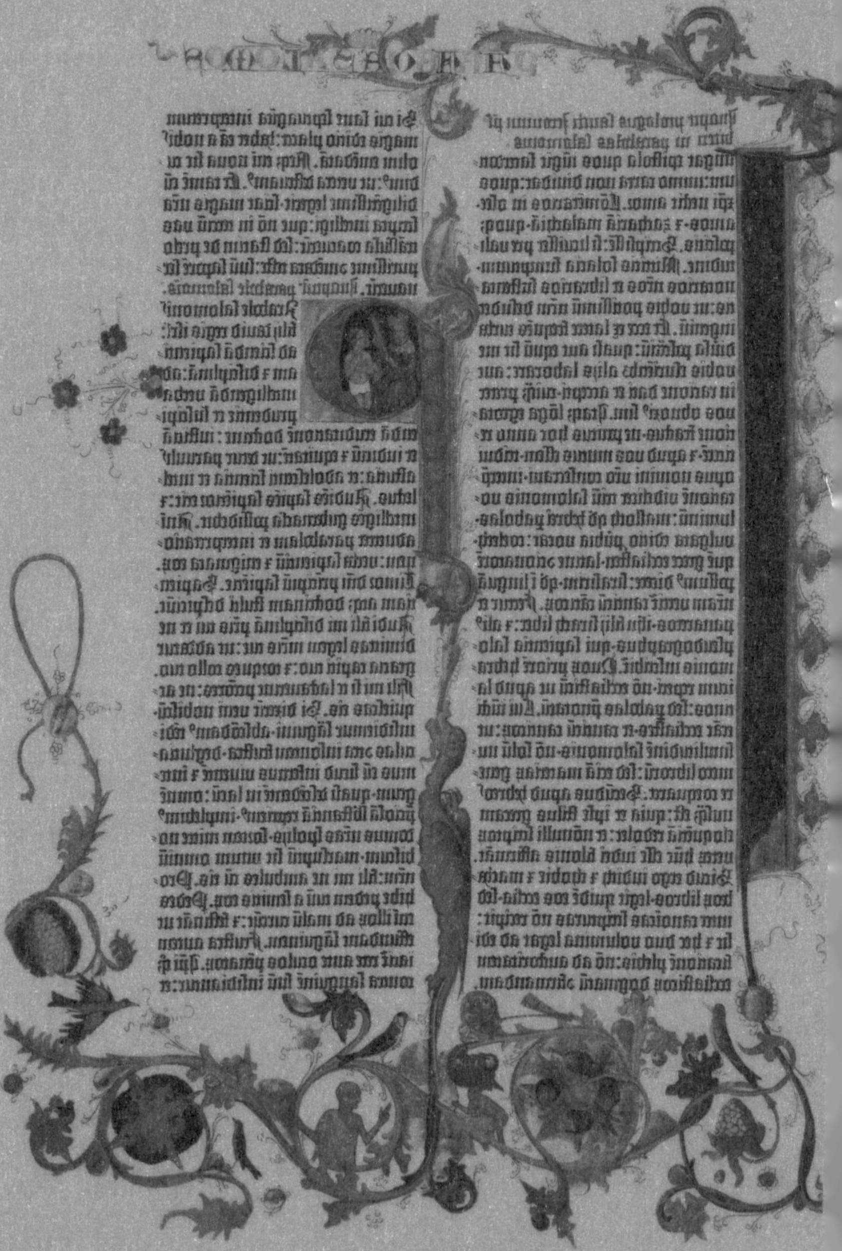

Incipit prologus sancti ieronimi presbiteri in parabolas salomonis.

Iungat epistola quos iungit sacerdotium: immo carta non dividat: quos xpi nectit amor. Commentarios in osee · amos · et zachariam malachiam · quos poscitis. Scripsissem: si licuisset pre valitudine. Mittitis solacia sumptuum · notarios nostros et librarios sustentatis: ut vobis potissimum nostrum desudet ingenium. Et ecce ex latere frequens turba diversa poscentium: quasi aut equum sit me vobis esurientibus aliis laborare: aut in ratione dati et accepti · cuiquam preter vos obnoxius sim. Itaque longa egrotatione fractus · ne penitus hoc anno reticerem · et apud vos mutus essem · tridui opus nomini vestro consecravi · interpretationem videlicet trium salomonis voluminum: masloth quas hebrei parabolas · vulgata editio proverbia vocat: coeleth · quem grece ecclesiasten · latine contionatorem possumus dicere: sirassirim · quod in linguam nostram vertitur canticum canticorum. Fertur et panarethos ihesu filii sirach liber: et alius pseudographus · qui sapientia salomonis inscribitur. Quorum priorem hebraicum reperi · non ecclesiasticum ut apud latinos: sed parabolas prenotatum. Cui iuncti erant ecclesiastes et canticum canticorum: ut similitudinem salomonis · non solum numero librorum: sed etiam materiarum genere coequaret. Secundus apud hebreos nusquam est: quia et ipse stilus grecam eloquentiam redolet: et nonnulli scriptorum veterum hunc esse iudei filonis affirmant. Sicut ergo iudith et tobie et machabeorum libros legit quidem eos ecclesia · sed inter canonicas scripturas non recipit: sic et hec duo volumina legat ad edificationem plebis: non ad auctoritatem ecclesiasticorum dogmatum confirmandam. Si cui sane septuaginta interpretum magis editio placet: habet eam a nobis olim emendatam. Neque enim nova sic cudimus: ut vetera destruamus. Et tamen cum diligentissime legerit · sciat magis nostra scripta intelligi: que non in tertium vas transfusa coacuerint: sed statim de prelo purissime commendata teste: suum saporem servaverint. Incipiunt parabole salomonis.

Parabole salomonis filii david regis israhel: ad sciendam sapientiam et disciplinam: ad intelligenda verba prudentie et suscipiendam eruditionem doctrine: iusticiam et iudicium et equitatem: ut detur parvulis astutia: et adolescenti scientia et intellectus. Audiens sapiens sapientior erit: et intelligens gubernacula possidebit. Animadvertet parabolam et interpretationem: verba sapientum et enigmata eorum. Timor domini principium sapientie. Sapientiam atque doctrinam stulti despiciunt. Audi fili mi disciplinam patris tui et ne dimittas legem matris tue: ut addatur gratia capiti tuo: et torques collo tuo. Fili mi si te lactaverint peccatores: ne acquiescas eis. Si dixerint veni nobiscum insidiemur sanguini · abscondamus tendiculas contra insontem frustra · deglutiamus eum sicut infernus viventem et integrum · quasi descendentem in lacum: omnem preciosam substantiam reperiemus · implebimus domos nostras spoliis · sortem mitte nobiscum · marsupium sit unum omnium nostrum: fili mi ne ambules cum eis. Prohibe pedem tuum a semitis eorum. Pedes enim illorum ad malum currunt: et festinant ut effundant sanguinem. Frustra autem iacitur rete ante oculos pennatorum. Ipsi quoque contra sanguinem suum insidiantur: et

motionsgebühr entrichtet und durfte sich jetzt rechtmäßig Baccalaureus nennen. ¶ Bedauerlicherweise gibt es nicht das geringste Indiz dafür, ob er seinem Vater nahestand und wie tief ihn der Verlust berührte. Aber der Tod des Vaters dürfte ihn stärker noch dazu gezwungen haben, sich über seine Zukunft Gedanken zu machen: In welchem Beruf, auf welchem Gebiet wollte er tätig werden, sein Glück versuchen? Für gewöhnlich entschied das Familienoberhaupt, der *pater familias*, oder eben der Vormund über den Beruf, den der Sohn oder das Mündel zu ergreifen hatte. Oft wurde dafür nicht viel Zeit zum Nachdenken verwandt, weil der Erstgeborene das Geschäft oder das Handwerk, den Hof oder die Werkstatt des Vaters weiterführte. Die jüngeren Söhne erhielten beim Vater die Ausbildung, wurden auf die Gesellenwanderung geschickt, auch in der Hoffnung, dass die Hochzeit mit einer Meistertochter dem Filius eine Werkstatt, wenn auch in der Fremde, einbrachte. Das späte Mittelalter kennzeichnet eine hohe Mobilität, besonders im Kriegswesen, im Handwerks- und im Handelsbereich. ¶ Zuerst galt es aber unter den Hinterbliebenen, die strittigen Erbschaftsangelegenheiten zu regeln. Für die Forschung bedeutet dieser gerichtlich ausgetragene Streit um Friele Gensfleischs Hinterlassenschaft einen Segen, denn erstmals wird Johannes Gutenberg in den Quellen fassbar: ¶ »Anno 1420 ist ein Instrument aufgrichtet worden etlicher Spannungen und Irrtümer betreffend Friele zur Laden, Hennchen, seinen Bruder, und Claus Vitzthum auf der einen, sodann Patze, Peter Blashoffs Witwe auf der anderen Seite.«[50] ¶ Leider existiert das Original nicht mehr, sondern nur noch die zusammenfassende Abschrift, so dass man Details über den Prozess, die so vieles erklärt hätten, nicht erfährt. Aber dennoch wird deutlich, dass die Kinder aus der zweiten Ehe, Friele d. J., Henne (oder im Instrument »Hennchen«) und für die Schwester Else ihr Mann Claus Vitzthum mit der inzwischen verwitweten Tochter aus Frieles erster Ehe stritten. Das Dokument belegt, dass Henne zur Laden 1420 in Mainz war, was gut zum Todesdatum des Vaters und der Hypothese des Studiums von 1418 bis 1420 passt. Man darf sich von dem Diminutiv Hennes nicht in die Irre führen lassen und sich ein Kind vorstellen, die zweite Position in der Aufzählung und der Diminutiv bilden nur ab, dass Henne der jüngere der beiden Brüder war, Claus Vitzthum vertrat die an dritter Position stehende Schwester. In dieser Angelegenheit agierten die Brüder in Einigkeit. ¶ Da Henne nicht nur volljährig war, sondern sich auch auf einen akademischen Grad berufen durfte, benötigte er keinen Vormund, fanden die Gespräche über seine Zukunft mit dem Bruder, nach dem Brauch der Zeit mit dem Gevatter, dem Paten, und ganz bestimmt mit der Mutter statt. Denkbar wäre es, dass der Vater schon in Übereinkunft mit der Mutter Henne zum Studium geschickt, dass beide bereits zu seinen Lebzeiten ein gewichtiges Wort mitgesprochen hatten, um dem Sohn eine Karriere als Jurist zu eröffnen, was der Familie nützen würde. Es war nicht unüblich, dass Friele, der ältere Sohn, dazu bestimmt wurde, die Geschäfte des Vaters weiterzuführen, während man dem jüngeren Sohn durch eine gute Ausbildung eine Karriere in der Verwaltung eines Fürsten oder im Magistrat der Stadt ebnete. ¶ Da die Familie teils aus einem Geschlecht erzbischöflicher Ministerialen stammte, sie das Privileg besaß, dem Kirchenfürsten zu dienen, dürften die Türen der kurfürstlichen Kanzlei offengestanden haben, zumal der Mainzer Kurfürst als Erzkanzler gerade in jenen Jahren versuchte, seinen Einfluss im Reich zu vergrößern und mit König Sigismund an der Reichsreform zu arbeiten. Juristen wurden also gebraucht. ¶ Doch Henne zur Laden scheint der Juristerei und Verwaltung nur wenig abgewonnen zu haben, denn er hat sich später nie um einen Posten beworben, wiewohl sein Abschluss ihn dazu berechtigt hätte. Denkbar auch, dass mit dem Tod des Vaters für ihn die Verpflichtung zur Fortsetzung des Studiums wegfiel und er es mit dem niederen akademischen Grad des Baccalaureus bewenden ließ. Der Bruder, der für Henne zu sorgen hatte, dürfte von dieser Entwicklung nicht erbaut gewesen sein, doch konnte er dagegen nichts einwenden, zumal die Mutter noch lebte und verhindert hätte, dass Friele seinem jüngeren Bruder die Unterstützung verwehrte. Angesichts fehlender Quellen kann das freilich nur eine Vermutung sein und bleiben. Doch würde sie ins Bild passen. ¶ Da die Familie nicht nur vermögend war, sondern auch mit Renten für Hennes Lebensunterhalt vorgesorgt hatte, scheint der junge Mann eine gewisse Freiheit in der Berufswahl besessen zu haben, und ihm wurde Zeit gelassen, sich zu orientieren und auszuprobieren. Weil der Patrizier Johannes Gutenberg sein Leben zum großen Teil aus Renten finanzierte, lastete der Druck, einen Beruf zu wählen und auszuüben, nicht übermäßig auf ihm, so dass er sich auf den verschiedenen Gebieten versuchte. Es wurde oft darüber spekuliert, dass Johannes Gutenberg der Zugang zur Münzerhausgenossenschaft verwehrt blieb, weil seine Mutter keine Patrizierin war, und diese Zurücksetzung – das Gefühl, nur ein Patrizier zweiter Klasse zu sein – ihn im Leben angetrieben habe, Besonderes zu leisten, um den Nachweis seiner Ebenbürtigkeit zu erbringen. Doch bei Lichte besehen spricht nichts für diese partielle Deklassierung, denn erstens weiß man zu wenig über die Münzerhausgenossen, als dass eine Aussage darüber auch nur möglich wäre, wie rigoros diese Zugangsbeschränkung überhaupt gehandhabt wurde, ob Ausnahmen zugelassen wurden, ob es abweichende Bestimmungen gab. Allzu hart fiel die vermeintliche Deklassierung nicht aus, wie man am Beispiel des Bruders sehen kann, der nicht nur Ratsmitglied, sondern zeitweilig auch einer der vier Bürgermeister der Stadt war. Es empfiehlt sich daher, Gutenbergs Patrizierstolz nicht zu viel Bedeutung beizumessen und nicht zu sehr zu psychologisieren, sondern Eigenschaften wie Stolz oder Eigensinn als Mittel der Herrschaftskommunikation zu begreifen. Indem der Patrizier seine Ansprüche im öffentlichen Raum in der Form des Stolzes behauptete, sicherte er zugleich auch diese Ansprüche. Nicht Demut und Bescheidenheit halfen weiter, sondern nur die Durchsetzung des eigenen Rechts, deren Voraussetzung in der brachialen Setzung der eigenen Persönlichkeit im öffentlichen Raum bestand. Insofern stellte Johannes Gutenberg keine Ausnahme dar, sondern verhielt sich im Rahmen seiner sozialen Schicht und seiner Stellung in der spätmittelalterlichen Gesellschaft vollkommen normal. ¶ Bedenkt man, dass in Mainz eine Vielzahl von Geistlichen lebte, angefangen von den Domherren über die Pfarrer der Kirchen, die Mönche und Nonnen der zahlreichen Klöster, über die Kleriker an den Stiften, stand für ihn der Weg zu einer Karriere in der Kirche offen. Er hatte nicht nur als Schüler das St.-Viktor-Stift besucht, sondern auch später der Bruderschaft des Stiftes angehört, was die enge Verbundenheit dokumentiert. Verwandte gingen diesen Weg, und dass mit dieser Entscheidung eine Abkehr von körperlichen Freuden und sexuelle Enthaltsamkeit verbunden gewesen wären, widerlegen zahlreiche Beispiele wie das des Amplonius de Berka. ¶ Wahrscheinlich wurde er nach seiner Rückkehr von seinem Bruder in die Geldgeschäfte der Familie eingewiesen, denn die spätere Gründung von Finanzierungsgesellschaften zeigt uns einen Johannes Gutenberg auf der Höhe der Finanzwirtschaft seiner Zeit. Das Spätmittelalter glänzte in seiner Vielfalt nicht nur im Bereich der Kunst, der Literatur, der Technik und der Wissenschaft, sondern auch in allen Bereichen der Wirtschaft, von der teils manufakturartigen Produktion bis hin zu hochinnovativen Finanzierungs- und Geldgeschäften. ¶ In Städten wie Augsburg, Nürnberg, Basel oder Straßburg wurden erfolgreiche Kaufleute zu Finanzunternehmern. Sie verliehen Geld, bildeten Finanzierungsgesellschaften, betrieben einen einträglichen Kredit- und Rentenhandel und begannen mit Wechsel- und Assekuranzspekulationen. Gerade für die Städte erwies sich der Rentenhandel als lukrative Einnahmequelle, wenn man sich nicht zu sehr auf ihn verließ und die Herausgeber der Renten nicht gleichzeitig zu Rentenempfängern wie in Mainz wurden. ¶ Mindestens drei Renten empfing Henne zur Laden, der sich ab Mitte der zwanziger Jahre Henne zu Gudenberg nannte, es können aber auch mehr gewesen sein. Das Rentenwesen entstand aus dem Bedürfnis, Geld anzulegen und von den Zinsen zu leben, d. h. in guten Zeiten für schlechte, im Mannes- für das Greisenalter vorzusorgen. Auch Albrecht Dürer erwarb Anfang des 16. Jahrhunderts von seiner Heimatstadt Nürnberg eine Rente. Diese Praxis war also weit verbreitet, und für ihre Beliebtheit sorgte der Umstand, dass im Gegensatz zu anderen Finanzgeschäften die Rente keinerlei kirchlicher Sanktion unterworfen war. ¶ Da der Herausgeber einer Rente, die Stadt, sie nicht zurückkaufen durfte, sondern, wie häufig geschehen, nur der Rentennehmer sie weiterverkaufen konnte, umging man so den im Mittelalter verpönten Zinswucher, der bei Krediten aller Art entstand. Die Rente wurde so auch zum moralisch unbedenklichen Spekulationsobjekt. Wohl kaum eine Figur zog so viel Verachtung auf sich wie der Wucherer. Das hatte im Mittelalter nicht nur moralische Gründe, sondern entsprach vor allem der damaligen Weltanschauung, denn der Wucherer verdiente an etwas, das ihm nicht gehörte: an der Zeit. Wenn er Geld gegen Zinsen verlieh, dann »arbeitete«, wie man heute sagen würde, das Geld für ihn. Doch die mittelalterliche Sicht war anders: Nicht das Geld »arbeitete« für ihn, sondern die Zeit selbst. Nur sie erwirtschaftete den Profit, denn sie veränderte sich. Je mehr Zeit verging, umso mehr verdiente der Wucherer. Aber wem gehörte die Zeit? Wer war hier der Geschädigte? Die Antwort ist so einfach wie furchterregend: Betrogen oder geschädigt wurde als Herr über die Zeit Gott selbst. Nur wer zeitlos war, vermochte über die Zeit zu herrschen. Wer sie für seine Zwecke nutzte, bestahl Gott. Oder wie Martin Luther ein Jahrhundert später schreiben sollte: »Denn wer so ausleihet, dass ers besser oder mehr wiedernehmen will, das ist ein öffentlicher und verdammter

Wucherer.«[51] ❡ Hinzu kam, dass es Gottes Ordnung widersprach, wenn ein Mensch reich und reicher werden konnte, ohne selbst etwas dafür zu tun. Die Vorstellung, dass das Geld die Quelle des Reichtums sein könnte, wurde von vornherein ausgeschlossen, da man wie so oft auch hier dem Aristoteles folgte, der Geld als etwas Unfruchtbares, Unproduktives sah, das nichts hervorbrachte: »Da es aber, wie gesagt, eine doppelte Erwerbskunst gibt, die des Händlers und die des Hausvorstandes, und diese Letztere notwendig und löblich ist, jene Erstere, auf dem Umsatz beruhende, dagegen gerechten Tadel erfährt, *weil sie nicht bei der Natur bleibt* [Hervorhebung des Autors], sondern den einen Menschen vom anderen sich bereichern lässt, so ist ein drittes Gewerbe, das des Wucherers, mit vollstem Rechte eigentlich verhasst, weil es aus dem Gelde selbst Gewinn zieht und nicht aus dem, wofür das Geld doch allein erfunden ist. Das Geld ist für den Umtausch aufgekommen, der Zins aber weist die Bestimmung an, sich durch sich selbst zu vermehren. Daher hat er auch bei uns den Namen *tokos* [Junges] bekommen; denn das Geborene [*tiktomenon*] ist seinen Erzeugern ähnlich, der Zins aber stammt als Geld vom Gelde. Daher widerstreitet auch diese Erwerbsweise unter allen am meisten dem Naturrecht.«[52] ❡ Zum ersten Mal in der Geschichte der Philosophie tritt uns hier die Vorstellung der Entfremdung entgegen, die Aristoteles als widernatürlich betrachtete. Geld sollte lediglich als Äquivalent für den Tausch von Waren, als Zahlungsmittel, dienen. Wenn es aber nicht mehr als (Zahlungs-)Mittel diente, sondern als Zweck, mehr noch, als Selbstzweck, dann war es nicht nur seiner Funktion entfremdet, sondern pervertiert. Voller Abscheu definierte Aristoteles das Gewerbe, bei dem Geld nicht für den Tausch, sondern für die Anhäufung von Geld benutzt wurde, als Chrematistik (Gelderwerbskunst): »Denn das Geld ist des Umsatzes Anfang und Ende.«[53] ¶ Doch die Zeiten änderten sich. Im 13. Jahrhundert war es ausgerechnet ein Franziskaner-Spirituale, Petrus Johannes Olivi, der zwischen Geld und Kapital unterschied, allerdings ohne dabei das Zinsverbot zu berühren: ¶ »Wenn Geld oder Eigentum in einem sicheren Geschäft seines Eigentümers angelegt wird für einen gewissen wahrscheinlichen Gewinn [*probabile lucrum*], so hat das Geld oder die Sache nicht bloß die einfache Kraft [*simplex ratio*] von Geld oder einer Sache. Sondern darüber hinaus eine gewisse *seminalis ratio lucrosi* [eine gewisse samenartige Kraft zur Profiterzeugung], eine Kraft, die wir gemeinhin *capitale* [Kapital] nennen; und daher [sc. wegen der *seminalis ratio*] muss dem Eigentümer nicht nur der einfache Wert der Sache [*simplex valor*] erstattet werden, sondern außerdem noch ein Mehrwert [*valor superadjunctus*].«[54] ¶ Diese Erkenntnis erwuchs dem Franziskaner allerdings nicht aus der Bibellektüre, sondern aus der Beobachtung der Wirklichkeit, denn er brachte einen Teil seines Lebens in Florenz zu. In Folge des blühenden Fernhandels stieg Florenz zur Handels- und Finanzmetropole auf, in der sich das Bankwesen in beeindruckender Weise entwickelte.[55] ¶ Richard Ehrenberg stellte in seinem immer noch erhellenden Werk *Das Zeitalter der Fugger* fest: »Seit Jahrhunderten war am Ende des Mittelalters das verzinsliche Darlehen, dem kirchlichen Verbote zum Trotz, ein alltägliches Rechtsgeschäft gewesen. Dennoch wurde es noch als schwere Sünde betrachtet.«[56] Erlaubt jedoch war der Rentenkauf, eben weil er nicht als Kreditgeschäft galt.[57] ¶ Von Haus aus bekam Henne zur Laden bereits einen erstklassigen Einblick in die Finanzierungsgeschäfte seiner Zeit. Aber nicht nur das. Im Haus zum Gutenberg lebte auch die Familie des Münzerhausgenossen Cleese Reise, der in den Urkunden nicht nur als Münzerhausgenosse, sondern auch als Münzmeister auftaucht. Das Prägen von Münzen setzt die Arbeit mit einem Prägestock voraus, mit Stempeln und einer Presse oder Druckmaschine. Der junge Mann scheint vor allem ein Interesse an Handwerkstätigkeiten gehabt zu haben, die es gestatteten, über eine gewisse industriemäßige Produktion nachzudenken. So befasste er sich mit der Technik der Münzherstellung, die nicht Einzelstücke, sondern Massenware produziert: Produktionsabläufe scheinen ihn fasziniert zu haben. ¶ Da er später in Straßburg gegen Geld anbieten sollte, seine Kenntnisse und Fertigkeiten zu vermitteln, muss er selbige zuvor erworben haben. Hier bietet sich das verschattete bis dunkle Jahrzehnt von 1421 bis 1434 an. Es ist sehr wahrscheinlich, dass er sich in Mainz mit dem Polieren von Edelsteinen, mit dem Prägen von Münzen, mit dem Zeugdrucken beschäftigt hatte. ¶ Welche Vorstellungen, Hoffnungen und Pläne er damit verband, wird wohl für immer im Dunkeln bleiben: ob er Münzmeister, Spezialist für das Polieren von Edelsteinen oder Drucktechniker werden wollte; ob er sich auf weiteren Feldern ausprobierte und was von seinen Aktivitäten dem eigenen Wunsch entsprach. Durch seine Zugehörigkeit zum Mainzer Patriziat standen ihm alle Türen in der Stadt offen, und wie man seinem späteren Weinverbrauch ansehen kann, wird er die Trinkstube der Patrizier regelmäßig besucht haben – ein Ort nicht nur des geselligen Beisammenseins, sondern auch des Austausches, der politischen Absprachen und der Geschäftsanbahnung. Zur patrizischen Trinkstube im Haus am Tiergarten hatten die Zunftgenossen keinen Zugang, allerdings besaßen sie ihre eigene Trinkstube in den Häusern Mombaselier.[58] Man blieb unter sich, zumindest 1420 noch. ❡ Ein junger Patrizier, der den Freuden des Lebens nicht abgeneigt war, hatte nicht nur Zutritt zur Trinkstube, sondern auch zur Spielbank am Flachsmarkt und vor allem zu den öffentlichen Badestuben, die streng nach der sozialen Stellung in der Kommune unterschieden wurden. Während die Patrizier sich in der Badestube am Mühltor vergnügten, bot den Zunftgenossen die Badestube hinter den Schweinemisten genügend Kurzweil. Die Bademädchen besaßen einen zweifelhaften Ruf, weil sie für allerlei Dienste zur Verfügung standen und – wie man von einer sehr schönen und auch berührenden Zeichnung Albrecht Dürers weiß – häufig nur mit einer Haube bekleidet waren; gleichwohl waren dem späten Mittelalter die im 16. Jahrhundert einsetzende und im 19. Jahrhundert neurosenproduzierende Schamhaftigkeit vollkommen fremd. Man darf sich die Wiesbadener Badefreuden, die als Fresken die Wände des Domherrn Graf von Eberstein zierten, gern ebenso für Mainz denken und würde wohl kaum zu viel vermuten, wenn man in diesem lustvollausgelassenen Getümmel auch Johannes Gutenberg beobachten würde. ❡ Aber damit endeten die Lustbarkeiten längst nicht, die eine Stadt wie Mainz einem Patrizier bot. Zuvor muss man allerdings in Rechnung stellen, dass die Vielzahl der Feiertage des Kirchenjahres, die mit Prozessionen, Jahrmärkten und Hinrichtungen verbunden waren, dazu führte, dass im späten Mittelalter die Menschen im Grunde fast das halbe Jahr mit diesen Feiertagen beschäftigt waren. Im vergleichbaren Nürnberg verging kaum ein Monat ohne eine große, die ganze Stadt in Aufruhr versetzende Prozession, nämlich zu Cathedra Petri (Februar), Mariä Verkündigung (März), Karfreitag und Osterabend (März/April), Markustag (April), Fronleichnam (Mai/Juni), den Rogationstagen vor Christi Himmelfahrt, Peter und Paul (Juni), Petri Kettenfeier (August), Laurentius (August), Allerseelen (November), Mariä Opferung (November).[59] ¶ Für Gutenberg dürfte es Freude und Pflicht zugleich bedeutet haben, mit den großen Prozessionen gleich hinter dem Klerus mitzugehen, wie es seiner Stellung zukam, denn die hierarchische Ordnung der Stadt spiegelte sich in der Reihenfolge des Zuges wider. Um eben diese Ordnung, welches Handwerk an welcher Stelle folgte, entstand in den Zünften gelegentlich Streit, der sich sogar zur tätlichen Auseinandersetzung steigern konnte. Ehre, Stellung, Wohlstand und Selbstverständnis hingen davon ab, zumal in einer Zeit mit hoher Zeichenhaftigkeit und Symbolkraft: Man war, was man zeigte, der Schein war Sein, und ohne Schein existierte kein Sein. Die Prozessionen waren aus mehreren Gründen deshalb nicht nur einfache Festzüge, sie dienten auch als Stätten des Theaterspiels und der Etablierung lebender Bilder, vornehmlich nach Motiven aus der Bibel. ¶ Seit den großen Pestwellen, die das Selbstverständnis der Menschen erschütterten und eine bis ins Hysterische sich steigernde Religiosität freisetzten mit Büßern, Flagellanten und Pilgern, wurden auch die Totentänze gepflegt. Die Appellation an die Vergänglichkeit des Lebens gehörte zum schauriglustvollen Entsetzen der Umzüge und verwirklichte sich in Formen, die man heute als makaber empfinden würde. Beispielsweise führten Prozessionen am Friedhof vorbei, wo Schauspieler und Musiker als Tod und Leichen, als Gerippe verkleidet auf den Gräbern tanzten, als wären sie selbigen justament entstiegen. Dabei wurden Texte gesungen wie: »quod fuimus estis quod sumus vos eritis« (Was wir gewesen sind, seid ihr – was wir sind, werdet ihr sein). ¶ Weit verbreitet war die Legende von den Großen dieser Welt, die in all ihrer Pracht drei toten Königen begegnen, die von ihren eigenen Sünden berichten und die Lebenden warnen, dass ihre Herrlichkeit endlich ist. Das kraftvoll im späten Mittelalter auflebende *memento mori* ging bis auf römische Zeit zurück. Im Imperium Romanum war es üblich, dass während des Triumphzuges hinter dem siegreichen Feldherrn ein Sklave stand, der ihm unentwegt ins Ohr flüsterte: »Memento moriendum esse, memento te hominem esse, respice post te, hominem te esse memento.« (Bedenke, dass du sterben musst, bedenke, dass du ein [sterblicher] Mensch bist, sieh dich um, denke daran, dass auch du nur ein Mensch bist.) Diese öffentlichen Feste gehörten für Gutenberg zu den Fixpunkten seines Lebens, hinzu kamen die fröhlichen Gelage in der Trinkstube. Und genau dort könnte es zu einer folgenreichen Begegnung gekommen sein. ¶ Wahrscheinlich hielt sich ein frischgebackener Doktor des Kirchenrechts in der zweiten Hälfte des Jahres 1424 in Mainz auf. Nikolaus von Kues wurde am 6. Juli 1424 an der Universität Padua zum *doctor decretorum* promoviert, nachdem er kurz zuvor noch Rom besucht hatte. Das Jahr 1425 begrüßte er dann bereits in Trier, wo er dem Erzbischof diente.[60]

Doch zwischen August und Dezember 1424 dürfte sich Nikolaus von Kues in einer Rechtsangelegenheit in Mainz aufgehalten haben.[61] ¶ Zum einen verband Gutenberg mit dem Cusaner das St.-Viktor-Stift, zum anderen fand ein Doktor des Kirchenrechts, der noch dazu Rom kannte und in Padua promoviert worden war, sofort Eingang in die vornehmen Häuser der Stadt. Und Mainz war eine vergleichsweise kleine Stadt mit einem Patriziat, das sich untereinander kannte, nicht nur weil man versippt und verschwägert, sondern auch weil die Anzahl der Patrizier überschaubar war. ¶ Zudem gehörten der 1401 geborene Cusaner und Johannes Gutenberg einer Generation an, waren junge Leute, die sich auch in der Herrentrinkstube begegnen konnten. Und möglicherweise haben sie sogar gemeinsam die Lustbarkeiten seiner Heimatstadt genossen. Denn auch wenn man auf das Hindernis der geforderten Keuschheit eines Priesters in dieser Zeit nicht allzu viel gab, so bestand es schlicht noch nicht, da Cusanus erst in den dreißiger Jahren zum Priester geweiht wurde. ¶ Von Mainz ging Cusanus kurz nach Trier und weiter nach Köln, um an der dortigen Universität Kirchenrecht zu lehren. In Köln freundete er sich mit dem Philosophen Heymericus de Campo an. Es würde sicher zu weit gehen, Heymericus als Humanisten zu sehen, doch berührten sich seine ausgeprägt neuplatonischen Neigungen mit dem Humanismus. Das Interesse an Platon und an Raimundus Lullus entfachte spätestens Heymericus in seinem jungen Freund, der von Köln aus nach Paris ging, um seine Lullus-Studien voranzutreiben. ¶ Derweil wurde Johannes Gutenberg Zeuge der immer heftiger werdenden Unruhen in seiner Vaterstadt. Im Jahr 1428 musste er erleben, dass die Zünfte nicht länger geneigt waren, dem Verfall der städtischen Finanzen tatenlos zuzuschauen. Unter der Führung von Eberhard Windecke bildeten sie einen Ausschuss, der sich als Lenkungsorgan der Zünfte verstand und sich »Rat der Zehn« nannte. Windecke selbst war ein reicher Kaufmann, der ein enges Verhältnis zum König und späteren Kaiser Sigismund unterhielt und europaweit als Politiker hervortrat. Über die politischen Verhältnisse in seiner Heimatstadt verfasste er ein programmatisches Gedicht,[62] wie er dann zehn Jahre später eine politische Programmschrift unter dem Titel *Das Buch von Kaiser Sigmund* für das Reich entwarf.[63] Mit einem Wort, in Windecke stand den Mainzer Patriziern ein erfahrener und gut vernetzter Politiker gegenüber. ¶ Viele Patrizier, unter ihnen Henne und Friele, zogen aus Mainz aus, so wie sie es in großen Konflikten als Kinder und Jugendliche erlebt hatten. Der Rat der Zehn beschloss, dass die Zuständigkeit für die Stadtfinanzen für das nächste Jahrzehnt auf ihn überging, die Steuern erhöht und die Güter der Patrizier, die die Stadt verlassen hatten, besteuert würden. Windecke machte öffentlich die Patrizier für die desolaten Finanzen der Stadt verantwortlich. ¶ Die Verhandlungen zwischen den alten Geschlechtern und dem zünftischen Rat, den Vertretern der *gemeinde,* verliefen zäh und zogen sich hin. Am 22. Dezember 1428 forderte der Rat der Zehn die alten Geschlechter auf, ihre Ämter im Mainzer Rat niederzulegen, weil der Rat als Leitungsorgan angeblich zu groß wäre. Die Patrizier wiesen sowohl das Ansinnen als auch die Begründung zurück, weil schließlich auch Vertreter der *gemeinde* dem Rat angehört hatten, mithin die gleiche Verantwortung für die Situation der Finanzen trügen. ❡ In Oppenheim fand in der »Krone« eine Versammlung der Patrizier statt, an der sowohl die Ausgefahrenen wie Johannes und Friele als auch die in Mainz Verbliebenen, die *inneren* oder *inlendigen*, teilnahmen. Für die Inneren sprachen Heinrich Rebstock und Rudolf zum Humbrecht, für die Äußeren Hermann Fürstenberg und Peter zum Jungen. Obwohl man die Beeinträchtigung der Macht der Patrizier, der patrizischen *friheit*, nicht hinzunehmen gedachte, vermochte man sich letztlich nicht auf eine gemeinsame Strategie zu einigen, weil grundlegende Unterschiede in der Entschlossenheit und in der Radikalität der Inneren und der Äußeren bestanden. ❡ In dieser Zeit quittierte Friele in Straßburg am 5. März 1429 den Empfang einer Rente von 26 Gulden. Diese Rente ging nach seinem Tod auf seine Witwe über, aber auch Johannes bezog eine Straßburger Rente. Daraus schloss man, dass die beiden Brüder 1428 bis 1430 sich in Straßburg aufhielten.[64] Wahrscheinlicher ist aber, dass die Brüder entweder in Offenburg oder noch wahrscheinlicher in Eltville während ihres Exils unterkamen, wo die Familie ein Haus besaß. ❡ Auf Vermittlung der Städte Frankfurt am Main, Worms, Speyer und Offenburg und des Erzbischofs einigte man sich schließlich 1430 auf einen Kompromiss. Während Friele zu Gudenberg zurückkehrte in den Hof zum Gutenberg nach Mainz, weigerte sich Johannes, sich dem Kompromiss zu unterwerfen. Aus den unterschiedlichen Konsequenzen, die beide aus dem Friedensschluss zogen, braucht man keinen Streit zwischen Friele und Henne zu konstruieren, denn ihre Situation stellte sich doch recht verschieden dar. Auf Friele, dem Familienvater, lastete zugleich die Verpflichtung, die Geschäfte der Gutenbergs weiterzuführen, während Henne frei und ungebunden war und eine Aufgabe in der Welt suchte. Nach seiner Rückkehr wurde Friele sogar Ratsmitglied und Bürgermeister. ¶ Die in Mainz gebliebenen und zuvor bereits zurückgekehrten Patrizier setzten im Versöhnungsdokument, der *rachung*, durch, dass auch die Geschlechter, die an den Verhandlungen nicht teilgenommen hatten und »nit inlendig sint«, wie »Henchin zu Gudenberg«, in Frieden und ohne Einbuße zu erleiden oder Sanktionen hinnehmen zu müssen, wieder zurückkehren durften. ¶ Johannes Gutenberg aber schloss die Rückkehr in die Stadt, die immer stärker von den Zünften, von der *gemeinde*, beherrscht wurde, aus. Allerdings besaß er mindestens drei Renten, eine in Straßburg und zwei in Mainz. Dass seine Mutter, Else zu Gudenberg, für ihren Sohn 1430 mit dem Rat einen Vergleich schloss, wonach die Rente von 13 auf 6 1/2 Gulden herabgesetzt wurde, war ein notwendiger Kompromiss, den man mit dem stärker zünftischen Rat schließen musste, um Johannes Gutenberg die Rente zu sichern. Letzterer hatte seine Schritte bereits in ganz andere Richtung gelenkt. Keine Quelle gibt einen Anhaltspunkt, erst vier Jahre später, 1434, taucht er wieder auf, und zwar in Straßburg. Wo er sich zwischen 1430 und 1434 aufhielt, ist bis heute ein Geheimnis, aber vielleicht gelingt es dennoch, ein wenig den Schleier zu lüften.

Wanderjahre

Im Jahr 1430 befand sich Johannes Gutenberg nicht mehr in Mainz. Verlassen hatte er die Stadt bereits 1428, und es steht zu vermuten, dass er nicht mehr zurückkehrte, an der Beratung der Patrizier im Dezember 1428 in Offenburg zwar teilgenommen hatte, nicht aber an dem Treffen im Januar 1429 im Mainzer Franziskanerkloster. Dass er bis zur endgültigen Einigung die politische Entwicklung in seiner Vaterstadt in Eltville abwartete, liegt nahe, doch dem Kompromiss, den der Erzbischof zwischen den Alten und den Jungen, zwischen den Geschlechtern und der *gemeinde* ausgehandelt hatte, wollten er wie auch einige andere Patrizier sich nicht unterwerfen. ¶ Er war ein junger Mann mit einem rentenfinanzierten Einkommen, ohne Familie und ohne Verantwortung für die geschäftlichen Belange der Familie zu Gudenberg, so dass er sich diese Haltung durchaus leisten konnte. Länger in der kleinen Stadt Eltville auszuharren, die einem so unternehmungslustigen jungen Mann wie ihm kaum interessante Möglichkeiten bot, hatte keinen Sinn. ¶ Erst 1434 gibt eine Urkunde wieder Nachricht über den Lebensweg des künftigen Erfinders. Spätestens in diesem Jahr befand er sich in Straßburg, er kann aber auch weitaus früher schon nach Straßburg gekommen sein, vielleicht bereits im März 1429 mit dem Bruder, den er begleitet hatte. Wenn Johannes Gutenberg sich nicht bereits im März schon entschieden hatte, in der elsässischen Metropole zu bleiben, so mag die Entscheidung für diese Stadt, in die er schon bald zurückkehren sollte, während dieses Aufenthaltes gefallen sein. ¶ In jener Zeit war Johannes Gutenberg auf der Suche nach einem Platz im Leben, nach einer Aufgabe. Möglicherweise erlaubten ihm die Leibrenten, sein Leben als Rentier zu verbringen, wenn er sich ein wenig einschränkte, doch Unternehmensgeist und Tatendrang, Wagemut und ein unerschütterliches Selbstvertrauen trieben ihn an. Bescheidung war seine Sache nicht. Nicht in der Stube der Juristen sah er seine Bestimmung, noch traf die biedermeierliche Vorstellung vom stillen Tüftler zu. ¶ Denkbar, dass er das eine oder andere Mal als Kaufmann agierte, aber das Besondere an Johannes Gutenberg findet sich in seinem technischen Interesse. Er hatte erkannt, dass ein Markt existierte. Und nur derjenige beherrschte den Markt und erwirtschaftete guten Gewinn, dem es gelang, zu geringen Kosten eine große Menge Waren von gleichbleibender Qualität herzustellen. Es mag sein, dass er – noch in Mainz, aber auch auf Wanderschaft – von Edelsteinpolierern und Goldschmieden lernte, ihm dabei aber bewusst wurde, dass einem Handwerksbetrieb hinsichtlich des Marktes natürliche Grenzen gesetzt waren und nicht den Markt zu beliefern, sondern ihn zu beherrschen, Sicherheit verschaffte. ¶ Sollte Johannes Gutenberg im Frühjahr 1430 von Eltville nach Nürnberg und von dort weiter nach Basel aufgebrochen sein, um schließlich von Basel aus nach Straßburg zu ziehen, dann hatte er in Nürnberg bereits industrielle Produktionsweisen, beispielsweise in den Drahtzieher- und Papiermühlen, in der Waffen- wie überhaupt in der Metallwarenproduktion studieren können. Die Idee, nach Nürnberg zu gehen, könnte ihm auf der Frankfurter Handelsmesse gekommen sein. Im Übrigen war Nürnberg auch berühmt für seine Goldschmiede. Trotz Einweisung ins Handwerk schreckte er letztlich davor zurück, seinen Stand als Patrizier aufzugeben und ein schlichter Handwerker zu werden. Die Chance, in Nürnberg als Kaufmann und Patrizier oder als Unternehmer reüssieren zu können, bestand nicht, denn das Nürnberger Patriziat, weitaus weltgewandter und erfolgreicher als das Mainzer, hatte auf einen entlaufenen Mainzer nicht gewartet. Und als Handwerker wäre er in Nürnberg weit machtloser gewesen als in seiner Vaterstadt, denn in der Pegnitzstadt hatten die Ratsgeschlechter die Zünfte verboten. ¶ Seit dem 23. Juli 1431 tagte in Basel das Konzil. Noch in Konstanz hatte man beschlossen, regelmäßig ein Konzil abzuhalten, um ein neues Schisma künftig zu vermeiden. Martin V. hatte die Versammlung noch kurz vor seinem Tode einberufen, aber der Umgang mit dem Konzil blieb ganz seinem unglücklich agierenden Nachfolger Gabriele Condulmer vorbehalten, einem frommen Mönch zwar, der trotz aller Frömmigkeit als stolzer Spross einer venezianischen Patrizierfamilie zur einfachen Demut nie ganz fand. Vom Scheitern dieses Konzils führte der Weg zur Reformation. ¶ Fra Gabriele nannte sich als Papst Eugen IV. und kämpfte für die Stärkung der monarchischen Macht des Papstes auf Kosten des Konzils. Viele Konzilsteilnehmer lehnten dies ab, so dass sich päpstliche Primatialgewalt und Konziliarismus gegenüberstanden und die Auseinandersetzung darüber schließlich das Konzil beherrschte. Sowohl der junge Nikolaus von Kues als auch Enea Silvio Piccolomini bezogen anfangs für die Konziliaristen Partei, traten aber schließlich auf die Seite des Papstes über. Nicht zuletzt auch durch diesen Seitenwechsel siegte schließlich der Papst über das Konzil. Aber im Sommer 1431 zweifelten weder der junge Mann aus Kues noch der junge Sieneser am

Primat der Kirchenversammlung. ¶ Erinnerungen an das Konzil zu Konstanz mit seinen vielen Konzilsteilnehmern, ihren Mitarbeitern, aber auch der ganzen Infrastruktur, die zur Versorgung der Gäste sich erweiterte und herausbildete, begonnen bei den Gasthäusern bis zu den Bordellen, wurden anfangs nicht geweckt, denn nur wenige Prälaten und Kleriker zog es zu der Kirchenversammlung, und selbst der Konzilspräsident, der mutige Kardinal Cesarini, traf erst im Herbst ein. Zwischenzeitlich löste Eugen IV. das Konzil mangels Teilnehmern auf und versuchte es nach Bologna zu verlegen. Ein Schritt, der der schon dahinsiechenden Kirchenversammlung überraschend neues Leben einhauchte, so dass anderthalb Jahre später ihre Arbeit volle Fahrt aufnahm, Basel in dieser Zeit zum Zentrum europäischer Kirchenpolitik wurde und die Stadt vor Menschen barst. Spätestens im Februar 1432 fand sich auch Nikolaus von Kues, der als Verhandlungsbevollmächtigter des Trierer Erzbischofs Ulrich von Manderscheid als »dominus N. de Kosa« und »dominus Nycolaus de Cusa« geführt wurde, in Basel ein.[65] ¶ Es ist leicht einzusehen, dass ein Ereignis dieser Tragweite Johannes Gutenbergs Interesse erregt und Basel für ihn ein lohnendes Ziel dargestellt hätte, zumal sich in Basel inzwischen alles traf, was Rang und Namen hatte. Sollte er Nikolaus von Kues bereits 1424 in Mainz kennengelernt haben, dann wäre hier Gelegenheit zu einem Wiedersehen gewesen. In Basel hatte sich die Zunft zum Himmel gegründet, der vor allem Künstler, die man damals noch unter die Handwerker zählte, angehörten. Der aus Rottweil stammende Konrad Witz, der ebenfalls im Jahr 1400 geboren worden war, schuf für eine Baseler Kirche den Heilsspiegelaltar, benannt nach dem beliebten mittelalterlichen Erbauungsbuch *Speculum humanae salvationis*, das ins Deutsche übersetzt worden war und die Lebensgeschichten der Heiligen vorbildhaft darstellte. ¶ Zudem stellte schon das Konzil zu Konstanz, aber Basel im nicht geringeren Maße, naturgemäß einen Treffpunkt der Humanisten dar, die wie Poggio Bracciolini und Leonardo Bruni und in Basel Ambrogio Traversari, Ugolino Pisani und von den Jüngeren schließlich Enea Silvio Piccolomini, nachmaliger Papst Pius II., um nur einige zu nennen, als Schreiber, Sekretäre oder Familiaren hoher Konzilsteilnehmer wirkten. Nirgendwo sonst fand sich zu dieser Zeit eine so große Humanistendichte in Europa wie in diesen Tagen in Basel. ¶ Wenn auch die Humanisten nicht das Interesse Gutenbergs erregt hätten, so doch eine Einrichtung, die mit ihnen in unmittelbarer Verbindung stand. Die Humanisten schwärmten in die umliegenden Klosterbibliotheken aus, um Handschriften bzw. Abschriften antiker Texte zu finden. So hatte Poggio eine vollständige Abschrift des Lehrgedichts des Lukrez *De rerum natura* in einem deutschen Kloster gefunden. Damit einher ging, dass Skriptorien, Abschreibewerkstätten entstanden, in denen die gefundenen Texte kopiert wurden, sogenannte *scoperti dei codici*. ¶ Es entstand ein regelrechter Markt für Handschriften in Basel, der Gutenberg die Möglichkeiten des Buchhandels vor Augen führte. Allerdings besaß er weder das Geld noch den Kontakt zu den Lieferanten der Originale, um zu den Humanisten in geschäftlichen Kontakt zu treten, so dass er nicht daran denken durfte, selbst eine Werkstatt zu eröffnen. Aber die Vorstellung, wie lukrativ es wäre, wenn man Bücher schneller und billiger produzieren könnte, mag hier in ihm entstanden sein, denn dass der Markt expandierte, war mit Händen zu greifen. Noch allerdings galten die Italiener als die Meister des Humanismus und die Deutschen als deren Schüler. ¶ Immer mehr junge Deutsche zogen über die Alpen und studierten an italienischen Hochschulen, in Bologna, in Padua oder in Pavia, allesamt Universitäten, die einen erstklassigen Ruf besaßen. In Italien infizierten sie sich mit der Begeisterung an den *studia humanitatis*, die sie dann bei ihrer Rückkehr über die Alpen mit sich führten. ¶ Die Erneuerung der Welt, die Heilung der Weltübel, führte über die Wiederentdeckung der Alten. Man war wild entschlossen, eine ganze versunkene Welt dem Dunkel der Jahrhunderte zu entreißen. Diese große Expedition in das Altertum, ins Goldene Zeitalter der Bildung und der Kultur, führte über die alten Sprachen Latein und Griechisch, etwas später auch noch Hebräisch; und über Texte, die nicht nur aufgefunden, sondern auch vervielfältigt, also zugänglich gemacht werden mussten. Mit den Humanisten entstand eine neue Öffentlichkeit, und deren Medium war der geschriebene Text, das Buch. Wenn Johannes Gutenberg Basel in jenen Jahren besucht hat, dann hat er diesen Aufbruch und das damit verbundene Bedürfnis nach Büchern hautnah erlebt. ¶ Es ist kein Zufall, dass die ersten deutschen Humanisten, die in der Geschichte greifbar werden, Männer aus Gutenbergs Generation sind. Und einer der Ersten ist mit Sicherheit Nikolaus von Kues, dessen Stern unter den Humanisten mit seiner Entdeckung von zwölf Komödien des Plautus in der Kölner Dombibliothek im Jahre 1429 aufging. ¶ In seinen Wanderjahren, die etwa zwischen 1430 und 1434 liegen, suchte Johannes Gutenberg nach dem geeigneten Produkt, für dessen industrielle Herstellung er sich engagieren wollte. In ihm entstand der kluge Gedanke, durch Erfindungen, wie sie die Umwandlung der Drahtziehermühle in die Papiermühle darstellte, absatzfähige Produkte in Serie, in hohen Stückzahlen und mithin billiger als die Konkurrenz zu produzieren. Die Idee, dass gerade eine technische Innovation die Tür zu neuen Produktionsformen öffnen würde, wurde ihm tagtäglich vor Augen geführt. Er musste nur durch Basel oder eindrucksvoller noch durch Straßburg spazieren. Die Fertigstellung des Münsters ging voran, weil die Dombaumeister neuartige Kräne und Seilwinden erfanden, mit deren Hilfe die Baumaterialien in luftige Höhen gehoben werden konnten. Es setzte eine allererste Welle der Mechanisierung ein, wenn man bedenkt, dass auch getrieben vom Militärwesen, zu dem nicht nur neuartige Waffen, sondern auch Belagerungsmaschinen gehörten, technische Innovationen eine ganz neue *ars*, eine eigene Kunst bildeten. ¶ Als Johannes Gutenberg in Straßburg eintraf, war vermutlich der Entschluss gefasst, mittels einer Erfindung die Produktion zu revolutionieren und dadurch reich zu werden, nur welchem Gebiet sich der junge Mann verschreiben sollte, stand noch nicht fest. Interessiert an Produktionsabläufen, an mechanischen Lösungen, suchte er nach dem Feld, auf dem er voranschreiten, reich und berühmt werden konnte. Da er vom Bauen nichts verstand, war ihm dieser Weg verschlossen. ¶ Dass die Zukunft in Mainz nicht mehr den Patriziern gehörte, dass allein die Verteidigung der Privilegien das Morgen nicht sichern würde, hatte er schmerzvoll und deutlich in seiner Vaterstadt erfahren. Er dürfte begriffen haben, dass er sich etwas radikal Neuem zuwenden musste, das allerdings nicht unter seiner Patrizierwürde angesiedelt sein durfte, keinesfalls wollte er Gefahr laufen, auch nur den Anschein eines Abstiegs zu erwecken. ¶ Vielleicht schon in Straßburg erreichte ihn im Sommer 1433 die traurige Nachricht, dass seine Mutter gestorben war. Nichts belegt, dass er sich aus diesem Grund noch einmal nach Mainz zurückbegeben hat. Die Beerdigung hätte ohnehin schon stattgefunden gehabt, noch bevor ihn diese Nachricht erreichen konnte. Dennoch widerspricht andererseits kein Quellenfund der Möglichkeit einer Rückkehr, zumal nicht auszuschließen ist, dass man ihm die Nachricht ihres nahenden Todes sandte. ¶ Ihr Tod jedenfalls zerschnitt die letzte Verbindung mit Mainz. Die Kinder teilten das Erbe in größter Übereinstimmung, denn jeder erhielt das, was für ihn das Sinnvollste war: die Schwester das Haus zum Gutenberg, der Bruder das Haus in Eltville, wohin er sich von nun an mit seiner Familie zurückzog, denn auch er verließ resigniert Mainz, und Johannes schließlich bekam eine Straßburger Leibrente, zumal er in der elsässischen Metropole, die zu dieser Zeit prosperierte, zu bleiben gedachte. Straßburg bedeutete für ihn Freiheit und den Anfang seiner Tätigkeit als Geschäftsmann und Unternehmer. Es war für ihn genau die richtige Stadt.

Die Lust des Unternehmers

Exil in Straßburg

Ein wenig musste er das Gefühl haben, vom Regen in die Traufe zu geraten. Denn auch in Straßburg hatte sich der Konflikt zwischen Patriziern und Zünften zugespitzt, einige Patriziergeschlechter hatten die Stadt verlassen, es kam sogar zum Krieg. Aber Johannes Gensfleisch zu Guttenberg, wie ihn die Straßburger Quellen nennen, dürfte sich davon in keiner Weise betroffen gefühlt haben. Diese Kämpfe gingen ihn persönlich nichts an, da er weder zu den Straßburger Patriziern, den Constoflern, gehörte, noch irgendwelche Privilegien jedweder Art in der elsässischen Metropole genoss, im Gegenteil, die Situation in der Stadt begünstigte ihn sogar als Zugereisten. ¶ Im Schwörerbrief von 1420 wurde vereinbart, dass nur noch 14 Constofler und 28 Zunftmänner den Rat bilden sollten, in der Speyrer Rachtung von 1422 erkannte der Bischof von Straßburg nach langen Kämpfen und kriegerischen Auseinandersetzungen Straßburgs Stellung als Freie Stadt an. Im Unterschied zu Mainz wurden die Zünfte und der zünftisch dominierte Rat von den Domherren unterstützt. ¶ In den Auseinandersetzungen stellten sich die Patrizier oft auf die Seite des Bischofs, und umgekehrt unterstützte der Bischof die Patrizier, so dass die Niederlage des einen zur Niederlage des anderen wurde. Im Dachsteiner Krieg (1419–1422) scheiterte der letzte Versuch der Constofler, sich der Entmachtung zu widersetzen, und 1428/29 endete die letzte militärische Auseinandersetzung zwischen dem Bischof und der Stadt für den Kirchenfürsten mit einer Niederlage. Der Freundschaftsvertrag von 1430 zwischen dem Bischof und der Stadt beendete den Konflikt ein für alle Mal. In dem Jahr, in dem Johannes Gutenberg seiner Vaterstadt den Rücken gekehrt hatte, hatten die politischen und wirtschaftlichen Verhältnisse in der elsässischen Metropole ihre letztliche Klärung zugunsten der Zünfte erfahren. Viele Patrizier, die sich gezwungen sahen, ein Gewerbe aufzunehmen oder es auch wollten, wurden dadurch zu Zunftgenossen. ¶ Im Gegensatz zu Mainz verfolgte der Straßburger Rat einen harten Kurs der Haushaltssanierung. Parallel zu den Machtkämpfen in den zwanziger Jahren wandelte der Rat die Zinsen in Leibrenten um. Vor diesem Hintergrund erklärt sich die Reise der Brüder Friele und Henne nach Straßburg im März 1429. Vater Friele, der umfangreiche Geldgeschäfte betrieb, Städten wie Frankfurt am Main Geld lieh, dürfte auch der elsässischen Metropole einen Kredit gewährt haben. Und so wäre es nur allzu natürlich, dass die Erben Frieles des Älteren, die beiden Brüder Friele der Jüngere und Johannes Gutenberg, in Straßburg der Umwandlung des Kredits in eine Leibrente oder zwei Leibrenten zustimmten und auch die erste Auszahlung erhielten. Die Kreditsumwandlung in eine Rente bot Johannes nach dem Weggang von Mainz einen sicheren Hafen, was umso wichtiger war, als er nicht voraussetzen konnte, dass der Rat einem Feind der Stadt – so wurden die rückkehrunwilligen Patrizier gesehen – weiter die Leibgedinge auszahlte. ¶ Außerdem profitierte die elsässische Stadt von ihrer günstigen Lage am Rhein, auf dem Getreide, Tücher und Wein en masse transportiert wurden. Sie verband die beiden hochleistungsfähigen Wirtschaftszentren Oberitalien und Flandern miteinander, war ökonomisch betrachtet eine Spinne im Netz. 1388 schlug man über den Rhein eine große Brücke, die über zwei Jahrhunderte die letzte Rheinbrücke bis zur Nordsee bleiben sollte. ❡ Nicht genug damit bildete sich ein starkes, auf Produktion und Erwerb ausgerichtetes Bürgertum, das aus den Zünften hervorging und vornehmlich aus Kaufleuten und Handwerksmeistern bestand und sich eben nicht wie das Mainzer Patriziat auf Geldgeschäfte, Privilegien und Renten verließ. ❡ Noch etwas ist in dieser Hinsicht interessant: Bereits 1362 hatte der Rat den Constoflern verboten, ein Gewerbe auszuüben, außer sie finanzierten ihren Lebensunterhalt von ihrem Vermögen.[66] Betroffen waren vor allem Goldschmiede, Tuchscherer, Harnischmacher, Kannegießer und Pergamenter. Das stärkte natürlich erheblich die Zünfte, denn so wurden immer mehr Constofler in die Vereinigungen der Handwerker gezwungen. Im 15. Jahrhundert wurde das Amt des Ammermeisters – die Exekutive in Straßburg – nur noch von Männern der Zünfte ausgeübt. ❡ Die vielen Klöster und Stiftungen, aber auch die vielen Kunsthandwerker und Künstler der Stadt, die Meister und Gesellen der Münsterbauhütte, nicht zuletzt ein aufgeschlossenes und neugieriges Bürgertum, dessen kulturelle Ambitionen sich im ständigen Austausch mit den oberitalienischen Zentren bildeten, sorgten für ein reiches und äußerst lebendiges Klima in der Stadt. Straßburg entwickelte sich zu einem Zentrum der Glasmalerei. Auch sollte der Humanismus in Straßburg in enger Verbindung mit dem Basler und dem Nürnberger Humanismus aufblühen. Bedeutende Philosophen wie Meister Eckhart, mutige und radikale Beginen wie Kathrei, Mystiker wie Johannes Tauler und Rulman Merswin hatten in der Stadt gewirkt, Humanisten wie Geiler von Kaysersberg, Jakob Wimpfling, Gutenbergs erster Biograph, Peter Schott und Sebastian Brant würden in der Stadt nicht nur tätig werden, sondern Gutenbergs Erfindung für sich nutzen. In Straßburg sollte schließlich auch die erste Druckerei außerhalb von Mainz entstehen, die Johannes Mentelin gründete. ¶ In Straßburg angekommen, suchte Gutenberg zunächst eine Wohnung und wurde bald im Viertel St. Arbogast fündig. Das lag zwar außerhalb der Stadt, war aber in unmittelbarer Nähe des Klosters, das dem namengebenden legendenumwobenen Bischof Straßburgs aus dem 7. Jahrhundert geweiht war, errichtet worden. Bei Handwerkern, die nicht zu den Alteingesessenen gehörten und nicht ihre Häuser und Werkstätten rund um das Münster ererbt hatten, erfreute es sich großer Beliebtheit. Versorgt wurde er von seinem Diener Lorenz Beildeck und dessen Frau, die den Haushalt führte. Insofern lebte er auch im Exil ein durchaus standesgemäßes Leben. ¶ Leider weiß man nicht genau, wie das Erbe der Mutter unter den drei Kindern aufgeteilt worden war, aber Johannes verfügte neben der Straßburger Rente auch über Mainzer Leibgedinge. Diese Renten weigerte sich nun die Stadt, dem Landflüchtigen auszuzahlen. Der nutzte die Gunst der Stunde, als der Ratsschreiber Nikolaus von Wörrstadt Straßburg besuchte, ihn kurzerhand im Rahmen des Repressionsarrestes festzusetzen und in Schuldhaft nehmen zu lassen. Da jeder Bürger der Stadt Mainz für die Schulden der Kommune haftete und Johannes die ausstehenden Renten beklagte, befand er sich durchaus im Recht, die Zahlung auf diesem Weg zu erzwingen, wenngleich die Wahl des Mittels recht drastisch ausgefallen war und seine neue Heimat in diplomatische Verwicklungen stürzte. ¶ Es dürfte ihm ein großes Vergnügen bereitet haben, zu beobachten, wie der verhasste Feind vom Stadtbüttel ins »Loch« abgeführt wurde. War es denn aus seiner Sicht nicht dieser Nikolaus von Wörrstadt gewesen, ein abgefeimter Neider und Hetzer, ein Habenichts, der sich durch Lug und Trug nach oben gedient hatte, so dass ihm König Sigismund am 4. Juni 1425 sogar gestattete, ein Wappen zu führen? Nikolaus von Wörrstadt hatte schließlich 1428 gemeinsam mit Eberhard Windecke, einem Patrizier, der sich auf die Seite der Zünfte schlug, weil er sich von seinen Standesgenossen benachteiligt fühlte, mit Henne Knauf und Jorge Gruel die Zünfte aufgehetzt und zum Aufstand gereizt, so dass Johannes Gutenberg mit anderen Geschlechtern es vorzog, seine Heimat zu verlassen. ¶ Der Anblick des arretierten Nikolaus war also dazu angetan, ihm große Genugtuung zu verschaffen. Das trug nicht unwesentlich dazu bei, juristisch den härtesten Weg zu wählen, um an seine Renten zu kommen. In Mainz wollte man die Schmach schnell beenden und versprach dem Stadtflüchtigen, den Rentenforderungen von jetzt ab und pünktlich nachzukommen, und die Stadt Straßburg, die den peinlichen, aber von der geltenden Rechtslage gedeckten Affront schleunigst aus der Welt zu schaffen gedachte, garantierte die Einhaltung des Mainzer Versprechens und bedeutete Gutenberg, wenn er es sich nicht verscherzen wolle, es damit bewenden zu lassen. ¶ Der stadtflüchtige Mainzer konnte sich nun wahrlich von seiner großmütigen Seite zeigen, denn er hatte erreicht, was er wollte, nämlich die Garantie, dass seine Leibgedinge pünktlich zur Auszahlung kamen, und überdies die persönliche Demütigung eines verhassten Feindes zu erleben. ¶ Am 14. März 1434 – und das ist auch die erste urkundliche

Nachricht über Gutenbergs Aufenthalt in Straßburg – bezeugte er eine Urkunde des Straßburger Magistrats, den Mainzer Stadtschreiber Nikolaus von Wörrstadt aus der Haft zu entlassen, nachdem dieser einen Eid geleistet hatte, die 310 Gulden, die Mainz Gutenberg an Leibrenten und Zahlungsverzugszinsen schuldete, zu begleichen und künftig die Leibgedinge auszuzahlen. Nikolaus von Wörrstadt konnte den Schuldturm verlassen, und die Stadt Mainz zahlte von nun an pünktlich die Renten aus. Das Risiko, dass wieder einer ihrer Bürger in Repressionshaft genommen würde, wollte man nicht eingehen. ¶ In diesem Zusammenhang steht eine zweite Urkunde vom 30. Mai desselben Jahres, ausgestellt in Mainz, nur zweieinhalb Monate später. Darin willigte die Stadt Mainz ein, dass eine lebenslängliche Leibrente des Bruders Friele an Johannes überging, die aber von 14 auf 12 Gulden herabgesetzt wurde, vermutlich, weil man beim jüngeren Bruder eine längere Auszahlungszeit voraussetzte, oder einfach nur als Kompromiss, zu dem sich Johannes aber bereitfinden konnte. Offenbar hatte Mainz die Umwandlung und Auszahlung dieser Rente ebenfalls blockiert, zumal auch der Bruder die Stadt verlassen hatte und nunmehr im benachbarten Eltville lebte. Und Eltville dürfte auch der Grund für die Umschreibung der Rente gewesen sein. ¶ Während die Schwester Else und der Schwager Claus Vitzthum das Haus zum Gutenberg bekamen, wollte Bruder Friele das Haus in Eltville für sich in alleinigen Besitz nehmen und zahlte den Bruder mit dieser Leibrente aus. Hinzu kam die Leibrente von 10 Gulden, die er von seinem Stiefonkel Johann Leheymer geerbt hatte. So kam Johannes Gutenberg nun in den Genuss von mindestens fünf Renten: einer Straßburger, der Frieles, der seines Stiefonkels, einer Frankfurter und der einer nicht identifizierbaren Katherine von Delkenheim. Da der Stadtflüchtige das Geld nicht persönlich in Empfang nehmen konnte, zumal er noch den in Mainz mächtigen Wörrstadt in den Schuldturm hatte werfen lassen, und es sich deshalb auch nicht empfahl, sich in seinem Machtbereich aufzuhalten, erledigte das sein Schwager Claus Vitzthum für ihn. ¶ Zunächst ordnete ihn die Bürokratie seines neuen Wohnortes nicht als Constofler, sondern als Nachconstofler ein, als Patrizier, der allerdings nicht Straßburger war. So sah er sich und so entsprach es auch den Bestimmungen der Stadt, denn Johannes lebte zunächst nicht von einem Handwerk, sondern von seinen Renten. Die Leibgedinge sicherten ihm ein durchaus vergnügliches Leben, er hungerte nicht, wohnte in einem gemieteten Haus, hatte einen Diener angestellt und verzichtete auch nicht auf gesellige Abende, auf denen es hoch hergegangen sein mag. Der Weinsteuer für 1439 entnimmt man, dass 1924 Liter des Rebensaftes in diesem Jahr in seinem Keller lagerten, was einem täglichen Weinverbrauch von 5,3 Litern entspräche. Allerdings versetzte, wer es sich leisten konnte, das Wasser, das er trank, mit Wein, was auch eine desinfizierende Wirkung hatte. ¶ Eine gewisse Neigung zum ständigen Alkoholgenuss mag dennoch bestanden haben, zumal die Italiener auf die »Barbaren« im Norden häufig von oben herabsahen, weil diese im Gegensatz zu ihnen den Wein meist unvermischt genossen. ¶ Wie und wann der Patrizier Johannes Gutenberg das Edelfräulein Ennelin zu der Iserin Thüre kennenlernte, die einem 1418 im Mannesstamme erloschenen Geschlecht elsässischer Constofler angehörte, wurde leider nicht überliefert, aber dass zwischen dem Mann im besten Alter und von guter Herkunft – Johannes stand etwa im 34. Jahr seines Lebens – und der Tochter der Witwe Ellewibel zur Iserin Thüre sich eine Beziehung anbahnte, die so weit ging, dass die Witwe durchaus darin ein Eheversprechen sehen konnte, bezeugt der Prozess um eben dieses Versprechen. ¶ Schaut man sich die zahlreichen Prozesse um Eheversprechen in dieser Zeit an, dann erfährt man, dass es im späten Mittelalter nicht allzu prüde zuging. So konnte man durchaus, Frau oder Mann, aus einem intimen Beisammensein ein de facto gegebenes Eheversprechen herleiten. In einem aufsehenerregenden Prozess klagte der Nürnberger Patrizier Sigismund Stromer gegen Peter Imhoffs Nichte Barbara Löffelholz, da sie ihr in gemeinsam verbrachten Nächten gegebenes Eheversprechen nicht einhalten wollte. Ob ihr Liebhaber sie in den Nächten gründlich enttäuscht hatte oder ob ihr das Versprechen nun, da sie Johann Pirckheimer zu heiraten gedachte, im Wege stand, lässt sich verständlicherweise nicht mehr recht ermitteln, aber man nahm das Eheversprechen damals sehr ernst, es galt bereits als vertragliche Zusage, so dass diese Fälle sehr häufig vor allem die geistlichen Gerichte beschäftigten. ¶ Aus einem Protokoll des Straßburger Archivars Jakob Wencker, der Ende des 17., Anfang des 18. Jahrhunderts lebte und dem wir Auszüge aus später verlorenen Akten verdanken, geht hervor, dass 1436 »Ennelin zu der iserin Türe« gegen »Hannsse Gensefleisch von Mentze, den man nennet Gutenberg« geklagt hatte, weil er das ihr gegebene Eheversprechen brach und nicht daran dachte, die junge Frau zu heiraten, nachdem sie, wie zu vermuten steht, einen sie erfreuenden, eifrigen Umgang miteinander gepflegt hatten. ¶ In der Nähe des Münsters dürften sie sich kennengelernt haben. Vielleicht war auch eine Vermittlung im Spiel, schließlich besaß Gutenberg Kontakte in patrizische Kreise hinein. Ennelins Mutter hatte mit Wohlwollen auf die sich anbahnende Beziehung geschaut, umso größer war ihre Enttäuschung und umso härter ihr Vorgehen, denn nun wollte sie den stolzen Patrizier zur Ehe mit ihrer Tochter gerichtlich zwingen lassen. Aber Johannes dachte nicht daran, sich dem doppelten Patronat von Mutter und Tochter zu unterstellen, wollte stattdessen seine Freiheit, zu tun und zu lassen, was ihm gefiel, behalten. Es gelang ihm, den juristischen Fallstricken der Witwe zu entkommen. Neben den Vergnügungen, denen er gewiss nicht abhold war, interessierte ihn vor allem die Umsetzung einer geradezu revolutionären unternehmerischen Idee, die sich in seinem Kopf immer stärker ausgeprägt hatte und die er unbedingt verwirklichen wollte. ¶ Zuvor allerdings galt es noch eine unangenehme Geschichte, die sich aus dem Prozess um das Eheversprechen ergab, aus der Welt zu schaffen. Die Aussage des Schusters Claus Schott, der als Zeuge für die Witwe vielleicht auch gegen entsprechendes Salär auftrat, missfiel Johannes Gutenberg so sehr, dass er Schott als armen, notleidenden Menschen beschimpfte, der sein kärgliches Leben mit Lügen und Betrügen friste. Daraufhin verklagte Schott Johannes Gutenberg beim Rat, der aber die Klage an das geistliche Gericht überwies, vor dem ja auch die Verhandlung hinsichtlich des Eheversprechens geführt wurde. Aber die Hauptsache zog sich in die Länge, so dass man, um Kosten und Zeit zu sparen, sich einigte, die

Angelegenheit vor den städtischen Schiedsrichter zu bringen. Der entschied, dass Gutenberg dem Schott 15 rheinische Gulden zu zahlen habe, aber erst dann, wenn das geistliche Gericht sein Urteil gefällt haben würde. ¶ Gutenberg, der es sich zu dieser Zeit offenbar leisten konnte, zahlte anstandslos die 15 Gulden an den Schuster, froh darüber, dass er zumindest die Hauptsache für sich entschieden hatte und das geistliche Gericht das Eheversprechen nicht anerkannte. So blieb er ein freier, ungebundener Mann. Johannes Gutenberg sollte niemals den Bund der Ehe eingehen, niemals sich an eine Frau binden. Er lebte ganz seiner Freiheit, seinem Vergnügen und vor allem seinen Unternehmungen hingegeben. Und gerade in den Tagen des Prozesses begann er, sein erstes großes Projekt, das er in den Monaten zuvor eifrig entworfen hatte, in die Tat umzusetzen.

Das geheime Werk

Die erste Zeit in Straßburg nutzte Gutenberg, um sich zu orientieren, seine Einkünfte sicherzustellen, wie die Affäre Nikolaus von Wörrstadt belegt. Sicherlich traf Gutenberg den Anführer der Mainzer Zünfte, der auf der Durchreise nach Basel nichts ahnend von den Unannehmlichkeiten, die ihn hier erwarteten, in Straßburg Station machte, nicht zufällig auf der Straße und schickte ihm sofort den Stadtbüttel auf den Hals. Er wird vielmehr eine Information aus seiner Vaterstadt über die Reisepläne des Nikolaus von Wörrstadt erhalten haben, so dass er die notwendigen Schritte zum Repressionsarrest in Ruhe vorbereiten und ihn so präpariert in der elsässischen Metropole erwarten konnte. ¶ Nur zu gern würde man wissen, wer ihn auf welchem Wege benachrichtigt hatte, aber der für Gutenberg reibungslose und erfolgreiche Verlauf der Episode indiziert, dass er nach wie vor guten Kontakt zu seiner Vaterstadt hielt und über die politischen und wirtschaftlichen Entwicklungen auf dem Laufenden war. Natürlich bieten sich Bruder Friele, wahrscheinlicher noch der Schwager Claus Vitzthum an, der ja auch für ihn die Rentengelder in Empfang nahm und entweder nach Straßburg transferierte oder es so einrichtete, dass sie in Frankfurt von Johannes abgehoben werden konnten, denn die Messestadt entwickelte sich seit 1420 immer stärker zum Finanzzentrum. Das setzt allerdings voraus, dass Johannes Gutenberg Frankfurt gelegentlich besuchte, was ins Kalkül zu ziehen nicht abwegig wäre. ¶ Die ersten Jahre gab er Unterricht im »Polieren« von Steinen, wie man im Protokoll eines Straßburger Gerichtsverfahrens, das gegen Johannes Gutenberg angestrengt wurde, nachlesen kann. Aufgrund seiner professionellen Beziehungen zu Goldschmieden hat man immer rasch geschlussfolgert, es sei hierbei um das Polieren von Edel- und Halbedelsteinen gegangen. Geschliffene oder polierte Steine fanden einen großen Absatz, denn sie wurden benötigt als Schmuckeinsätze für Ketten, Diademe, Broschen, Ringe und Armbänder, aber auch als Besatz kostbarer oder festlicher Kleidung und für Einlegearbeiten bei Tafelgeschirr, Pokalen und Leuchtern aller Art. Dabei kam es vor allem darauf an, dass der Stein, etwa Rubin, Topas oder Azurrit, durch die Politur leuchtete und mithin dem frommen Menschen ähnlich wurde, dessen Glauben ihm erst den richtigen Schliff verlieh. Die Analogie lag auf der Hand und war den Menschen dieser Zeit geläufig, denn wie der Strahl der Sonne auf den Stein traf und ein Leuchten der toten Materie entlockte, sie im Grunde durch sein Leuchten belebte, so erweckte auch erst das »fließende Licht der Gottheit«, wie Mechthild von Magdeburg geschrieben hatte, den Menschen zum wahren Leben. ¶ Meister Eckhart, der gut einhundert Jahre vor Johannes Gutenberg in Straßburg gelebt hatte, fasste diese Vorstellung in ein eindrucksvolles Bild: ¶ »Ich nehme ein Becken mit Wasser und lege einen Spiegel hinein. Dann lege ich es unter das Rad der Sonne. Das Widerspiegeln des Spiegels in der Sonne ist der Sonnen Sonne. Und es ist doch, was es selbst ist. Ebenso ist es mit Gott. Gott ist in der Seele mit seiner Natur, mit seinem Wesen und seiner Gottheit, und doch ist er nicht die Seele. Das Widerspiel der Seele, das ist in Gott Gott, und es ist doch, was es selbst ist.«[67] ¶ Für eine gute Politur bedarf es erstens einer genauen Gesteinskenntnis, des Minerals und der Eigenschaft seiner Kristalle, zweitens des Wissens um die geeignete Technik und drittens der Übung, also einer sehr geschickten Hand. Poliert wird zumeist in mehreren Arbeitsschritten, wobei man graduell vom Grob- zum Feinschliff übergeht. Man benötigt neben Wissen und Erfahrung auch Geduld. ¶ In den Charakterbildern, die man hin und wieder von Johannes Gutenberg zu erstellen versuchte, fehlt eine Eigenschaft, die ausgerechnet mit dieser Tätigkeit verbunden ist. Allzu oft wurde das hochfahrende, stolze, unerbittliche und harte, wahlweise auch das egoistische und nur auf den Vorteil bedachte Wesen des »Junkers« beschrieben. Zu diesem Zweck wurde der Patrizier in eindeutig polemischer Absicht zum Junker Johannes Gutenberg erhoben. Bei diesen Charakterbildern wird oftmals anachronistisch ein heutiger Bewertungsmaßstab herangezogen, ohne auch nur im mindesten zu berücksichtigen, dass man sich in einer vollkommen anderen Zeit und in einem fremden Denken bewegt, das eigenen, sehr unterschiedlichen Wertmaßstäben folgte. ¶ Noch drehte sich für Johannes Gutenberg die Sonne um die Erde und nicht die Erde um die Sonne – so wie es zeit seines Lebens auch Gewissheit bleiben sollte. Die Hölle gliederte sich in neun Kreise, in denen die Sünder litten und grausam gequält wurden. Wir sind sowohl vor Kopernikus' Revolution des Weltbildes[68] als auch vor der kopernikanischen Wende im Denken, von der Immanuel Kant in der berühmten Vorrede zur zweiten Ausgabe der *Kritik der reinen Vernunft*[69] sprach. Noch war das Individuum nicht entdeckt, und das Subjekt galt als dem Objekt unterlegt, von dem es folglich beherrscht wurde. Das große Objekt dieser Zeit, der einzig Bestimmende und Handelnde, der alles am Leben erhielt, aber war Gott. Er beherrschte all die auf der Erde sich windenden Subjekte. Sich in dieser Welt zu behaupten verlangte paradoxerweise das Gegenteil von Demut, es gebot die Durchsetzung der eigenen Interessen mit skrupelloser Härte und Konsequenz, die gelegentlich in äußerste Brutalität umschlagen konnte. Johannes Gutenberg war ein typischer Vertreter seines Standes. ¶ Dass im Grunde nur Quellen überliefert sind, in denen es um Geld und um juristische Auseinandersetzungen geht, verzerrt den Blick auf den späteren Erfinder. Was sonst sollte von einem Mann überliefert werden, der nicht anders als seine Zeitgenossen lebte, nicht über sie hinausragte, und nur dem Umstand seine Bekanntheit verdankt, dass er am Ende seines Lebens ein Verfahren erfand, das die Welt verändern sollte? Heilsam in diesem Zusammenhang ist es, einmal weitreichender in den Quellen zu forschen, andere Gerichtsprozesse, Erbschaftsstreitigkeiten oder Regelungen über Leibrenten und andere Auszahlungen zu lesen – dann wird einem Johannes Gutenberg nicht mehr als außerordentlich streitsüchtig erscheinen. Einer seiner beiden Gegner im Straßburger Prozess, der Bruder von Andreas Dritzehn, der Schultheiß Jörg Dritzehn, hatte zuvor mindestens sechs große Prozesse geführt, darunter auch einen, in dem es um das Erbe seiner Frau ging. ¶ Eine Eigenschaft aber wurde stets übersehen: Dieser Johannes Gutenberg muss ein handwerklich begabter und sehr geduldiger Mann gewesen sein, der sich in Arbeiten zu vertiefen vermochte, denn was man vor allem für das Polieren von Steinen benötigte, war Geduld. Der Stein ließ sich nicht zwingen, der Schliff war ihm nur mühevoll und beharrlich abzugewinnen, wenn man es nicht verpfuschen wollte. Im

Übrigen würde die Neigung zur geduldigen, fast künstlerischen Handarbeit sowohl zum Polieren von Steinen als auch zum Kopieren von Büchern passen, womit er sich vermutlich in Erfurt beschäftigt hatte. ¶ Mineralienkenntnisse benötigte der Polierer für die Entscheidung, welchen Schliff er ansetzen konnte, ohne das Material zu beschädigen, denn grundsätzlich unterschieden sich harte von weicheren Materialien; während das Polieren von harten Materialien wie Rubin oder Quarz einfacher war, stellte das Polieren von weichen Materialien wie beispielsweise Dunkel- oder Hellglimmer höhere Anforderungen. Allerdings zeigte sich der Rubin wiederum als anspruchsvoll, wenn es um die Qualität des Schliffs ging, die Voraussetzung für die Lichtbrechung war. ¶ Wenn Johannes Gutenberg Schüler fand, die gegen Geld von ihm in dieser *ars* unterrichtet werden wollten, dann dürfte er sehr ansehnliche Proben seines Könnens gegeben haben, mit anderen Worten, er scheint eine Technik des Polierens gefunden zu haben, die ihn von anderen Lehrmeistern unterschied. Zwar wird zunächst die Gesteinsoberfläche geglättet und alsdann erst mit groben, schließlich mit immer feineren Schleifmitteln gearbeitet, doch welche Unterlagen und Schleifmittel man benutzte, blieb das Geheimnis des Meisters. Der Steinschleifer und -polierer musste im Stein das Mineral und im Mineral den ihm dienenden Schliff und die ihn einzigartig machende Politur erkennen, bevor er an die Arbeit ging. Korrekturen waren kaum möglich, eine falsche Entscheidung ruinierte das Material. ¶ Eine Schrift des in jenen Jahren in Basel weilenden Philosophen Nikolaus von Kues, die er 1458 veröffentlichen sollte, weist, was das Polieren betrifft, in eine andere Richtung, die zumindest hypothetisch genannt sein soll, zumal Cusanus und Johannes Gutenberg sich möglicherweise begegnet waren, vielleicht sogar auch in den dreißiger Jahren in Straßburg. Denn wenn Cusanus von Basel aus nach Koblenz, Trier, St. Goar reiste, führten seine Wege immer über Straßburg. Hatte der Philosoph und Humanist Gutenberg bereits in den zwanziger Jahren kennengelernt, dann spricht nichts gegen die Stippvisiten auf der Durchreise in den beginnenden dreißiger Jahren, zumal Gutenberg Beziehungen zum Thomasstift unterhielt wie auch zu Jung St. Peter, wo Antonius Heilmann Dekan war und in unmittelbarer Nähe zum Kloster St. Arbogast wohnte. ¶ Für Cusanus wird der Beryll, der »ein glänzender, weißer und durchsichtiger Stein« ist, dem »eine zugleich konkave und konvexe Form verliehen« wird, zum Werkzeug der Vernunft, geradezu zum Synonym der Vernunft, denn »wer durch ihn hindurchsieht, berührt zuvor Unsichtbares. Wenn den Augen der Vernunft ein vernunftgemäßer Beryll, der die größte und kleinste Form zugleich hat, richtig angepasst wird, wird durch seine Vermittlung der unteilbare Ursprung von allem berührt.«[70] Unter der Anpassung des Berylls an die Augen wird in Analogie unzweifelhaft der Schliff oder die Politur verstanden. ¶ Vom Beryll leitet sich das deutsche Wort Brille her. Viele Gelehrte, Juristen, Notare, Schreiber und Kopisten benutzten geschliffenen Beryll oder auch Brillen, um ihren schwächer werdenden Augen zu helfen. Man muss nicht zwangsweise an Edelsteine denken, wenn man von der Politur von Steinen liest, sondern es ist immerhin denkmöglich, dass Gutenberg auch Brillengläser geschliffen hatte, wofür es einen Markt in einer ihm bekannten Sphäre gab. Immerhin wiesen die polierten Steine, ob Rubine oder Brillengläser, eine so hohe Qualität auf, dass man keine Kosten scheute, um bei ihm in die Lehre zu gehen. ¶ Andreas Dritzehn, der bezeugte Schüler, wird nicht der Einzige gewesen sein, den Gutenberg unterrichtete, aber er war derjenige, der dem Meister auffiel durch seinen Fleiß, durch seine Verschwiegenheit, durch seine Anhänglichkeit und durch sein Vermögen, das es ihm erlaubte, sich an der Finanzierung zu beteiligen, so dass er beschloss, ihn an seiner neuen Unternehmung teilhaben zu lassen. ¶ Da er nur Unterricht erteilte, aber das Handwerk selbst nicht ausübte, blieb er auch im Status des Nachconstoflers. Auch wenn Andreas Dritzehn für den Unterricht zahlte, galt dies nicht als Gewerbe. In Straßburg wäre er aber, sobald er in einem Handwerk tätig geworden wäre und seinen Lebensunterhalt nicht ausschließlich aus seinen Renten bestritten hätte, in die Zünfte gezwungen oder, weil er nicht das Bürgerrecht der Stadt besaß, den Zünften zugeordnet worden, so wie es dann auch später geschah, als er begann, eine Ware zu produzieren. ¶ Sozial bewegte er sich in den Kreisen der Constofler, des kleinen Adels und von Klerikern, vor allem des Thomasstifts, also in einer mittleren und gediegenen Gesellschaftsschicht, zu der auch ein Vogt und ein Bankier zählten. Das würde auch erklären, weshalb er Unterricht erteilte, anstatt selbst zu produzieren. ¶ Doch im steten Wechsel der vergnüglichen Abendessen und wohl auch Gelage, der Amouren und des Erteilens von Unterricht im Polieren nahm im Kopf Gutenbergs ein völlig neuartiges Projekt[71] langsam Konturen an, ein Unternehmen, das sich als kühn in Idee, Finanzierung und Durchführung erweisen sollte und doch den Durchbruch im Denken brachte. Sei es, dass er selbst eine Pilgerreise unternommen hatte, nach Wilsnack, nach Aachen, nach Köln, sei es, dass er im vertrauten Kreis von Wallfahrten erzählen hörte, vielleicht von Antonius Heilmann, dem Dekan von Jung St. Peter, und ihm dabei die Pilgerzeichen gezeigt wurden – zumindest stieß er auf den großen Bedarf dieser Wallfahrtsabzeichen. Und Johannes Gutenberg war auf der Suche nach einem Feld, auf dem er sich betätigen konnte. ¶ Die Frömmigkeit des Spätmittelalters war geradezu besessen von dem Gedanken der Translation, von der Übertragung heilender und heiligender Kräfte von Heiligen oder ihren Reliquien auf diejenigen, die sie berührten. Für die Kirche wurde der Handel mit Kontaktreliquien zum einträglichen Geschäft. Deshalb erhob sie ein Monopol auf Herstellung und Vertrieb der Pilgerzeichen. Jeder Wallfahrer konnte am Ort seiner Wallfahrt das entsprechende Abzeichen, das man an der Kleidung trug, erwerben. Während der Weisung der Heiltümer, wenn die Reliquien den Gläubigen zu festgelegten Zeiten präsentiert wurden, genügte es, dass die ausgestellte Reliquie mit dem Zeichen in Berührung gebracht wurde, und die heilenden und unheilabwehrenden Kräfte gingen beispielsweise auf eine Medaille über, die fortan ihren Träger gegen Krankheiten und bösen Zauber, was im Grunde auf dasselbe herauskam, schützte. ¶ Pilgerzeichen wurden mit in die Gräber gelegt, an Altäre gehängt, in Äckern vergraben, in Bienenkörben deponiert, um sie vor Trockenheit, Ungeziefer- oder Unkrautbefall und Krankheiten zu bewahren. Die Sucht nach schützenden, wenn man so will magischen Abzeichen, Amuletten, bezeugt, wie stark das Heidentum im christlichen Glauben weiterlebte und sich in volksmedizinischen und abergläubischen Praktiken entlud. Das Pilgerzeichen wurde zum Fetisch. ¶ Zum wichtigsten Wallfahrtsort im deutschen Raum entwickelte sich im Hochmittelalter die alte Krönungsstadt Aachen, das heilige Aachen, in dem Karl der Große gekrönt und auch begraben wurde. So wurde die alte Kaiserpfalz zum deutschen Königsheiligtum. Zudem warb Aachen mit vier Textilreliquien, die für den Menschen des Mittelalters von hoher heilspendender Kraft waren, nämlich dem Gewand Marias, den Windeln Christi, dem Lendentuch Christi, das er während der Kreuzigung trug, und dem Tuch, in dem nach der Enthauptung der Kopf Johannes des Täufers lag. Diese vier Reliquien wurden im Marienschrein aufbewahrt und ab 1250 öffentlich anlässlich der alle sieben Jahre stattfindenden Großen Heiligtumsfahrten gezeigt. Als besonders wirksam wurden die während der großen Heiltumszeigung erteilten Ablässe eingeschätzt. Aus dem Reichsheiligtum wurde der bedeutendste christliche Wallfahrtsort auf deutschem Boden. ¶ In unmittelbarer Nähe zu Aachen befand sich zudem als zweitwichtigster Wallfahrtsort Köln, so dass eine Pilgerreise nach Aachen den Vorteil bot, das benachbarte Köln mitbesuchen zu können. Seit der Translation der Heiligen Drei Könige von Mailand nach Köln durch den Kanzler Kaiser Friedrichs I., Rainald von Dassel, und schließlich durch die Auffindung der Gebeine der heiligen Ursula und ihrer 11 000 Jungfrauen – in Wahrheit hatte man ein römisches Gräberfeld entdeckt – strahlte auch Köln im Glanz bedeutender Reliquien. ¶ Aus ganz Europa, am stärksten aber aus Deutschland, Polen, Ungarn, Slowenien, Kroatien und dem östlichen Frankreich, aus Burgund und Flandern, strömten die Pilger während dieser Großen Heiligtumsfahrten nach Aachen, um die vier Heiltümer zu sehen und mit ihren in Aachen erworbenen Abzeichen zu berühren. Man schätzt, dass 20 000 Menschen in die alte Krönungsstadt pilgerten, die auf Straßen und Plätzen in der Stadt und auf Feldern vor der Stadt im Freien nächtigten. Nur die Ungarn führten Zelte mit, in denen sie auf dem freien Feld und in den Wäldern der Umgebung übernachteten. ¶ Bald jedoch erkannten die Kleriker, dass durch die ständigen Berührungen der Heiligtümer sie auch einer so steten wie letztlich gefährlichen Abnutzung unterlagen, und entschieden sich, die kostbaren vier Reliquien nur noch aus der Ferne, als Fernweisung zu zeigen. Zu diesem Zwecke wurde zwischen dem Westturm und dem Oktogon eine Brücke geschlagen, auf der die Priester während der Heiltumsschau die vier Reliquien vorwiesen. ¶ Diese Regelung brachte es mit sich, dass für die Pilger keine Möglichkeit mehr bestand, durch Berührung mit dem Pilgerzeichen etwas von dem großen Heil zu erhaschen und mit sich nach Hause zu führen. Doch wo ein Bedürfnis ist, findet sich auch ein Weg. Die Pilgerzeichen wurden länger und größer, und in das mittlere Kompartiment wurde ein runder, aber konvexer Spiegel eingelassen, der die heilende und segensreiche Strahlung des Heiligen, die von den Reliquien ausging, speichern sollte. ¶ Dem Spiegel wohnte die Kraft inne, Aspekte der Wirklichkeit zu bündeln und mithin eine eigene Realität zu schaffen. Er konnte sowohl heilende und heilige Kräfte als auch die Seele eines Menschen einfangen. Die Pilger drängten sich zu den Reliquien, um ihnen so nahe wie möglich zu kommen, und hoben dabei entweder Brote oder Spiegel in die Höhe, um die heilige Kraft für jetzt und alle Zeit einzusammeln. So führten sie diese heilende und unheilabwehrenden Energie mit sich nach Hause, um sich, ihre Familie und ihr Eigentum vor den vielen Unglücksfällen zu schützen, von der Pest bis zum Brand, vom Ernteausfall bis zum Diebstahl, vor den vielen bösen Dämonen, die der Satan in wahrhaft teuflischem Fleiß unablässig schuf, um die Menschen zu plagen und zu verderben. ¶ Allerdings regte sich unter Theologen auch Unmut gegen diese exaltierten Formen der Volksfrömmigkeit, die sie als Aberglauben kritisierten. Doch es waren nur wenige Kritiker, denn die Kirche verdiente kräftig daran, indem sie Pilgerabzeichen vertrieb und indem sie die Zeit der Großen Heiligtumsfahrt nutzte, um Ablässe en masse unter das Volk zu bringen, die am Wallfahrtsort besondere Wirkung erzielen sollten. ¶ Der Magister Nicolaus Magni de Jawor (Nikolaus Groß von Jauer) verurteilte in seinem Traktat über den Aberglauben *De superstitionibus* im Jahre 1405 das »Entgegenhalten von Spiegeln und Brot bei der Weisung der Heiligtümer in Aachen«.[72] Die Kritik ging freilich in der gläubigen Begeisterung der Wallfahrer und angesichts der im Kasten klingenden Münzen unter. ¶ Die Wallfahrtsabzeichen und die Pilgerspiegel durften nur am Orte der Wallfahrt erworben werden. Sie erlangten eine so große Beliebtheit, dass Engpässe in der Produktion entstanden. In ihrer Not gestatteten die Aachener Kleriker auch anderen Herstellern, unabhängig von ihrer Herkunft und ihrer Heimat alle sieben Jahre zur Großen Heiligtumsfahrt zwischen Ostern und dem St.-Remigius-Tag (1. Oktober) Pilgerzeichen zu verkaufen; man lockerte das Monopol zeitlich streng limitiert. Um ihre

Waren im Direktverkauf in Aachen abzusetzen, hatte 1426 der Magistrat 32 hölzerne Verkaufsbuden mit überhängendem Dach (Gaden) in einer Länge von jeweils sechs Fuß errichtet.[73] ¶ Johannes Gutenberg erkannte mit sicherem Blick die enormen Absatzmöglichkeiten, den expandierenden Markt für Pilgerspiegel, hörte von auftretenden Engpässen und begriff die Möglichkeiten, die der Markt bot, wenn man nur billiger als andere produzierte. Natürlich ließ sich nie absolut sicher voraussagen, ob sich Angebot und Nachfrage die Waage hielten, oder ob ein Mangel entstand. Hinzu trat ein anderes Problem. Bedenkt man die Produktions- und Transportkosten, worunter auch Zölle fielen, dann konnte sich diese Unternehmung nur lohnen, wenn auch eine gewisse Stückzahl verkauft wurde, und die Verkaufsmenge richtete sich auch danach, wie viele Pilgerspiegel Gutenberg auf den Markt zu werfen imstande war. Eine nicht unwesentliche Schwierigkeit bestand darin, das Unternehmen bis zum Verkauf der Waren vorzufinanzieren. ¶ An all diese Probleme ging Johannes Gutenberg zielsicher, mit klarem Blick und originellen Lösungsideen, unverzagt, ja kühn heran. Zunächst kam ihm die Idee, dass die Herstellung eines immergleichen Produkts auch mechanisch zu bewerkstelligen sein könnte und kombiniert mit einem arbeitsteiligen Vorgehen zu niedrigeren Produktionskosten führen müsste. Möglicherweise in Nürnberg, auf alle Fälle aber im Austausch mit den Goldschmieden wurde er mit Guss- und Pressverfahren und dem Umgang mit Blechen vertraut. ¶ Sowohl in der Waffenherstellung, also von Messern, Hellebarden, Helmen und Harnischen, als auch in der Produktion von Tischbrunnen und Tischgeschirr, wie

Tellern, Pokalen und Tafelaufsätzen, fanden Bleche Verwendung. Aus all dem zog Gutenberg den Schluss, dass man Bleche zwischen zwei Formen (Matrize und Patrize) legen und sie durch den Druck einer Presse so formen konnte, dass aus dem Rohling ein Pilgerspiegel entstand. Das Pressverfahren erhöhte die produzierte Stückzahl ungeheuer, auch wenn für händisches Nacharbeiten Zeit verlorenging. Die Quetschkanten und Grate mussten anschließend per Hand weggefeilt und der kleine Spiegel in die kleine Öffnung gelegt und durch die bei der Pressung entstandenen Haltezungen befestigt werden. Ein Spiegel maß im Durchmesser 30 Millimeter und besaß eine konvexe Oberfläche, um ein möglichst großes Umfeld aufzunehmen, er sollte so viel wie möglich von den heiligen Strahlungen absorbieren. ¶ Kurt Köster ging davon aus, dass die Spiegel aus Metall gefertigt waren, weil Glasspiegel in den Pilgerzeichen erst über fünfzig Jahre später aufkamen. Aber eigentlich kann man es nicht genau wissen, weil kein Pilgerspiegel Gutenbergs überliefert ist.[74] Aus dem Grunde wurde auch vermutet, dass es sich bei den Spiegeln um Bücher gehandelt haben könnte, wie das ausgesprochen beliebte Erbauungsbuch *Speculum humanae salvationis*. Dies ist aber zu sehr vom Ende her gedacht. Denn aus der Tatsache, dass Johannes Gutenberg das Verfahren des Buchdrucks mit beweglichen Lettern erfand, wurden zuweilen alle Indizien und Bemerkungen in Quellen unter dem Aspekt der bahnbrechenden Innovation gelesen, was einem Zirkelschluss, mindestens aber einem teleologischen Verfahren gleichkommt. ¶ Nachdem er Klarheit über die Produktionsweise gewonnen hatte, sah er sich mit dem Problem der Vorfinanzierung konfrontiert. Um seine Idee umzusetzen, benötigte er Geld und Helfer. Der Goldschmied Hanns Dünne arbeitete für ihn, und er wird ihn unterstützt haben in der Herstellung der Matrize und der Patrize und im Finden der Legierung. Wahrscheinlich hat man eine übliche Blei-Zinn-Legierung gewählt, vielleicht sogar schon unter Zusatz des härtenden Antimons, das später für die Herstellung der Lettern wichtig werden sollte. Den eifrigen und zudem begüterten Bürger Andreas Dritzehn, der zuvor bei ihm das Polieren von Edelsteinen erlernt hatte, beteiligte er an seinem Projekt. Vertrauten Umgang pflegte er mit dem Dekan von Jung St. Peter, Antonius Heilmann, dem er von seinem Plan erzählte. Heilmann bat, als er davon hörte, Gutenberg sehr eindringlich, seinen Bruder Andreas in die Produktionsgemeinschaft aufzunehmen, damit er zu einem eigenen Verdienst käme. Gutenberg konnte, wahrscheinlich wollte er auch dem Freund die Bitte nicht abschlagen, so stieß Andreas Heilmann zu Gutenberg und Dritzehn. Der Erfinder sollte das nie bereuen. ¶ Um das Projekt zu finanzieren, das erst Geld abwarf, wenn man die Spiegel erfolgreich in Aachen verkauft hatte, gründete er eine Finanzierungsgesellschaft, einen Fonds, in den zur Realisierung des Unternehmens er selbst, Andreas Heilmann und Andreas Dritzehn je nach Vermögen einzahlten. Einen Großteil der Summe gab der Vogt des Fleckens Lichtenau, Hanns Riffe, ein vermögender und offenbar mit Gutenberg befreundeter städtischer Beamter, dazu, der aber rein als Finanzier auftrat und an der Umsetzung des Vorhabens nicht teilnahm. Ob der Bankier Friedel von Seckingen sich bereits an diesem Projekt beteiligte, muss offenbleiben. ¶ Im Protokoll des späteren Prozesses findet sich ein Hinweis auf einen Unterkäufer Hesse, der nach Möglichkeiten suchte, Geld anzulegen. Der entsprechende Passus lässt vermuten, dass Hesse so etwas wie eine Ein-Mann-Beteiligungsgesellschaft betrieb: Er legte Geld in Unternehmungen der verschiedensten Art an, verkaufte diese auch weiter und warb selbst Geld von Kaufleuten ein, um sich zu beteiligen, in den Begriffen der Zeit war er ein »Unterkäufer«.[75] ¶ Der in der Krämergasse lebende Drechsler Konrad Saspach stellte die Presse her, während der Goldschmied Hanns Dünne gemeinsam mit Gutenberg die Matrize und Patrize schuf. Die arbeitsteilige Organisation der Herstellung der Spiegel nahm Gutenberg vor, darin schienen sein Talent und sein Gespür zu liegen, technologische Lösungen für arbeitsteilige Produktionen zu entwickeln und Menschen für seine Projekte zu begeistern, um die entsprechenden Finanzierungsgesellschaften zu gründen. Seine Finanziers und Teilhaber vertrauten seinem Geschick und seiner Leitung vollkommen, so sicher und überzeugend trat er auf, und sie sollten sich in ihm auch nicht täuschen. ¶ Klugerweise traf er von Anfang an Vorkehrungen zur Geheimhaltung, denn er wollte nicht riskieren, dass jemand seine Idee stahl und ihm unerwünschte Konkurrenz machte, ihn sogar zu überholen vermochte, nur weil er eventuell einen größeren Geldeinsatz leisten konnte, was die Produktionszeit verringern konnte. Denn trotz allen Genies blieb Gutenbergs Idee eines arbeitsteiligen, sprich industriellen Produzierens mangels finanzieller Mittel echte Pionierarbeit und vorerst nur auf der Basis eines Handwerksbetriebes zu verwirklichen. Um die notwendige Diskretion zu gewährleisten, empfahl es sich, mit einem kleinen Kreis von Mitarbeitern, die er kannte und denen er vertraute, zu beginnen. Außerdem beteiligte er sie am finanziellen Risiko, denn jeder Mitarbeiter, zumindest Heilmann und Dritzehn, hatte Anteil sowohl an den Produktionskosten als auch am Verkaufserfolg. Dadurch besaßen sie selbst ein solides Interesse an der Verschwiegenheit ihres Unternehmens. Die Verschlossenheit sollte halten und sich sogar auszahlen. ¶ Der Termin für die Große Aachener Heiligtumsfahrt lag zwischen Ostern und dem Remigiustag 1439. Alles lief für ihn nach Plan, und in der Zusammenarbeit mit Hanns Dünne, dem Goldschmied, kam ihm noch eine andere Idee, an der er still und verschwiegen arbeitete und von der er auch seinen treuen Mitarbeitern, Andreas Heilmann und Andreas Dritzehn, nichts verriet. Wahrscheinlich sollte das neue Projekt aus den Gewinnen des Aachener Pilgerspiegelunternehmens finanziert werden. Da er wusste, dass er zumindest in Aachen erst wieder in sieben Jahren Pilgerspiegel auf den Markt bringen konnte, war es sogar ratsam und folgerichtig, mit einem neuen Projekt zu beginnen. Die maschinellen oder industriellen Möglichkeiten des Drucks müssen ihn begeistert haben, denn er experimentierte spätestens seit 1436 mit Druckpressen. Mit zielsicherem Instinkt suchte er Marktlücken. Mit der Idee, Pilgerspiegel zu fertigen, stieß er in eine dieser Marktlücken. ¶ Niemand weiß, ob Gutenberg seit einem bestimmten Datum, zwischen 1434 und 1436 gelegen, während des Experimentierens mit Konrad Saspachs Presse und dem Druck einen Plan entwickelte, der mit den Pilgerspiegeln begann und bei der weit aufwendigeren Produktion von Punzen endete. Ob das erste Unternehmen das zweite finanzieren sollte oder ob diese Planung erst sukzessive entstand, genial war sie in jedem Falle. Er hatte das enorme Potenzial einer arbeitsteiligen, maschinengestützten (Presse) Produktion entdeckt, wo sie nicht nur möglich war, sondern sehr erfolgreich werden konnte. ¶ Der Weg des Johannes Gutenberg zum Buchdruck mit beweglichen Lettern führte nicht über das Buch, sondern über das Interesse an der Mechanik und über die Fähigkeit, arbeitsteilige Prozesse zu entwickeln, in der Erkenntnis zudem der Möglichkeiten eines mechanischen Werkzeuges – der Presse – als industrielles Vervielfältigungsmittel. ¶ Doch während der Produktion und Gutenbergs Tüfteln mit dem Goldschmied Hanns Dünne und dem Drechsler Konrad Saspach an einem neuen Projekt trat ein unerwartetes Ereignis ein, das seine komplette Planung radikal in Frage stellte. ¶ Irgendwann im Jahr 1438 fiel den Männern um Gutenberg auf, dass sie sich um ein Jahr verrechnet hatten und die Große Heiltumszeigung in Aachen nicht 1439, sondern 1440 stattfand und mithin auch der Verkauf der Waren. Die produzierten Pilgerspiegel konnte man zwar auch ein Jahr später mit gleichem Erfolg unters Volk bringen, nur bedeutete dies, dass auch der Erlös ein Jahr später verbucht würde. In dieser Situation war guter Rat teuer, zumal es durchaus möglich war, dass Heilmann oder Dritzehn unruhig wurden. Mit sicherem Instinkt wendete Gutenberg das Blatt. Unter der Zusicherung größter Geheimhaltung ließ er sich von seinen Mitarbeitern erweichen, ihnen von einem neuen Projekt zu berichten, das sich in Vorbereitung befand und das er nun vorzuziehen gedachte. Die Idee begeisterte seine beiden Mitstreiter auf Anhieb. Schnell gewann er sie nicht nur zur Mitarbeit, sondern auch dazu, die notwendigen finanziellen Mittel mitzuakquirieren, um das Projekt zu verwirklichen. ¶ Sie schlossen einen Gesellschaftervertrag, der bis 1443, also auf fünf Jahre lief. Die Eigenbeteiligung seiner Mitgesellschafter betrug insgesamt 750 Gulden. Davon sollten Andreas Heilmann und Andreas Dritzehn zusammen 250 Gulden einzahlen, während sich Gutenberg und Hanns Riffe mit je 250 Gulden beteiligten. Auf nicht näher zu bestimmende Weise war auch Friedel von Seckingen an der Finanzierung beteiligt. Es fällt auf, dass der Kapitalstock der Gesellschaft ein ähnliches Volumen aufwies wie die erste Summe, 800 Gulden, die sein späterer Kreditgeber für den Druck der 42-zeiligen Bibel, Johannes Fust, in Mainz in das Projekt des Buchdrucks mit beweglichen Lettern geben sollte. ¶ So startete ein neues Unternehmen, das in die Geschichte unter dem geheimnisvollen Namen »aventur und kunst« einging und noch heute die Gemüter der Gelehrten erhitzt. Wir werden später sehen, was es damit auf sich hatte. ¶ In der Tat äußerten sich die Beteiligten nicht über den Inhalt der Zusammenarbeit. Die einen nannten es »aventur und kunst«, Andreas Dritzehn hingegen nur das »werk«. Dritzehn, Heilmann und Gutenberg bildeten möglicherweise einen Haushalt, zumindest speisten und tranken die beiden Andreasse oft bei Johannes, gründeten nach den Begriffen der damaligen Zeit eine Burse. Es scheint sich eine intensive Zusammenarbeit herausgebildet zu haben. Zumindest von Andreas Dritzehn wissen wir, weil es ein Aspekt des späteren Prozesses darstellte, dass er ständig versuchte, Geld für das Projekt aufzutreiben, um seinen Anteil aufzubringen, Andreas Heilmann durfte, wie es aussieht, sich auf die Hilfe seines Bruders verlassen, der nicht nur eng mit Gutenberg befreundet war, ihn nicht nur erst in die Gemeinschaft gebracht hatte, sondern selbst fest an den Erfolg des Mainzers glaubte. ¶ Während die Pilgerspiegel im Haus von Gutenberg in St. Arbogast lagerten mit allem, was zu ihrer Produktion dazugehörte, wurde das Domizil von Andreas Dritzehn zur Produktionsstätte für das neue Projekt. Auch wenn Gutenberg dabei gegen ungute Gefühle und Vorahnungen ankämpfte, konnte er unmöglich den Kapitalstock der Gesellschaft – nämlich die Spiegel – aus der Hand geben. Vielleicht wurden auch parallel weiter Spiegel produziert, das würde die häufigen gemeinsamen Abendessen und die Burse, nach getaner Arbeit eben, erklären. ¶ Mitten in der beglückenden Arbeit starb Andreas Dritzehn am zweiten Weihnachtstag 1438 an der Pest. Gutenberg hatte sich in dem treuen Mitarbeiter nicht getäuscht, der bis zum Ende seines Lebens das Projekt nicht verriet und sich noch auf seinem Sterbebett darum sorgte, dass ihrer Gesellschaft Gefahr seitens seines habgierigen Bruders Jörg drohte. Aus einem einzigen Grund bereute er, an diesem Projekt teilgenommen zu haben: Er wusste, dass Gutenberg nun den Angriffen seiner Brüder ausgesetzt sein würde. ¶ Nachdem Johannes Gutenberg es abgelehnt hatte, Jörg Dritzehn, der unter den beiden verbliebenen Brüdern der treibende Keil gewesen zu sein scheint, in die Gesellschaft aufzunehmen und ihm zu verraten, worum es sich bei ihrem Unternehmen handelte, klagten die Brüder auf die Auszahlung des Anteils, den ihr verstorbener Bruder an der Gesellschaft gehalten hatte. Gutenberg gelang es jedoch nachzuweisen, dass der Gesellschaftervertrag eindeutig festhielt, dass bei Ableben eines Gesellschafters das Konsortium nicht verpflichtet war, die Erben in das Unternehmen aufzunehmen, sondern dass lediglich ein Abschlag von 100 Gulden nach Ablauf des Vertrages gezahlt werden würde. Der Rest der Anteile des Verstorbenen aber sollte im Unternehmen verbleiben. So hatte er kluge Vorsorge getroffen, das Unternehmen handlungsfähig zu halten. ¶ Die Prozessunterlagen lassen vermuten, dass Andreas Dritzehn ein eher weicher, nachgiebiger Mensch war und in einer etwas losen Beziehung zu einer Agnes Stösser lebte. Jörg Dritzehn zitierte sie später vor den Richter, weil, wie er behauptete, aus der Wohnung seines Bruders Geld verschwunden sei. Da aber die Zeugen im Prozess gegen Gutenberg übereinstimmend aussagten, dass sich Andreas Dritzehn Geld beschaffen musste und zu diesem Zweck sogar einen Ring verleihen ließ, scheint der Vorwurf des habgierigen Bruders doch recht zweifelhaft. Fragwürdig bleibt hingegen, in welchen Verhältnissen Andreas Dritzehn lebte, denn er unterhielt offensichtlich ein uneheliches Verhältnis mit Agnes Stösser. Zumindest zeitweilig scheint auch Andreas Heilmann bei ihm gewohnt zu haben. ¶ Nach den Aufregungen des Prozesses widmete sich Gutenberg intensiv seinem neuen Projekt. Allerdings hatte er einen empfindlichen Rückschlag zu erleiden, denn die Presse, die in Dritzehns Haus stand, war, als sein Diener Lorenz Beildeck sie in seinem Auftrag unbrauchbar mache sollte, nicht mehr da. Auch Andreas Dritzehn hatte in Sorge um das gemeinsame Projekt den Drechsler Saspach noch auf dem Sterbebett gebeten, die Presse nach seinem Ableben zu zerlegen. Alle Aussagen zeigen, wie sehr Andreas Dritzehn seinen beiden Brüdern Claus und Jörg Dritzehn misstraute. Seine Vorsorge verfehlte indes ihr Ziel. Während sich Jörg Dritzehn die Presse aneignete, nahm Claus Dritzehn die Bücher des verstorbenen Bruders an sich, wie ein Prozess, den Claus und Jörg Dritzehn 1446 gegeneinander führten, dokumentierte. Da es Lorenz Beildeck gelang, wenigstens die Formen zu retten, konnte Jörg Dritzehn mit der Presse nichts anfangen, zudem versagte seine Phantasie, sich auch nur annähernd vorzustellen, was man damit anstellen könnte. Vielleicht hatte er bloß gehofft, mit der Presse ein Faustpfand gegen Gutenberg in der Hand zu haben, um ihn dazu zu zwingen, ihn entweder in die Gesellschaft aufzunehmen oder ihn auszuzahlen. In dieser schwierigen Situation lud Johannes Gutenberg kurzerhand Jörg Dritzehn zu einem Gespräch in sein Haus nach St. Arbogast. Durch geschickte Fragen fand er heraus, dass der Schultheiß nicht die geringste Vorstellung davon besaß, wozu man die Presse verwenden konnte, und lehnte Dritzehns Forderungen kategorisch ab. Das Urteil, das am 12. Dezember 1439, fast ein Jahr nach dem Tod seines treuen Kompagnons erging, sprach ihn in allen Punkten frei. Die Brüder seines Mitgesellschafters hatten vor Gericht eine vollständige Niederlage hinnehmen müssen. ¶ Im darauffolgenden Jahr unterbrachen Gutenberg und Heilmann ihre Arbeiten und begaben sich mit den Pilgerspiegeln nach Aachen.

Aventur und Kunst

Für Gutenbergs Fahrt nach Aachen im Jahr 1440 gibt es drei Indizien: Erstens hatte die Gesellschaft die Pilgerspiegel produziert, und da es sich um keine verderbliche Ware handelte, sprach nichts dagegen, den Verkauf um ein Jahr zu verschieben. Einzig das Problem, dass die Erlöse ein Jahr später flossen, ergab sich daraus für Gutenbergs Gesellschaft. Zweitens entstand keinerlei Streit zwischen den Gesellschaftern und auch nicht mit den Finanziers, im Gegenteil, man hielt im Prozess mustergültig zusammen und gründete als Reaktion auf die Gewinnverschiebung sogar ein neues Konsortium. Drittens waren Gutenbergs finanzielle Verhältnisse im Jahr 1441 so gut, dass sie ihm sogar erlaubten, als Bürge für einen erheblichen Kredit aufzutreten, was eine natürliche Folge des erfolgreichen Geschäftsabschlusses der Pilgerspiegel-Produktionsgesellschaft im Jahr 1440 war – man hatte die Ware verkauft. Ein großer Verlust, der sich ergeben hätte, wenn die Spiegel nicht verkauft worden wären, scheint ausgeschlossen, bedenkt man, dass die Jahre 1438 bis 1443 große Investitionen in die neue Gesellschaft erforderten. ¶ Johannes Gutenberg und Andreas Heilmann werden mit Knechten die Pilgerspiegel auf dem Rhein bis Köln transportiert haben und von da ab mit Ochsenkarren auf dem Landweg nach Aachen. Der letzte Teil der Reise, der Landweg von Köln nach Aachen, verlangte Umsicht und Geduld, denn auf den Straßen und Wegen stauten sich die vielen Pilger. Wenn Johannes Gutenberg zu einem sehr frühen Datum zur Heiltumsschau aufgebrochen war, vielleicht zu Ostern 1440, dürfte ihm das allerschlimmste Gedränge aber erspart geblieben sein. Der Höhepunkt lag im Juli. Erreichte er Aachen in den Abendstunden wie der Pilger Philippe de Vigneulles, dann hätte sich ihm die Stadt mit einem ganz eigenen Panorama dargeboten, nämlich in einem unglaublichen Lichtermeer aus Fackeln und Kerzen, so dass der Eindruck entstehen konnte, sie brenne. Und sie brannte tatsächlich vor religiöser Ergriffenheit und frommem Eifer, der uns heidnisch anmuten würde. Über Antonius Heilmann, der Kleriker am St.-Peters-Stift war, oder über Freunde, die zum St.-Thomas-Stift gehörten, oder über die Benediktinerbrüder von St. Arbogast könnte er, ihre Verbindungen nach Aachen nutzend, Vorkehrungen für die sichere Lagerung der Ware und für die eigene Unterkunft getroffen haben. Denn die Stadt barst vor Menschen, und auch schlechte Unterkünfte waren selbst für viel Geld schwer zu mieten. Möglich, dass man bei einem Bauern oder in einem Kloster in der Umgebung unterkam. Da die Kleriker an den Stiftskirchen Weltgeistliche waren, fehlten ihnen die Ordensverbindungen, und so kämen in der Tat eher die Benediktinerbrüder oder die Predigerbrüder in Frage, die in unmittelbarer Nähe zum St.-Thomas-Stift ein Kloster errichtet hatten, das zur Zeit, als Meister Eckhart im Dominikanerkloster weilte, erheblich ausgebaut worden war. Die Vermittlung konnte freilich auch über Mainzer Verwandte, Freunde oder Bekannte erfolgt sein. Einerlei, Johannes Gutenberg bot seine Pilgerspiegel auf dem Münsterkirchhof in unmittelbarer Nähe des Doms feil, in einem der Gaden, die von sechs Handwerkern im Auftrage von Claus Gordelmeychler und Johann von Aachen für 300 Aachener Mark aufgestellt worden waren.[76] ❡ Was im Ganzen etwas mysteriös bleibt, ist, dass sich Gutenberg und seine Gesellschafter verrechnet haben sollen, denn die zitierte Urkunde vom 24. Januar 1426 über den Auftrag für die Gaden sprach eindeutig vom Jahr 1426 für die große Heiltumsfahrt, »vur dese nexst heildomsfahrt«.[77] Das bedeutete aber, dass die nächste Heiligtumsfahrt im Jahr 1433 und die übernächste 1440 stattfinden würden. Natürlich kannte Gutenberg diese Urkunde nicht, aber die großen Heiligtumsfahrten waren in aller Munde. Es scheint so gewesen zu sein, dass ihm jemand ein falsches Jahr genannt hatte, weil er selbst in seiner Erinnerung das Jahr 1433 mit dem Jahr 1432 verwechselt hatte. Das würde den Irrtum hinlänglich erklären, zumal das späte Mittelalter es mit der Exaktheit des Datums nicht allzu genau nahm, der Heilsaspekt wichtiger als naturwissenschaftliche Präzision war. ¶ Bevor er mit dem Verkauf begann, wird er in der Frühe eine Messe gehört und Opfer dargebracht haben, um ein gutes Gelingen seines Geschäfts sicherzustellen. Doch schon am frühen Morgen hatte er große Mühe, in eine der überfüllten Kirchen zu kommen. Die Kirchendiener hielten kleine, an langen Stangen befestigte Säckchen in den Kirchenraum, um überhaupt von den Gläubigen Opfer und Spenden einsammeln zu können. Der Reisende Philippe de Vigneulles aus Metz beschrieb treffend, dass wenn jemandem ein Goldstück aus der Hand gefallen wäre, er sich unmöglich hätte bücken können, um es wieder aufzusammeln.[78] Die Beichtenden standen in langen Reihen an, um zu bereuen und Absolution zu erlangen. Einen der Altäre zu erreichen stellte fast ein Ding der Unmöglichkeit dar. ¶ Nach dem erfolgreichen Verkauf der Spiegel, vielleicht aber auch zuvor, nahmen Johannes Gutenberg und Andreas Heilmann sicher an der großen Heiltumszeigung teil, um auch ihr Quantum Heil mit nach Hause zu tragen. Zu diesem Zweck könnte Gutenberg sich, auf die Gefahr, erdrückt zu werden, was regelmäßig geschah, in die Menschenmenge begeben haben. Oder er ergatterte gegen Zahlung eines hübschen Sümmchens auf einem der Schaugerüste, die man hatte errichten lassen, oder auf einem Balkon, einem Dach oder an einem Fenster einen Platz. Als ganz gefahrlos erwies sich auch das nicht. In dem Jahr, in dem Gutenberg in Aachen weilte, stürzten auf dem Butter- und Hühnermarkt ein Haus und ein Schaugerüst wegen Überlastung ein. Sieben Menschen kamen dabei um, über hundert wurden schwer verletzt. ¶ Ob er ihn gesehen hat, den größten, den christlichsten Herzog des Abendlandes, einen der letzten großen Ritter des Mittelalters, bleibt wohl für immer im Dunkeln der Geschichte. Aber 1440 kam zur Großen Heiligtumsfahrt auch Philipp der Gute nach Aachen, der aus seinen Landen, Burgund und Flandern, wozu aber auch Luxemburg, Brabant und der Hennegau gehörten, eine der wirtschaftlich erfolgreichsten und künstlerisch beispielgebenden Regionen Europas gemacht hatte. Unter seiner Herrschaft entfalteten die Eycks, Rogier van der Weyden, Dierick Bouts, Roger Campin und Petrus Christus ihre beeindruckende Kunst. Zu großer Berühmtheit hatten es aber auch die Goldschmiede gebracht, überhaupt die Kunsthandwerker und Tuchwirker. Der Besuch des Herzogs, natürlich mit Gefolge, fügte der ohnehin schon exorbitanten Zahl von ca. 20 000 Pilgern noch Schaulustige hinzu, die den legendenumwobenen Herzog zu sehen wünschten. Wenn jemand den Glanz und die Widersprüche des Spätmittelalters authentisch verkörperte, dann war es dieser Herzog aus der burgundischen Seitenlinie des Hauses Valois. ¶ Man darf sich also Johannes Gutenberg vorstellen, wie er ergriffen und mit Staunen dem Fortgang der Zeigung und Weisung der Heiligtümer folgte und mit seinem eigenen Spiegel Heil und Segen einzufangen suchte. Die Weisung begann damit, dass ein Prälat eine Predigt hielt und die Anwesenden aufforderte, für den Papst, für die Priesterschaft, für den Kaiser, für die Fürsten und Lehensherren zu beten, damit sie den Landfrieden hielten und alle schützten. Nachdem er Gebete gesprochen hatte, zog er sich zurück, und Männer brachten brennende Leuchter und Fackeln. Kostbar gewandet defilierten Priester paarweise mit Kreuzen, Weihwasser- und Weihrauchkesseln, die mit Gold und Silber verziert waren, an den Reliquien vorbei. Unter ihnen befanden sich zwei in Gold und Silber gekleidete Prälaten, die auf ihren Schultern einen Stab trugen, der an eine Lanze erinnerte und über dem unter einem Seiden- und Goldtuch Mariens Hemd lag. Als sie eine der Stellen erreichten, wo zuvor gepredigt worden war, entfernten sie die beiden Tücher und zeigten das Gewand der Gottesmutter, vor dem die Pilger in die Knie gingen, die Mützen abnahmen und die Hände zum Gebet falteten. So schritten die beiden Prälaten alle Orte ab, die man dafür bestimmt hatte und an denen zuvor die Predigt und eine allgemeine Absolution stattgefunden hatten, zeigten die Textilreliquie und setzten dies auf der anderen Kirchenseite fort. Danach falteten sie das Gewand »in großer Demut« auseinander und breiteten es vor aller Augen auf einem anderen Goldtuch aus. Durch die Menge ging ein Beben. Hörner erklangen, und Tausende Menschen baten mit aller Kraft: Kyrie eleison, Herr, erbarme dich![79]

Vigneulles schrieb, immer noch ergriffen von dem Erlebnis, in sein Journal: »Es gab wohl niemanden, dem sich nicht die Haare auf dem Kopf aufgestellt haben und dem nicht die Tränen in die Augen traten. Zu dieser Zeit, es war Mittag und sehr heiß, sahen viele einen Stern am Himmel.«[80] Auch Johannes? Voller Inbrunst beteten die Menschen und Johannes mit ihnen das Vaterunser und das Ave Maria. ¶ Nachdem wieder Ruhe eingekehrt war, legten die Prälaten das Hemd zusammen und gingen zur nächsten Stelle, an der es präsentiert wurde. Doch unter den Gläubigen entstand eine sehr ernsthafte Diskussion: Da das braune, wie »geräuchert« wirkende Hemd sehr lang war und kurze, weite Arme besaß, wurde die Vermutung geäußert, die Gottesmutter habe es als Übergewand oder Mantel über der Kleidung getragen. Der Glauben, auch der des Johannes Gutenberg, ging nicht auf einen übertragenen Sinn, wurde auch nicht symbolisch, sondern ganz konkret verstanden, im Wortsinn. ¶ So fanden Wunder und Zaubereien tatsächlich und tagtäglich statt, sie gehörten zur Realität. Eine Hostie konnte sowohl im Feuer verbrennen, als auch dem Feuer widerstehen, selbst wenn die Kirche und alles um sie herum zu Asche wurden. Und sie konnte plötzlich zu bluten beginnen, denn sie war in geweihtem Zustand der Leib Christi. ¶ Der große Theologe Henri de Lubac charakterisierte das Verständnis auf der ersten Ebene, wie sie jedermann zugänglich war, so: ¶ »*Littera gesta docet*, die Schrift erzählt in ihrem Buchstaben die Tatsachen, die sich in Wahrheit zugetragen haben. Sie legt weder eine abstrakte Lehre dar, noch eine Sammlung von Mythen. Die göttliche Offenbarung hat Geschichtsgehalt, das Christentum beruht ganz auf ihr. Gott hat in die Menschheitsgeschichte eingegriffen; das Buch [...] lenkt zuerst und vor allem die Aufmerksamkeit auf die Geschichte dieser Eingriffe.«[81] ¶ In dieser Art wurden auch die anderen Reliquien betrachtet, das Leinentuch mit dem blutigen Gesichtsabdruck Johannes des Täufers nach der Enthauptung und schließlich das Lendentuch, das Jesus auf dem Kreuzweg getragen hatte. Und bei jeder Zeigung wiederholten sich das Rufen der Menge, das Kyrieeleison, die Gebete, das Beben, nur jedes Mal noch stärker. ¶ Nachdem die Heiligtumszeigung geendet hatte, zerstreute sich die Menge, wobei »es nicht nur in der Kirche, sondern auch vor den Stadttoren und in den Straßen zu einem so ungeheuerlichen Gedränge kam, dass man es mit der Angst bekam«.[82] Gutenberg wird es nicht anders als dem frommen Metzger Vigneulles aus Metz ergangen sein, und wie dieser dürfte auch er die allerdings beschwerliche und gefährliche Gelegenheit genutzt haben, im Münster den Sarkophag Karls des Großen, der hinter dem Hochaltar stand, zu besichtigen. ¶ Vielleicht zog es ihn auch in das Corneliusmünster und natürlich nach Köln, um dort die Reliquien der Heiligen Drei Könige und Ursulas samt ihrer 11 000 Jungfrauen zu besuchen. ¶ Außerdem erwarteten den Reliquiensüchtigen in Köln noch Haare der Jungfrau Maria, der Pilgerstab des heiligen Petrus, ein Arm des heiligen Simon, ein Arm des heiligen Remigius, die Schulter des heiligen Laurentius »mit etwas Blut und Fleisch«,[83] eine Schulter des heiligen Christophorus, ein Finger der heiligen Anna, ein Bein eines Unschuldigen Kindes, der vollkommen erhaltene Leichnam des Albertus Magnus. ¶ Mit reichlich Geld und reichlicherem Heil und Segen im Gepäck kehrte Johannes Gutenberg 1440 nach Straßburg zurück und begann das geheimnisvolle Werk. Da alle verschwiegen blieben, kann durchaus angenommen werden, dass Gutenberg in Straßburg noch nicht mit der Entwicklung des Buchdrucks, sondern zunächst mit einem Vorläuferprojekt begann.[84] ¶ Hanns Dünne hatte in dem Prozess ausgesagt, er habe auf Gutenbergs Bitte mit ihm zu drucken begonnen, d.h. Versuche in Richtung Druck unternommen. Das Geschäftsfeld der neuen Gesellschaft, die Gutenberg mit Andreas Heilmann und dem wenig später verstorbenen Andreas Dritzehn gründete, wurde mit »aventur und kunst« umschrieben, wobei es um das »werk« ging. Was mit »kunst« gemeint war, lässt sich recht einfach ermitteln, denn *kunst* oder lateinisch *ars* wurde im Spätmittelalter für eine handwerkliche Tätigkeit verwandt, die man heute als Kunsthandwerk bezeichnen würde und die außerordentliche Fähigkeiten verlangte. Albrecht Dürer schrieb ein Menschenalter später, wer die Kunst aus der Natur herauszureißen verstünde, der habe sie. Kunst verlangte, kundig zu sein, über Können und Wissen zu verfügen. Auf diesen Weg hatte sich Gutenberg begeben. Der Begriff *aventur*, den man etwas oberflächlich mit Abenteuer ins Neuhochdeutsche übersetzen könnte, hat Anlass zu allerlei Spekulationen über ein großes Geheimnis gegeben. Doch bei Lichte besehen war an der Verschwiegenheit der Gesellschafter nichts Mysteriöses oder Metaphysisches, nichts, was auf dunkle Geheimnisse und noch dunklere Leidenschaften schließen lässt, sondern es handelte sich einzig und allein um die übrigens von jedem Meister geheim gehaltenen Werkgeheimnisse. Der Begriff *aventur* leitete sich vom französischen Wort für ein eingegangenes Wagnis her.

Mit *aventur* gab Gutenberg lediglich zu Protokoll, dass er ein Wagnis einging und ein Unternehmen mit ungewissem Ausgang begann. Arbeitete Gutenberg doch schon am Buchdruck? ¶ Aus der Tatsache, dass sich im Nachlass von Andreas Dritzehn Bücher, wertvolle Kodizes, befanden, schloss man, dass die geheimnisumwitterte Gesellschaft sich bereits mit der Erfindung des Buchdruckes befasste. Und man konnte zu Recht darauf verweisen, dass Straßburger Klöster große Kettenbibliotheken besaßen, Bibliotheken, in denen die Bücher zum Schutz vor Diebstahl mittels Ketten am Lesepult befestigt wurden, so beispielsweise die Bibliothek der Franziskaner. Zudem unterhielten Orden wie Franziskaner, Dominikaner und Augustiner Generalstudien am Ort. Im Jahr 1408 nahm die Papiermühle in der elsässischen Metropole ihre Arbeit auf. Vieles weist auf Bücher hin. Widmete man sich also schon 1438 dem Buchdruck? ¶ Ein anderes Detail in den Zeugenaussagen hilft weiter. Als Gutenberg vom Tod seines Mitgesellschafters erfuhr, dürfte er geflucht haben, dass sich die Presse und die Formen in Dritzehns Haus befanden. Er schickte sofort seinen Diener Lorenz Beildeck los, um die Formen zu holen und an der Presse zwei Schrauben zu lösen, damit vier Teile auseinanderfallen und damit unbrauchbar werden sollten. An die Formen, die Gutenberg sofort einschmolz, kam er, an die Presse nicht mehr. Diese hatte sich bereits Jörg Dritzehn angeeignet. Was aber bedeuteten nun die Lockerung der beiden Schrauben, was die vier Teile, die dann nicht mehr verbunden gewesen wären, konkret? ¶ Um Gutenberg gerecht zu werden und zu verstehen, was genau er »erfand«, muss man sich vor Augen führen, dass seine eigentliche Innovation in einem technischen Verfahren bestand, das mehrere neue Geräte in einem arbeitsteiligen Produktionsprozess verband.[85] ¶ Bei der Herstellung der Pilgerspiegel hatte er bereits erfolgreich mit der Presse gearbeitet, indem er Bleche in Formen presste. In Nürnberg hatte der Mönch und Buchbinder Konrad Forster seit den 1430er Jahren Bucheinbände mittels Stempeldruck gestaltet. Der Stempel war eine Punze, deren Spitze, das sogenannte Auge, mit Buchstaben, Zahlen oder Ornamenten gestaltet war, seitenverkehrt eingraviert, um positive Abdrücke zu hinterlassen. ¶ Ende der dreißiger Jahre wurde diese Technik auch von Straßburger Buchbindern genutzt. Dritzehn sammelte Bücher, der Kleriker Antonius Heilmann stand den Kodizes auch nicht fern, Gutenberg selbst dürfte einschlägige Erfahrungen in Skriptorien gesammelt haben und könnte, wie bereits vermutet, über Nürnberg nach Basel gereist und in Nürnberg mit Forster in Kontakt getreten sein. Oder er kam mit dieser Technik in Basel in Berührung. Basel war wie vormals Konstanz durch das Konzil zum wichtigsten Umschlagplatz von Handschriften und Kodizes im ganzen Reich, wenn nicht sogar in ganz Europa geworden. Nikolaus von Kues schätzte nicht nur Bücher, sondern trat auch für die Förderung der Klosterbibliotheken ein. Übrigens brach er 1437 nach Konstantinopel auf, um die orthodoxen Griechen zur Veranstaltung eines Unionskonzils einzuladen, damit das Schisma zwischen Ost- und Westkirche endlich überwunden würde. In der alten Kaiserstadt verwandte er viel Zeit darauf, die byzantinischen Klosterbibliotheken nach unbekannten Manuskripten von Platon und anderen Philosophen und Dichtern der Antike zu durchforsten. ¶ Da ein Bedarf an

Buchstabenstempeln bestand, wie Gutenberg wusste, dachte er darüber nach, wie man die Stempel nicht länger als Einzelstücke von Hand, sondern mit Hilfe der Presse maschinell anfertigen könnte. Vielleicht dachte er dabei nicht allein an den Bucheinband, denn auch die Goldschmiede, die Münzer, die Waffenschmiede, die Zinngießer und die Siegelproduzenten benutzten Punzen. Natürlich war es richtig, zunächst auf die Buchproduktion zu schauen, die bereits jetzt prosperierte, doch in Kenntnis der Technik und der technologischen Abläufe ließ sich jeder beliebige Stempel in Serie herstellen. Besaß man erst einmal eine Originalpunze, ließen sich so viele Duplikate produzieren, wie man wollte. ¶ Man stelle sich eine Weinpresse vor. In einen Druckstempel aus Holz, der sich am unteren Ende der Spindel befand, wurde die Originalpunze in eine feste Vorrichtung eingesetzt. Unter der Spindel nun wurde in einer Halterung ein Rohling von zwei Metallwinkeln eingespannt. Die Halterung verschloss man mit zwei Schrauben, die die Metallwinkel und dadurch auch den Rohling fixierten. Drehte man nun die Spindel nach unten, so presste die Originalpunze den Buchstaben in den Rohling. Die Oberfläche des Rohlings musste natürlich weicher sein als das Auge der Punze. ¶ Johannes Gutenberg hatte den Goldschmied Hanns Dünne schon zur Arbeit an den Pilgerspiegeln herangezogen. Erstens sollte er die Matrize und die Patrize mit ihren Verzierungen und dem Bildprogramm der Spiegel schaffen, zweitens beim Pressen der Bleche helfen und drittens bei der sachgerechten Bearbeitung der gepressten Spiegel, was beispielsweise das Abfeilen der Quetschkanten und der Grate betraf. Doch die beiden dachten weiter, an künftige

Vorhaben. Um die Originalpunze herzustellen, bedurfte es eines Graveurs – und dieser Graveur war in dem neuen Unternehmen niemand anderes als der bewährte Hanns Dünne, zu dessen Fertigkeiten als Goldschmied das Gravieren gehörte. Da durch die maschinelle Vervielfältigung des Stempels Produktionszeit gespart wurde, konnte Gutenberg die Stempel wesentlich preisgünstiger herstellen. Doch bis zum Buchdruck mit beweglichen Lettern war der Weg noch lang, denn die Lettern mussten präzise die gleiche Größe besitzen, sie mussten exakt gegossen und vervielfältigt werden, und schließlich hatte man sie auf irgendeine Art und Weise in eine feste, immer wieder zu verändernde Reihenfolge zu bringen. ¶ Wieder kommen wir von der Idee des gedruckten Buches nicht zurück auf die Schritte seiner Erfindung. Gutenbergs Gedanke folgte der Technologie. Wenn es also möglich war, Stempel durch Vervielfältigung zu produzieren, die man dann nacheinander in den Ledereinband des Buches drückte und auf diese Weise ein Wort, eine Wortgruppe, einen Titel oder einen Namen erhielt, warum fügte man nicht die Wortgruppe auf eine bestimmte Art und Weise zusammen, um gleich die ganze Wortgruppe zu drucken? Ein verführerischer Gedanke – auch wenn man keinerlei Vorstellung besaß, wie das praktisch geschehen solle. Es schien sich die Möglichkeit zu bieten, Einzelbuchstaben zu einem Text zusammenzufügen, die man nach dem Druck wieder auseinanderzunehmen und zu einem neuen Text zusammenzustellen vermochte. ¶ Gutenberg sah sich wie beim Pilgerspiegelprojekt und bei der Vervielfältigung der Stempel wieder einem komplexen Problem gegenüber, das man nur lösen konnte, wenn man sowohl die technischen als auch die technologischen Fragen zu beantworten verstand. Beides, Maschinen und Verfahren, Technik und Technologie zusammenzudenken, machte Gutenbergs Genie aus, das wiederum von dem Drang bestimmt war, als freier Unternehmer auf dem Markt zu reüssieren, ihn zu erobern. ¶ Aufschlussreich hierbei ist ein Detail: In den Listen zur Weinsteuer wurde Gutenberg anfangs als Nachconstofler geführt, ab 1436 aber wurde sein Name dort durchgestrichen, und er tauchte nun in der Rubrik »die mit niemand dienen« auf. Er wurde also den Zünften zugeordnet, gehörte ihnen jedoch nicht an, weil er kein Straßburger Bürger war. Johannes Gutenberg hatte niemals versucht, Bürger der Stadt zu werden, in der er lebte, hatte niemals das Mainzer Bürgerrecht aufgegeben. In seinem Herzen blieb er ein Mainzer Patrizier. Zumindest hielt er sich die Möglichkeit offen, jederzeit nach Mainz zurückzukehren. Denkt man an den Besitz seiner Familie in der Bischofsstadt, an die Privilegien, die er dort noch besaß, lässt sich die Entscheidung nachvollziehen, ohne dass man Heimatgefühle ins Feld führen müsste. Als er die Produktion 1443 einstellt bzw. die Gesellschaft aufgelöst wird, so wie es von Anfang an im Gesellschaftervertrag vorgesehen war, findet man ihn wieder bei den Nachconstoflern. ¶ Etwas wird gern übersehen: Man kannte bereits eine Drucktechnik, die man Xylographie nennt. Zwar wird das Papier, das Pergament oder das Tuch hierbei auf den Druckstock gelegt und mit der Hand gleichmäßig angepresst. Aber Gutenberg hatte auch aus der Erfahrung der seriellen Produktion der Spiegel bereits die Vorstellung gewonnen, nicht mehr Hand-, sondern Maschinenarbeit zu nutzen. Noch wusste er nicht wie, aber es musste einen Weg geben, nicht nur einen Buchstaben, sondern einen ganzen Text per Druck aufs Papier zu bringen und nicht das Papier auf einen Druckstock per Hand abzureiben. In diesen Jahren, da er Bleche zu Spiegeln gepresst und Stempel durch Druck vervielfältigt hatte, wird ihm der Gedanke gekommen sein, dass man statt des Blechs einen Bogen Papier unter der Presse und statt der Originalpunzen eine Kombination von Stempeln als Text einspannen könnte, die Bogen für Bogen den Text auf die Seiten drucken würden. Die technischen Herausforderungen waren enorm – und er dürfte sie anfangs unterschätzt, wieder und immer wieder Rückschläge erlebt haben, aber seine Vision stand ihm so klar vor Augen, dass er mit großer Geduld und Beharrlichkeit – Charaktereigenschaften, die wir bereits an ihm entdeckt hatten – Problem für Problem anpackte und dabei eine Reihe von Erfindungen machte. ¶ Natürlich stellt sich die Frage, warum er den Gesellschaftervertrag, der 1443 auslief, nicht verlängerte. Sie lässt sich nicht mit letzter Sicherheit beantworten, weil über den Erfolg des Unternehmens nichts bekannt ist. Allerdings stand er 1441 finanziell gut da, so gut zumindest, dass er für den Edelknecht Johannes Karle, der ein Darlehen beim St.-Thomas-Stift aufnahm, bürgte. Das war nicht ohne Risiko, denn wenn Karle nicht zahlte, hätte Johannes Gutenberg für ihn einspringen oder gar in Schuldhaft gehen müssen. Johannes Karle zahlte pünktlich seine Schulden zurück. ¶ Ein Jahr später benötigte Gutenberg Geld, verschuldete sich ebenfalls beim St.-Thomas-Stift und hinterlegte als Sicherheit eine seiner Mainzer Renten, nämlich die, die er von seinem Stiefonkel Johann Leheymer geerbt hatte. Dem wahrlich nicht zu kühnen Finanzgeschäften neigenden Thomas-Stift schien er kreditwürdig zu sein, und auch dem Straßburger Bürger Martin Brechter, der für ihn bürgte. ¶ Johannes Gutenberg könnte Brechter über Andreas Heilmann kennengelernt haben, denn beide Bürger gehörten der Tucherzunft an. Möglicherweise war Gutenberg auch Brechters Nachbar in der Schlossergasse, denn die Quellen verzeichnen, dass er inzwischen zum Kirchsprengel des St.-Thomas-Stifts gehörte. Wahrscheinlich war er nach der Rückkehr aus Aachen Ende 1440/Anfang 1441 in die Stadt gezogen, was er sich nach dem guten Geschäftsabschluss leisten konnte. ¶ Es scheint, dass er seine neue Idee allein verfolgte und deshalb auch nicht die Finanzen der Gesellschaft in Anspruch nahm. Denkbar ist allerdings auch, dass der Vervielfältigung von Stempeln kein finanzieller Erfolg beschieden war. Da allerdings nach Auslaufen des Gesellschaftervertrages kein Gesellschafter oder Finanzier vor Gericht Ansprüche geltend machte, dürfte sich das Konsortium in gütlichem Einvernehmen getrennt haben. Johannes Gutenberg jedenfalls arbeitete ab 1442 an einem neuen Projekt, für das er diese Anschubfinanzierung benötigte. ¶ Straßburg allerdings geriet in stürmisches Fahrwasser. Graf Bernhard VII. von Armagnac, ein enger Verwandter des französischen Königs, hatte im Hundertjährigen Krieg gegen England, in dem die Jungfrau von Orleans, Jeanne d'Arc, am 30. Mai 1431 auf dem Marktplatz von Rouen von den Engländern verbrannt worden war, eine Söldnertruppe, der Franzosen, Schotten, Lombarden, Spanier und Bretonen angehörten, aufgeboten. Sie spielten bald schon eine große Rolle in dem innerfranzösischen Krieg zwischen den Orleans und den Bourguignons.

Nach der Beendigung des Krieges begannen die arbeitslos gewordenen Söldner als marodierende Banden, die man wegen ihrer weißen Armbinden auch »Les Bandes« nannte, durch Frankreich zu ziehen. ¶ Der französische König stellte ein Heer auf, um die Ordnung im Lande wiederherzustellen. Ob die Armagnaken eher nach Lothringen und ins Elsass abgedrängt wurden oder ob König Friedrich III. sie ins Land geholt hatte, um sie im Krieg gegen die Eidgenossen einzusetzen, bleibt zwar fraglich, aber man machte dem König Vorwürfe, und so litt sein Ansehen. ¶ Zum ersten Mal verheerten sie das Elsass und das Umland von Straßburg im Winter 1438/39. Bevor das Bündnis aus dem Bischof von Straßburg, der Stadt Straßburg, den elsässischen Reichsstädten, den Herren von Lichtenberg und Rappoltstein, den elsässischen Rittern sowie Reinhart von Neipperg als Vertreter des Reichslandvogts und des Kurfürsten von der Pfalz tätig werden konnte, verließen sie das Land wieder. Doch im Jahr 1444 fielen sie erneut plündernd, mordbrennend und vergewaltigend über den Sundgau und das Elsass her. Die Söldner wurden als eine Meute halbnackter, viehischer Barbaren beschrieben. ¶ Doch Straßburg zeigte sich wehrhaft. Über 3000 Menschen aus der Umgebung, so auch aus St. Arbogast, das im Herbst 1444 gebrandschatzt wurde, flohen in die Mauern der Stadt. Jeder Bürger, der eine Waffe zu tragen vermochte, wurde rekrutiert. Sie griffen die »Armen Gecken«, wie die Armagnaken auch verballhornend genannt wurden, an, wo und wann immer sie konnten, ließen keinerlei Gnade walten und wurden so zum Schrecken des Schreckens. ¶ In den Listen, die alle Einwohner Straßburgs im Hinblick auf die Verteidigung der

Stadt verzeichnen, erscheint Johannes Gutenberg, dem auferlegt wurde, für ein halbes Pferd aufzukommen. Anhand des geringen Beitrages, den er zu leisten hatte, zeigt sich, dass sich seine finanzielle Lage verschlechtert hatte. Ebenfalls findet er sich im Aufgebot waffenfähiger Männer der Stadt vom 22. Januar 1444 mit Andreas Heilmann und Konrad Saspach. In den Berichten über die Kämpfe wurde Andreas Heilmann mehrfach für seine Kriegstaten erwähnt, auch Martin Brechter, nicht aber Johannes Gutenberg. Und noch eines fällt auf: Im Frühjahr 1444 verließ Konrad Saspach seine Vaterstadt und gab sein Bürgerrecht auf. Im Sommer des Jahres 1451 sollte er zurückkehren und schließlich sein Bürgerrecht zurückerwerben. ¶ Am 12. März 1444 zahlte »Hanns Guttenberg« zum letzten Mal seine Weinsteuer in Straßburg. Der Eintrag in der Liste 1444 stellt auch die letzte urkundliche Erwähnung Gutenbergs in Straßburg dar. Erst vier Jahre später – am 17. Oktober 1448 – begegnet er uns wieder in den Quellen, und zwar in Mainz. ¶ Dass Gutenberg für eine Stadt, in der er zwar Exil und Wohnung gefunden hatte, die aber nicht seine Vaterstadt war, in der er weder Familie noch Verwandte besaß, nicht Leben oder Gesundheit riskieren wollte, lässt sich leicht denken. Der Gesellschaftervertrag war ausgelaufen, und er begann bereits etwas Neues. Doch er besaß Feinde, vor denen er auf der Hut zu sein hatte, nämlich die Brüder seines ehemaligen Mitarbeiters Andreas Dritzehn, Claus und Jörg Dritzehn. Die späteren Kriegsberichte belegen, dass die raffgierigen Brüder sich wacker schlugen, mit ihnen also nicht zu spaßen war. ¶ Von dem Mann, mit dem er am engsten im neuen Projekt zusammenarbeitete, vom

Tischler Konrad Saspach, ist belegt, dass er im März 1444 Straßburg für sieben Jahre verließ, im selben Monat, in dem Johannes Gutenberg seine Weinsteuer letztmalig entrichtete.[86] Vermutlich starb in diesem Jahr auch Gutenbergs Schwester Else, deren Mann Claus Vitzthum Gutenbergs Angelegenheiten in Mainz treu und redlich regelte und der nun allein im Hof zum Gutenberg wohnte. ¶ Wie der Krieg mit den Armagnaken ausgehen würde, ob es gelänge, die Stadt zu verteidigen, ob Seuchen ausbrechen würden oder Hungersnöte, wusste niemand. In Anbetracht der Umstände dürften Konrad Saspach und Johannes Gutenberg übereingekommen sein, ihre Arbeit im sicheren Mainz fortzusetzen. Da er einen Anteil am Gutenberghof besaß, bestand die Möglichkeit, in einem Flügel des Hofes sein Quartier aufzuschlagen und Saspach als Mitarbeiter aufzunehmen. Wahrscheinlich hatte er Vitzthum gebeten, zu eruieren, ob seiner Rückkehr in die Vatersstadt Hindernisse entgegenstünden, hatte er doch einmal den Ratsschreiber ins Straßburger Gefängnis setzen lassen. Doch über die Sache war Gras gewachsen, und so stand Gutenbergs Rückkehr nach Mainz nichts mehr im Wege.

Die Geburt des Medienzeitalters

Die Rückkehr des Unternehmers

Trotz beunruhigender Ereignisse kann 1444 nicht als Schlüsseljahr der Weltgeschichte gelten. Im fernen Bulgarien endete der Kreuzzug gegen die Osmanen, die immer größere christliche Gebiete unter ihre Kontrolle brachten, ungeachtet der großen Tapferkeit des Johann Hunyadi mit einer vernichtenden Niederlage, weil der unerfahrene König von Polen, Wladislaw III., aus Ruhmsucht mit seinen Leuten zu früh gegen die türkischen Truppen anrannte und die Schlachtordnung durcheinanderbrachte. Der junge Pole bezahlte seine Tollkühnheit mit dem Tod. Auch der päpstliche Legat, der Kardinal Giuliano Cesarini, der altem stadtrömischen Adel entsprang, fiel bei jenem Desaster. Hunyadi gelang mit Glück knapp die Flucht, in den folgenden Jahrzehnten sollte er den Türken mannhaft entgegentreten. ❡ Doch die Niederlage von Varna hätte als Warnung, als Wetterleuchten für Konstantinopel dienen sollen, als Weckruf der uneinigen Christen, allein sie tat es nicht. Das Unionskonzil, das zwischen 1438 und 1439 stattfand, anfangs in Ferrara, bald aber schon in Florenz, disputierte endlos über die Azymen und vor allem über das *filioque*, über Fragen, die wir heute kaum noch verstehen, nämlich, ob das Brot beim Abendmahl gesäuert oder ungesäuert sein oder ob es im Glaubensbekenntnis heißen müsse, dass der Heilige Geist aus dem Vater und dem Sohn oder nur aus dem Vater hervorgeht. Es brachte zwar eine formale Einigung der beiden christlichen Kirchen, da aber die Vorstellungen der Lateiner sich durchsetzten, stieß diese in Konstantinopel auf Ablehnung, und die meisten Kirchenfürsten der Orthodoxen gaben nun die Losung aus, dass es gottgefälliger wäre, unter dem Turban des Sultans als unter der Tiara des Papstes zu leben. ❡ Wenn Konstantinopel einige Jahre später, 1453, unter dem Ansturm der osmanischen Heerscharen fiel, so war es weniger dem Geschick Mehmeds zu verdanken gewesen als dem fehlenden Widerstand großer Teile der orthodoxen Geistlichkeit. Es hat sogar den Anschein, dass die alte Kaiserstadt weitaus konsequenter als von den einheimischen Griechen von den Bewohnern der ausländischen Handelskolonien verteidigt wurde, also den Katalanen, den Venezianern, den Sienesern, den Genuesen, den Neapolitanern und den Exil-Türken, einer kleinen Gruppe von Anhängern eines osmanischen Prinzen, der in Opposition zu Mehmed stand. Auch auf höchster Ebene verfolgte man eine fahrlässige Beschwichtigungspolitik, wobei einer der Protagonisten, der letzte Premier des Kaiserreichs Loukas Notaras, sie schließlich mit seinem Leben bezahlen sollte – und dem seiner Söhne. Doch spätestens die Katastrophe von Varna dürfte zumindest den Hellsichtigen als Menetekel in Feuerschrift erschienen sein. ❡ Im Elsass tobte der Armagnakenkrieg. Der bedeutende Humanist Leonardo Bruni starb in Florenz, in Tournai der große flämische Maler Roger Campin. Im selben Jahr kamen in der Nähe von Groningen Rudolf Agricola, der als Humanist von sich reden machen sollte, und in Fermignano in den Marken der große Donato Bramante, der spätere Baumeister des Petersdomes, zur Welt. ❡ Varna, Straßburg, Florenz, Groningen, Tournai und Fermignano bildeten in diesem Jahr 1444 die Koordinaten europäischer Geschichte, und Mainz kam als Stadt des Erzbischofs Dietrich Schenk von Erbach, der zugleich Erzkanzler des Heiligen Römischen Reiches war, eine große Bedeutung zu. Das

Reich schien inzwischen nahezu unregierbar zu sein. König war seit vier Jahren, nach dem Luxemburger Sigismund, der Habsburger Friedrich III., der als letzter Kaiser 1452 vom Papst in Rom gekrönt werden sollte. Dietrich Schenk von Erbach lotste das Reich durch die Auseinandersetzungen zwischen dem Papst und dem Konzil in Basel, das in Konkurrenz zum Konzil von Florenz weitertagte. Zunehmend jedoch verlor es an Kraft und Zustimmung, spätestens seitdem so brillante Intellektuelle wie Enea Silvio Piccolomini und Nikolaus von Kues sich vom Konzil abgewandt hatten und auf die Seite des Papstes gewechselt waren. ¶ In diesem Jahr 1444 kehrte nun Johannes Gutenberg, fliehend vor Krieg und drohendem Militärdienst, aus Straßburg nach Mainz zurück. Ob er eine Zwischenstation in Frankfurt am Main einlegte, lässt sich nicht mit Gewissheit sagen, auch wenn in einem Frankfurter Gerichtsverfahren vom 10. August 1447 »Henne Genßfleisch von Menze« auftaucht. Er selbst trat nicht auf, sondern wurde von einem Mompar vertreten, einem Frankfurter Bartscherer, Bader und Wundscher namens Hanns Beyer,[87] der einen Arrest auf alle Zinsrechte des Henne zu Tedlingen legte.[88] Sofern man nicht annehmen will, dass es sich bei diesem Henne Genßfleisch um einen Namensvetter des Erfinders aus der Sorgenlocher Nebenlinie handelte, kann die Ursache des Rechtsstreites in einem früheren Aufenthalt Gutenbergs in Frankfurt liegen, wofür die Jahre 1444/45 sehr wohl in Frage kämen. Zumindest würde es belegen, dass seine Finanzgeschäfte sich bis nach Frankfurt erstreckten. Einiges spricht dafür, dass er in diesem selbst für Mainzer Verhältnisse unruhigen Jahr 1444 vom nahen Frankfurt aus die letzten Vorkehrungen für seine

Rückkehr aus dem Exil in die Heimat traf. ¶ In diesem Zusammenhang ist es von Bedeutung, dass Gutenberg regelmäßig als guter Schuldner seine Zinsen für den Kredit an das Thomas-Stift zu Straßburg zahlte. Wenn er nun im Jahr 1447 einen Arrest auf die Zinsen und Gülte des Henne zu Tedlingen gerichtlich legen ließ, so kann das nur den Hintergrund haben, dass der Beklagte Schulden bei Gutenberg hatte, die er nicht zurückzahlte; Schulden aus einem Kreditgeschäft, das durchaus drei Jahre zuvor bei seinem Aufenthalt in der Messestadt hätte geschlossen worden sein können. Knapp drei Jahre wären im Spätmittelalter, wenn man die Frist an den damals üblichen Verläufen im Finanzsektor bemisst, die Zeitspanne gewesen, unerfüllte Forderungen gerichtlich einzuklagen. ¶ Die Notiz liefert ein weiteres Indiz dafür, dass Johannes Gutenberg sich in guten finanziellen Verhältnissen befand, als er in seine Vaterstadt zurückkehrte, aber auch jeden Gulden für die Erfindung des Buchdruckes mit beweglichen Lettern benötigte, woran er in Mainz intensiv zu arbeiten begann. Er war besessen von der Idee, und die Vaterstadt schien ihm die Sicherheit für das riskante Vorhaben zu bieten, bei dem benötigte Zeit und Fährnisse unmöglich zu prognostizieren waren. ¶ Zwar kehrte Johannes Gutenberg zu einem Zeitpunkt nach Mainz zurück, der für die Patrizier noch ungünstiger war als jener, zu dem er Mainz verlassen hatte, aber längst mied er politisches Engagement. Mehr noch, die wohl zehn Jahre, die er im Straßburg der Zünfte verbracht hatte, dürften ihn gelehrt haben, dass deren Herrschaft keineswegs den Untergang bedeutete, sondern es sich dort ganz passabel leben ließ. ¶ Auf den ersten Blick erscheint seine Rückkehr rätselhaft, denn in diesem Jahr verloren die Patrizier auch noch die letzten Privilegien. Über Schwester und Schwager – Claus Vitzthum regelte seine finanziellen Angelegenheiten mit dem Magistrat – stand er mit seiner Vaterstadt in enger Verbindung und verfügte er über ein genaues Bild der Lage. Auch die glühendsten Verteidiger des Patriziats mussten einsehen, dass es in der Bischofsstadt nicht weitergehen konnte wie bisher, zumal vielleicht weniger die *Geschlechter*, als vielmehr diejenigen von der *gemeinde*, die 1430 mit der Schlichtung des Streites in den Rat aufstiegen, die Gruppe um Eberhard Windecke und Nikolaus von Wörrstadt, an der erneuten Misere einen kräftigen Anteil hatten. Jedenfalls hatte der zünftisch beherrschte Rat die Situation nicht gebessert, denn auch die neuen Ratsherrn sonderten sich von jenen ab, die sie erst in diese Position gebracht hatten, und wurden auf diesem Wege zu einer Art Neu-Patriziern. ¶ Nachdem die Stadt bereits 1437 zahlungsunfähig gewesen war, stand sie 1444 vor derselben Situation. Als der Rat eine Bilanz erstellte, summierten sich die Schulden auf die ungeheure Summe von 370 000 Gulden. Bedenkt man, dass man zu dieser Zeit ein Haus wie den Gutenberghof für 100 Gulden bekam, dann hätte man von der Schuldsumme 3700 derartige Häuser in bester Lage erwerben können, mehr als es in Mainz überhaupt gab. Im Umland kostete ein Hof 8 bis 10 Gulden. ¶ In dieser Lage bildete sich gegen die Patrizier, aber auch gegen die Vertreter der Zünfte, die den Rat beherrschten, eine zünftische, von dem Kaufmannssohn und Doktor beider Rechte Konrad Humery angeführte Opposition. ¶ Seit wann Gutenberg und Humery einander persönlich kannten, bleibt im Dunkeln. Aber von dem etwa gleichaltrigen, aus vermögenden Kaufmannskreisen stammenden Juristen – immerhin ermöglichten ihm seine Eltern nicht nur in Erfurt und Köln zu studieren, sondern auch sich an der berühmten Universität von Bologna promovieren zu lassen – hatte Johannes Gutenberg schon früh etwas gehört. ¶ Gegen Mitte des Jahrhunderts besuchten bereits zahlreiche Studenten aus Deutschland die angesehenen Universitäten Oberitaliens, doch in der ersten Hälfte des Jahrhunderts war die Zahl derer, die zum Studium über die Alpen zogen, noch überschaubarer. Peter und Trude Humery ließen ihrem Sohn also eine teure und exquisite Bildung angedeihen. In Bologna kam er denn auch mit den Bestrebungen des italienischen Humanismus in Berührung. Die Frage, ob Humery schon zum deutschen Frühhumanismus zu rechnen sei, bleibt dem notwendigen Meinungsstreit der Fachgehlehrten vorbehalten, dennoch darf Humerys Einfluss auf Gutenberg, so schwer zu bestimmen er ist, nicht unterschätzt werden. Es hat sogar den Anschein, dass sich ihre Lebenswege mehrfach kreuzten. ¶ Beide, Humery und Gutenberg, wurden etwa 1400 in Mainz geboren, gehörten also der gleichen Generation an. Humerys Vater genoss als vermögender Kaufmann großes Ansehen, wie auch Gutenbergs Mutter dem gutsituierten Kaufmannsstande entsprossen war. Bedenkt man die Größe der Stadt Mainz, dann darf es als sicher gelten, dass die Gutenbergs und die Humerys einander kannten. Möglicherweise besuchten Johannes und Konrad dieselbe Schule. In Erfurt dürften sie sich knapp verpasst haben, denn Gutenberg verließ 1420 die Erfordensis, während laut Matrikel Humery sie 1421 bezog. Ganz auszuschließen ist es jedoch nicht, dass Konrad

Humery bereits 1420 nach Erfurt zog. ¶ An diesem Punkt trennen sich die Lebenswege, denn der Kaufmannssohn studierte 1421 bis 1423 die Artes in Köln. Sollte er nicht bereits vor 1421 in Erfurt gewesen sein, dann hatte er nur ein Semester in der Stadt an der Gera zugebracht. Im Jahr 1427 zog es ihn dann nach Bologna, wo er 1432 zum Doktor des Kirchenrechts promoviert wurde. Gutenberg hatte Mainz längst verlassen und sich gerade in Straßburg niedergelassen, als Konrad Humery nach Mainz zurückkehrte und als Jurist in die Dienste der Stadt trat. ¶ Im Jahr 1443 verließ er – man darf annehmen, aus Protest – den Rat der Stadt. Aber Humery war nicht nur Kleriker, nicht nur Jurist, nicht nur Politiker, sondern durch und durch ein Genussmensch – und als solcher tritt er uns auch in einem Schmähgedicht, das in patrizischen Kreisen entstand, entgegen. In Opposition zum Rat gründete er in diesem Jahr eine Trinkgesellschaft mit politischen Ambitionen, ein Karnevalsbündnis mit Staatsstreichsabsichten, das von der patrizischen Gegnerschaft in einem gereimten Schmähgedicht als die »bruderschaft von leckerechtigen und vireßigen knaben«, von genusssüchtigen und verfressenden Buben verspottet wurde. Über Konrad Humery hieß es darin wenig schmeichelhaft:

»Doctor Humery ist genant Zimernkrose,
Ißet gut spise gerner das die bose,
Sin eßen wert doch korze frist,
Balde ist er sadt und ilet zu der spise
Und recht es dan in manche wise.«[89]

(Doktor Humery wird Maßkrug genannt,
der lieber die gute denn die schlechte Speise isst,
sich am liebsten überfrisst.
Auch wenn er satt ist, greift er zu der Speise
und richtet es auf seine Weise.)

Vorgeworfen wird ihm, er denke nur ans Schlemmen und Saufen und sein ganzer Lebenssinn bestehe im übermäßigen Essen und Trinken, dessen er sich hernach auf mancherlei Weise wieder entledige. Sein Sinnbild selbst ist die »Zimernkrose«, möglicherweise der Eich- oder der Maßkrug. ¶ Es lässt sich jedenfalls schwer einschätzen, wo das politische Bündnis begann und die Trinkgesellschaft endete, zumal in dieser Zeit in den Städten Trinkgesellschaften auch politische Verbünde darstellten und in den Trinkstuben wirtschaftliche und politische Themen diskutiert, Geschäfte gemacht und, wenn es nottat, Absprachen getroffen wurden, um mit Forderungen in die Politik einzugreifen. Die Geselligkeit der Trinkstuben bot genügend Angriffsflächen für die derbe Polemik und den herben Spott politischer Gegner. Es verwundert daher nicht, dass dieses Spottgedicht patrizische Verfasser hatte, sehr treffend gibt es den Ton der Auseinandersetzung, die auf allen Ebenen geführt wurde, wieder. Gerade in einer Stadt, die wie Mainz eine Eidgenossenschaft der Bürger war, gehörte die Legitimation der eigenen Ansprüche zum politischen Handwerk. Und dabei war das Ansehen der Akteure eine wichtige Voraussetzung, denn die Stadt sollte von den Besten und den Weisesten regiert werden. In den innerstädtischen Auseinandersetzungen ging es deshalb im Kern immer um die gute Regierung, die das Gemeinwesen zum Blühen bringen sollte, was eben nur die Besten und die Weisesten vermochten. ¶ Jedenfalls protestieren Konrad Humery, Henne Knauf, der Zollschreiber Konrad Becherer, der Rechenmeister Hermann Aptheker und Hermann Windecke, der Bruder des inzwischen verstorbenen Eberhard Windecke, mit seinen Anhängern gegen die Rechnungslegung des Rates und stürzten ihn schließlich.[90] ¶ Just um die Zeit, in der Johannes Gutenberg in seine Vaterstadt zurückkehrte, wurden die letzten Patrizier aus dem Rat vertrieben, und der Neue Rat der Zwanzig mit seinem Kanzler und obersten Schreiber Konrad Humery übernahm die Macht. Was die Situation etwas unübersichtlich machte, war, dass es einerseits gegen die Privilegien der Patrizier ging, andererseits aber auch die Auseinandersetzung innerhalb der Zünfte stattfand, die bei weitem keine homogene soziale Gruppe bildeten. Nicht selten ging es auch um persönliche Vorteile. Da man »abkömmlich« sein musste, um ein öffentliches Amt, das nicht entlohnt wurde, zu übernehmen, kamen dafür selten Handwerker, sondern eher reiche Großkaufleute in Frage, die dann in Lebenshaltung und wirtschaftlichen Bedürfnissen sich zuweilen den Patriziern annäherten und sich den Handwerkern entfremdeten. Im Kern ging es bei der guten Regierung um den Interessenausgleich unterschiedlicher Bürgerschichten im Gemeinwesen. ¶ Wenn Johannes Gutenberg, der über zehn Jahre zuvor die Stadt verlassen hatte, weil er sich einem Kompromiss mit den Zünften verweigerte, nun in eine Stadt zurückkehrte, in der die Zünfte die Macht erobert hatten, dann hatte offenbar die Zunftherrschaft nach der Straßburger Erfahrung allen Schrecken verloren. Zumal in Straßburg nach dem Ende der Machtkämpfe die regierenden Zünfte sich bemühten, die Patrizier zu integrieren, von deren Lebensart und deren Kenntnissen im Kriegswesen und der Diplomatie sie zu profitieren gedachten. Zumindest in Straßburg nahm die zünftische Stadtregierung patrizische Lebensformen an. ¶ Hinzu kam, dass Gutenbergs Interessen sich vom Politischen weg ganz dem wirtschaftlichen Unternehmen zugewandt hatten, den Buchmarkt mit Hilfe gedruckter Bücher zu erobern, wobei auch die Aussicht, im eigenen Haus, dem Gutenberghof, inmitten seiner Leute arbeiten zu können, den zum Manne gereiften Gutenberg gereizt haben dürfte. Das Wissen um Protagonisten des Aufstandes, die er kannte, wie Konrad Humery, mag den Ausschlag für seine Entscheidung gegeben haben. Stand er nicht bereits mit Humery in Kontakt, dann bald schon nach seiner Rückkehr. ¶ Die zünftischen Kreise, zu denen damals auch der Mainzer Stadtschreiber Nikolaus von Wörrstadt gehört hatte, den er in Straßburg in Erzwingungshaft setzen ließ, hatte die Gruppe um Humery jedenfalls gestürzt, man verfügte über ein gemeinsames Feindbild. ¶ Eines steht zumindest fest: Als Johannes Gutenberg und Konrad Saspach die Bischofsstadt betraten, schwirrte ihnen der Kopf voller Pläne und Hoffnungen. Gutenberg jedenfalls führte eine Idee mit sich, von der er sich Reichtum versprach, Reichtum und einen großen Triumph, den er in seiner Vaterstadt zu feiern sich vornahm. Hatte er die Stadt als Exilant verlassen und büßten seine Standesgenossen und auch er mithin an Reputation und Bedeutung ein, so brannte er darauf, sich eine neue Stellung zu erobern. Es scheint, dass Johannes Gutenberg das patrizische Selbstbewusstsein so vollkommen verinnerlicht hatte, dass er begriff, wie wenig die Berufung auf Privilegien, die allein die Vergangenheit rechtfertigte, dazu angetan war, den eigenen Stand zu befestigen. In Straßburg wurden Patrizier, die Constofler, wenn sie einem Gewerbe nachgingen und nicht allein ihren Lebensunterhalt von Renten bestritten, den Zünften zugeteilt. Am eigenen Leib hatte er es erfahren, einmal als stadtfremder Patrizier (Nachconstofler), später, als er die Heiltumsspiegel produzierte, als stadtfremder Zunftbürger eingeordnet zu werden. Im großen Stil zu produzieren, nicht in einer Werkstatt mit Gesellen und Lehrlingen, sondern in einer arbeitsteiligen Manufaktur, um durch eine serielle Massenproduktion den Markt und damit auch eine völlig neue Position, eine neue Reputation, einen neuen Stand zu erobern, hatte er sich fest vorgenommen. Der Rückkehrer Gutenberg war kein geschlagener Mann, sondern ein Eroberer, der darauf brannte, seine Vision in die Tat umzusetzen. Der Patriziersohn Henne zur Laden zog als der Unternehmer Johannes Gutenberg, oder als »Henn Gensfleisch, den man nennet Gudenbergk«, wie es in einer Urkunde heißt, in Mainz ein.

Bündnis mit dem Feind?

Nach seiner Heimkehr trieb Gutenberg die Arbeit an der Erfindung der Druckkunst mit Konrad Saspach gemeinsam voran, wobei offenbleiben muss, wie weit er in Straßburg schon gekommen, wie ausgereift seine Vorstellung bereits war, als er durch die Tore seiner Heimatstadt trat. Vielleicht hatte er auch das Schiff genommen, was die bequemste Verbindung zwischen Straßburg und Mainz darstellte, wenn er nicht, wie bereits vermutet, eine unbestimmte Zeit in Frankfurt verbracht hatte, um für seine Rückkehr aus dem Exil die notwendigen Absprachen und Vorkehrungen zu treffen. Seine Heimkehr stellte zumindest eine Übereinkunft, wenn nicht gar ein Bündnis mit dem Feind dar, die Akzeptanz der Herrschaft der Zünfte, der *gemeinde*, aber ihn bewegten größere Ziele, Wichtigeres als politisches Gekränktsein. Ohne an seinem Standesbewusstsein Abstriche zu machen, akzeptierte er, dass die Welt sich weiterentwickelte, zumal auf Seiten der Zünfte inzwischen hochgebildete Männer standen, die wie Konrad Humery aus den Kreisen der reichen Kaufmannschaft stammten. ¶ Sorgen, wo er sich niederlassen konnte, falls sich in Mainz letztlich nicht alles so fügte, wie er es sich vorgestellt hatte, brauchte er sich jedenfalls nicht zu machen, denn als Alternative bot sich das fast heimische Eltville an, die Residenzstadt des Bischofs, in der sein Bruder lebte und in der die Familie über Hausbesitz verfügte. Inzwischen suchte er nach einem Ort, der ihm im wahrsten Sinne Platz bot, den er weder mieten noch kaufen musste und der ihm überdies allein schon als Spross einer stadtbekannten Familie Finanzierungsmöglichkeiten eröffnete, die in Straßburg wohl ausgereizt waren. Jedenfalls ließ sich nach dem Kredit des Thomas-Stifts kaum ein zweiter akquirieren. ¶ Wenngleich er zu diesem Zeitpunkt noch nicht zu prognostizieren vermochte, wie lange er bis zum Durchbruch benötigen würde, so machte er sich keinerlei Illusionen darüber, dass noch eine gute Strecke zurückzulegen war und es bis zum Start der seriellen Produktion von Büchern auf mechanischer Grundlage noch Investitionen und vor allem Fremdkapital bedurfte. Wo sonst, wenn nicht in seiner Heimatstadt, hätte sich ihm die Möglichkeit geboten, umfangreiche Kredite aufzunehmen? Hier halfen das Renommee und die Verzweigtheit seiner Familie. ¶ Wie es scheint, hatte er sich in der letzten Straßburger Finanzierungsgesellschaft, die unter dem Stichwort »kunst und aventur« in die Geschichte einging, bereits mit der Herstellung von Einzellettern in Form von Stempeln beschäftigt und entweder noch in der elsässischen Metropole oder gleich nach seiner Ankunft in der Vaterstadt das Handgießinstrument erfunden. ¶ Die Erfindung des Buchdrucks mit beweglichen Lettern war in doppelter Weise komplex, stellte sie doch zugleich und sich gegenseitig bedingend die Entwicklung einer Technologie und die Konstruktion von Maschinen oder Apparaten dar. Und so muss man sich Gutenbergs Arbeit als dialektischen Prozess vorstellen, bei dem das eine aus dem anderen entsprang und umgekehrt. ¶ Deshalb soll hier ein Prozess rekonstruiert werden, an dessen Anfang keineswegs Gutenberg das fertige Produkt vor Augen stand. Wollte man von der fertigen Druckerwerkstatt ausgehen, vom Ergebnis, beginge man einen methodischen Fehler. Im Gegenteil, man muss Gutenbergs eigenen Weg zu verstehen versuchen, sei es auch mit gewagten Arbeitshypothesen, als einen offenen Prozess. ❡ Wenn es stimmt, dass die letzte Straßburger Unternehmung, die eben jene vielsagende Chiffre »kunst und aventur« erhielt, darin bestand, Stempel für den Gebrauch des Buchbinders zum Bedrucken von Einbänden herzustellen, dann sprechen gute Gründe dafür, dass am Beginn von Gutenbergs Innovation die Erfindung des Handgießinstruments gestanden hatte. Doch sie stellte nur eine Innovation unter mehreren, nicht weniger bedeutsamen dar, die im Übrigen als Lösungen sehr konkreter Probleme entstanden, mit dem Ziel, Bücher technisch, mechanisch, maschinell, seriell zu vervielfältigen.[91] ❡ Will man dieser These folgen, dann eröffnete in der Tat die Erfindung des Handgießinstruments den Weg zum Buchdruck mit beweglichen Lettern. Doch um das Handgießinstrument zu erfinden, musste sich Johannes Gutenberg zuerst einmal der Problematik der Herstellung einzelner Lettern stellen. Wie eng der Zusammenhang ist zwischen den Stempeln der Buchbinder zum Bedrucken der Einbände und der Idee, Einzellettern herzustellen, die dann zusammengefügt Worte, Sätze, Kolumnen und Seiten ergeben, hat die Forschung eindrücklich gezeigt.[92] ❡ In Straßburg könnte Johannes Gutenberg, wie wir gesehen haben, beim Versuch, mechanisch einzelne Stempel für die Buchbinder in Serie herzustellen, der Gedanke gekommen sein, dass so auch einzelne Lettern produziert werden könnten, die nicht nur zum Bedrucken von Einbänden, sondern auch für Texte benutzbar wären. ❡ So wie der Kopist Buchstabe für Buchstabe aneinanderreiht, und zwar Zeile für Zeile, Kolumne für Kolumne, Seite für Seite, so ließe sich auch Letter für Letter zusammenfügen, wenn man sie in eine Verbindung brächte, in einen Rahmen, der allerdings demontierbar sein müsste, um die Lettern zu neuen Worten und Sätzen wieder zu verbinden. ¶ Spätestens in Straßburg, wenn nicht gar in Nürnberg war er in enge Beziehung zur Arbeit der Buchbinder geraten. Bei seiner Heimkehr stieß Johannes Gutenberg auf eine andere Entwicklung im drucktechnischen Bereich, die ebenfalls Furore machen sollte, auf die Entwicklung des Kupferstichs. Es ist zwar nicht erwiesen, ob es sich um eine auf Mainz beschränkte oder eine auch in anderen Städten des Reiches vorangetriebene künstlerische Entwicklung handelte, aber das spielt in unserem Zusammenhang keine Rolle, denn entscheidend für Gutenbergs Anregung war, dass im überschaubaren Mainz der so genannte, anonym gebliebene »Meister der Spielkarten« am Kupferstich arbeitete. Auch wenn es sich beim Kupferstich im Gegensatz zum Hochdruck des Buches um ein Tiefdruckverfahren handelt, darf man aus der späteren scharfen Trennung der beiden Druckverfahren nicht anachronistisch auf die Mitte des 15. Jahrhunderts schließen, als man auf der Suche nach Lösungen alle Denkansätze und technischen Verfahren unter rein utilitaristischen Gesichtspunkten prüfte. ¶ Der Spielkartenmeister besaß eine ähnliche Zielvorstellung wie Gutenberg, auch er hatte sich zum Ziel gesetzt, seriell und preisgünstig zu produzieren. Beide sahen den zu generierenden Profit in der Eroberung des Marktes mittels seriell hergestellter Massenprodukte, was nicht ausschloss, dass sie von hoher Qualität waren. Im Gegenteil, die hohen Ansprüche an die Qualität der Reproduktionen oder vielmehr die künstlerisch adäquate Vervielfältigung eines ästhetisch hervorragenden Originals bildeten für sie die Grundvoraussetzung, überhaupt auf dem Markt reüssieren zu können. Sie wollten von Anfang an die allerorten vertriebenen Einzelstücke oder von Hand hergestellten Kopien qualitativ in jeder Beziehung übertreffen. ¶ Die Popularität, die das Kartenspiel auch in Deutschland gewonnen hatte, zwang zu preiswerteren Herstellungsmethoden und da, wo das Kartenspiel auch zum Luxusgegenstand wurde, zur Suche nach filigraneren Gestaltungsmöglichkeiten. Der Kupferstich hatte gegenüber dem Holzschnitt zwei Vorteile: Zum einen ließen sich mit den härteren Kupferplatten höhere Auflagen drucken, und zum anderen erlaubte der Kupferstich gestalterisch einen schlankeren Strich, weil er nicht auf die Mindestdicke der Stege, die beim Druck brachen, wenn sie zu dünn waren, Rücksicht nehmen musste. ¶ Johannes Gutenberg verfolgte die Arbeit des Meisters der Spielkarten mit hohem Interesse, denn sie bot ihm die Möglichkeit, bei der drucktechnischen Vervielfältigung an die Kombination von Text und Bild zu denken. Es ist wichtig, sich vor Augen zu führen, dass Gutenberg sich nicht zum Ziel gesetzt hatte, die Form der Bücher zu verändern, sondern einzig und allein ihre Herstellungsweise. Ansonsten hielt er sich strikt konservativ an die Typen von Büchern, die den Markt beherrschten, Gebrauchsbücher wie Lehrbücher, Ratgeber und Kalender und im Gegensatz hierzu Prachtbücher. ¶ Doch bevor Johannes Gutenberg auch nur davon träumen durfte, alle Gewerke der Buchmacherzunft, die Kopisten, die Rubrikatoren, die Illuminatoren und Buchbinder in einer Manufaktur zur seriellen Arbeit zu vereinen, musste er das primäre Problem lösen, Papier- oder Pergamentseiten kostengünstig und in hoher

Stückzahl zu bedrucken. Hier stellten sich ihm im Wesentlichen vier Hindernisse in den Weg, die aber alle noch Spezial- oder Detailprobleme aufwarfen:

- die kostengünstige Herstellung teurer Letternalphabete,
- das Zusammenfügen von Lettern zu Seiten, der Satz also,
- der Druck der Seiten, der es zudem ermöglichen sollte, das Papier oder Pergament zweiseitig zu bedrucken, und,
- nicht zu vergessen, die Entwicklung für den Druck tauglicher Tinte.

Einmal den Gedanken gefasst, einzelne Lettern zu Worten, Sätzen, Kolumnen und Seiten zusammenzufügen, stellte sich sofort die Frage, wie das technisch zu bewerkstelligen sei. Da Konrad Saspach Drechsler war, wird er nicht nur an der Entwicklung der Presse mitgearbeitet, sondern zumindest in der praktischen Ausführung an der Entwicklung des Setzregals und des Winkelhakens, des Schiffs und der Druckform mitgewirkt haben. Am Beispiel des Satzes lässt sich sehr schön verfolgen, wie die Realisierung einer Idee die Erfindung von Spezialwerkzeugen erfordert. Die einzelnen Lettern, die nebeneinander zu Worten und Sätzen gesetzt wurden, benötigten eine Vorrichtung, die zunächst den Satz, schließlich die ganze Seite nicht starr zusammenhielt, sollte doch nach dem Drucken der Seite, ganz gleich in welcher Auflage, dieser Satz wieder aufgelöst werden, damit die Lettern für andere Seiten zur Verfügung standen. Mit einem

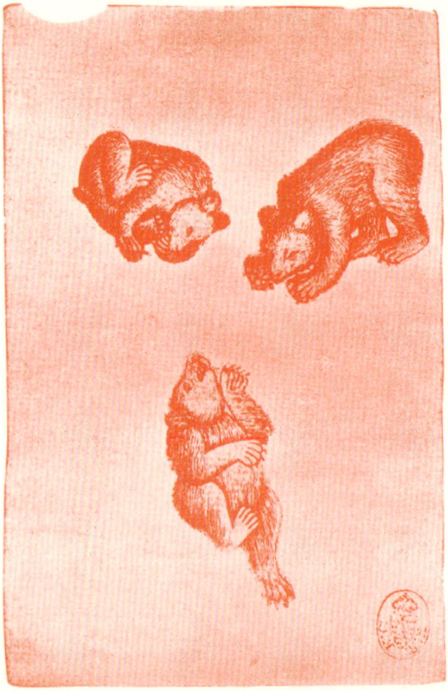

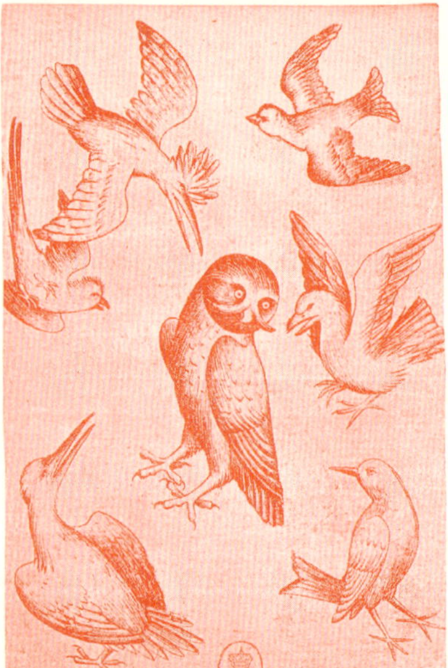
B.R

B.R

Wort, Johannes Gutenberg hatte also, um den Seitensatz vorzunehmen, eine ganze Reihe von technischen Innovationen vorzunehmen, die ausgingen von der detaillierten Technologie des Setzens, die er antizipieren musste. ¶ Allerdings ging der Erfindung des Satzes die Konzeption der seriell und preiswert zu produzierenden Lettern voraus. Gutenberg hatte in Straßburg aller Wahrscheinlichkeit nach sich intensiv mit der seriellen Produktion von Stempeln für die Buchbinder in Form von Einzellettern beschäftigt, doch die Methode, den gegossenen Rohling anschließend in eine Form zu spannen, um dann mittels einer harten Matrize aus dem Auge des Rohlings, einer Schicht aus weicherem Metall, die auf den Rohling gesetzt wurde, einen Buchstaben zu pressen, verwarf er als allzu umständlich. Wenn er ohnehin eine Ur-Form, eine Matrize herzustellen hatte, dann war es bei weitem sinnvoller und effektiver, beide Vorgänge in einem zu vereinen, indem die Herstellung von Rohling und Letter in einem Arbeitsgang erfolgte, und zwar im Guss, der wiederum sinnvollerweise so geschah, dass möglichst wenig Nacharbeiten wie u.a. das Feilen von Graten erforderlich waren. ¶ Eine gleichmäßige Zeile ohne »tanzende« Buchstaben im Druck zu erhalten setzte voraus, dass die einzelnen Lettern die exakt gleiche Größe ohne Toleranzen besaßen. Wiederum verlangte die Idee des Satzes, der Nachahmung der geschriebenen oder abgeschriebenen Seite einer Handschrift, technisch die gleiche Präzision zu erreichen, die ein geübter Kopist handschriftlich spielend bewältigte. Überdies konnte der Schreiber, um gleiche Zeilenlängen zu garantieren, bei der Buchstabenbreite und den Zwischenräumen ein wenig variieren, was im starren Satz der Lettern nicht möglich war. Es kam zuallererst darauf an – auf ein zweites Problem stoßen wir etwas später –, dass die Lettern von exakt gleicher Größe waren. ¶ Saspach und Gutenberg kamen vermutlich in Mainz auf die Idee eines starren Holzkastens, der mit den für das Gießen notwendigen Bestandteilen, Gießbett und Matrize, auszustatten war. Die Holzverkleidung der zweiteiligen Hohlform schützte den Gießer vor Verbrennungen der Hand. Die Hohlform selbst bestand aus zwei Teilen, in die Gutenberg als Gießform eine rechteckige Matrize legte. Durch eine Öffnung füllten sie das Gießmetall und warteten, bis es abgekühlt war und herausgenommen werden konnte, indem sie die zweiteilige Hohlform auseinanderklappten. Die Matrizen wurden, je nachdem, welcher Buchstabe geprägt werden sollte, ausgetauscht. So musste im Vorfeld lediglich eine Matrize für jeden Buchstaben des Alphabets gegossen werden, mit deren Hilfe Gutenberg nun beliebig viele Lettern vollkommen gleicher Größe zu produzieren vermochte. Eine Letter glich exakt der anderen. ¶ Mit der Erfindung des Handgießinstruments hatte er eine verblüffend einfache Lösung für die schnelle und effektive Massenproduktion von Letternalphabeten geschaffen. Bereits bei den Buchbindern erwiesen sich die teuren Stempel als Grundvermögen der Werkstatt. Zwar billiger in der Herstellung, dafür aber in weitaus größeren Stückzahlen produziert, bildeten auch die Letternalphabete oder Typensätze in den künftigen Druckerwerkstätten das Grundvermögen des Betriebs. ¶ Nicht selten stellte man bestimmte Alphabete für eine besondere Ausgabe her. Um ein Buch zu setzen, benötigte man das Alphabet sowohl in Groß- als auch in Kleinbuchstaben gleich mehrfach, denn der Buchstabe a oder m kommt in einem Satz, einer Kolumne, auf einer Seite oft vor – und es wurde ja die ganze Seite gesetzt. So benötigte Gutenberg beispielsweise für sein Hauptwerk, die 42-zeilige Bibel, B 42 genannt, 290 Zeichen. 47 entfielen auf die Großbuchstaben, 243 auf die Kleinbuchstaben und Interpunktionszeichen, was gleichzeitig 290 Matrizen, die zuvor herzustellen waren, bedeutete. Für eine Seite benötigte der Setzer ca. 2600 Buchstaben, Lettern. Da jeder Setzer Lettern für drei Seiten brauchte, nämlich für die, die er gerade setzte, für die, mit der gedruckt wurde, und für die, die aus der Presse genommen wurde, bedeutete das für ihn einen Vorrat von 7800 Typen. ¶ Geht man davon aus, dass in Gutenbergs Druckerei sechs Setzer parallel an der B 42 arbeiteten, so ergibt sich daraus ein notwendiger Typenvorrat von 46 800 Lettern.[93] Seine Erfahrungen im Gussverfahren, die er bei der Produktion der Stempel erworben hatte, führten dazu, dass er eine ideale Legierung fand, nämlich Blei-Zinn und das Halbmetall Antimon, das vor allem zu einer schnellen Aushärtung des Gusses führte. Mit der Erfindung des Handgießinstruments hatte er den Grundstock für seine Geschäftsidee gelegt, sorgte er für die unproblematische und vor allem schnelle Produktion von Lettern- oder Typensätzen. ¶ Der Buchbinder Konrad Forster verfügte lediglich über 45 Zierstempel und an Lettern über zwei nicht ganz vollständige Alphabete mit Kleinbuchstaben und als Versalien C, N und M,[94] also insgesamt über 53 Lettern, und galt damit schon als reich ausgestatteter Buchbinder. Allerdings drückte Forster mit der Hand Stempel für Stempel in das Leder des Bucheinbandes und benötigte demzufolge im Grunde nur eine Letter pro Buchstabe. Dass er zwei Alphabete besaß, hat seinen Grund im Ästhetischen, denn das erste Alphabet benutzte er zwischen 1433 und 1438, während das zweite ab 1438 Verwendung fand, zur Zeit also, als Gutenberg mit seinen Experimenten zur mechanischen Vervielfältigung der Stempel in Straßburg begann. ¶ Die zweite Herausforderung stellte sich Gutenberg mit der Konstruktion der Presse. Alle Formen des Drucks beruhten bis dahin darauf, dass das Papier oder Pergament auf das Druckmedium gelegt und angedrückt wurde. Denkt man an die Pressen, die Gutenberg für die Herstellung der Pilgerspiegel, aber auch der Stempel verwandte, so dürften es immer Pressen gewesen sein, die wie eine Stanze zu bedienen waren, d. h. dass ein senkrecht zu betätigender Pressschwengel den Druckstempel von oben auf das zu pressende Material, Blech für die Spiegel, Rohlinge für die Stempel, führte. Dieses Verfahren schied für das Bedrucken von Seiten schon allein deshalb aus, weil die Druckerschwärze von der Druckvorlage getropft wäre. Vom Meister der Spielkarten, vom Kupferstecher, könnte er das Grundprinzip übernommen haben, wonach das feuchte Papier auf die Druckvorlage, hier mit einer Walze, gepresst wurde. Nun galt es in Zusammenarbeit mit Saspach, dieses Grundprinzip in eine Druckvorrichtung zu überführen, die zudem noch eine hohe Arbeitsgeschwindigkeit zuließ. Der Drechsler, der über Erfahrungen mit Holzpressen verfügte, brachte die Form der Winzerpresse ein, deren zentrales Stück eine Art Schraubstock war, mit dessen Hilfe die Trauben ausgepresst wurden. War die Idee einmal gefunden, erwies sie sich als so einfach wie zweckmäßig. ¶ Die vom Setzer verfertigte Druckvorlage befestigte Gutenberg auf der unteren Platte der Presse, die er dann mittels Druckerballen einfärbte. Anschließend legte er das angefeuchtete Blatt Papier auf. Der Druckerballen bestand aus geschmeidigem Leder, das mit Rosshaar gefüllt war. Statt eines Hebels, der von oben nach unten zu bedienen war, durchlief den Tiegel (eine Art großer Druckstempel, an dem unten eine plane Metallplatte befestigt war) der sogenannte Pressbengel. Da mit Hilfe des Pressbengels, der waagerecht bedient wurde, und der Spindel der Drucktiegel präzise und gleichmäßig nach unten gesenkt wurde, vermochte Gutenberg einen gleichmäßigen Druck auf Tiegel und Platte auszuüben. ¶ Um ein sauberes Druckbild zu erzeugen, bedurfte es nicht nur eines ordentlichen Satzes mit präzise eingefügten gleich großen Lettern. Vielmehr wurde die Druckvorlage mit einem Rahmen abgedeckt, der den Satz genau umschloss. Der Rahmen hielt auch das Papier fest, das an kleinen Haken befestigt wurde. Diese Angelmarken ermöglichten zudem, das Papier an der immer gleichen Stelle zu fixieren, was besonders für den Widerdruck, also für den Rückseitendruck wichtig war. Nach kurzer Zeit drehte der Buchdrucker den Tiegel mit Stempel wieder nach oben, nahm das Papier heraus, hängte es zum Trocknen wie Wäsche auf eine Leine, schwärzte die Vorlage erneut ein, legte Papier auf die Vorlage, und der nächste Druck konnte vonstattengehen. ¶ Ob Gutenbergs Urpresse bereits einen Schlitten erhielt, der es ermöglichte, die untere Platte herauszufahren, um den Wechsel der Vorlage oder des Papiers schneller und bequemer zu bewerkstelligen, lässt sich nicht beantworten. Wie auch Gutenbergs Handgießinstrument ist die Druckerpresse des Meisters nicht überliefert, und alle

Beschreibungen beruhen auf Rekonstruktionen, die einen sehr hohen Grad an Wahrscheinlichkeit beanspruchen dürfen, letztlich aber hypothetisch bleiben müssen. ¶ Daneben musste Gutenberg auch die geeignete Druckerschwärze entwickeln und alle kleineren Handwerkszeuge, die für den Satz, den Druck, das Trocknen benötigt wurden, und er hatte eine effektive Organisation höchst arbeitsteiliger Abläufe zu konzipieren. Gutenberg war Technologe, Techniker, Erfinder und Finanzier in einem. ¶ Sowohl die Erfindung des Handgießinstruments als auch die der Druckerpresse setzen einen langwierigen Versuchsprozess voraus, der die Erprobung unterschiedlicher technologischer Verfahren und die Erfindung neuer Gerätschaften erforderte – selbst wenn man in der Praxis der Zeit die Verwendung einzelner Lettern beim Stempeldruck des Buchbinders in Rechnung stellt oder etwa die Anwendung der Drucktechnik aus der Spiegelproduktion. Gutenbergs Erfolg beruhte darauf, dass er ständig andere Produktionsabläufe entwarf, wenn die technischen Voraussetzungen sich nicht erbringen ließen, und umgekehrt verwarf er technische Lösungen, wenn sie allein durch den Zeit- oder Materialaufwand eine effektive serielle Produktionsweise behindert hätten. Hierfür darf der Schritt von der seriellen Herstellung der Einzelstempel zum Handgießinstrument als Beispiel gelten, denn der im Grunde gestanzte Stempel musste im Nachhinein bearbeitet werden, indem der Grat und die Pressquetschungen mit der Feile entfernt wurden. Zudem ließen sich mit diesen Verfahren keine so identischen Lettern herstellen, wie man sie für einen sauberen Satz benötigte. ¶ In all dem Suchen existierte – und anders wäre es auch nicht möglich gewesen – ein Fixpunkt, ein Vorbild für ihn. Es stand nicht in Gutenbergs Absicht, das Buch neu zu erfinden oder die gesellschaftliche Kommunikation zu verändern, wohl noch nicht einmal einer so großen und erhabenen Idee wie dem Humanismus zum Durchbruch zu verhelfen, sondern er orientierte sich am Buch schlechthin, so wie es in seinen verschiedenen literarischen und gestalterischen Formen existierte. Aus eigener Anschauung kannte er die Arbeiten der Kopisten in den weltlichen Skriptorien, in den Werkstätten der Illuminatoren, der Rubrikatoren und Buchbinder. An dieser Realität orientiert, hatte er sich die Aufgabe gestellt, diese Handarbeiten zu mechanisieren, zu einer modernen Serienproduktion zu gelangen. ¶ Damit stand er im Einklang mit seiner Zeit. In Florenz hatte Filippo Brunelleschi in dem Jahr, in dem Johannes Gutenberg in Straßburg seine erste Finanzierungsgesellschaft zur Produktion der Aachener Pilgerspiegel gegründet hatte und mit der mechanischen Herstellung von Buchstabenstempeln experimentierte, die staunenswerte Kuppel des Doms Santa Maria del Fiore fertiggestellt, was zur Voraussetzung hatte, dass der Architekt eine ganze Reihe baumechanischer Erfindungen einsetzte, von Seil- und Flaschenzügen bis hin zu vollkommen neuartigen Kränen, die auch in luftigen Höhen montiert ihre Aufgaben problemlos erfüllten. Doch so weit musste man nicht gehen, wenn man mit den technischen Innovationen der Zeit in Berührung kommen wollte. ¶ Von den Nürnbergern erfuhr Johannes Gutenberg, oder er sah es vielleicht sogar mit eigenen Augen, wie durch Fleiß und Unbeirrbarkeit in einem fünfzehnjährigen Entwicklungsprozess Rudolf Steiner, Sohn des früheren Faktors des

Handelshauses der Stromer in Mailand und dann in Straßburg, und der Handwerksmeister Stefan Gwichtmacher die Drahtziehermühle erfanden. Mit Hilfe dieser Innovation und anderer stupender Neuerungen wie der Riesendrehbank, die auf der Pegnitzinsel Schütt installiert wurde und mit der Kanonenrohre, Zylinder für Pumpen und Leitungsrohre industriell gefertigt werden konnten, gelang es den Nürnbergern, den Metallmarkt zu erobern und zu beherrschen. Zum Teil schufen sie ihn auch. ¶ Nürnberger metallurgische Erzeugnisse von Rüstungsmaterialien wie Harnischen, Helmen, Kanonen, Hieb- und Stichwaffen aller Art bis hin zu Pumpen, mit denen die Wasserkunst in den Bergwerken zu bewerkstelligen war, d. h. das Auspumpen des Wassers, um das Fluten der Bergwerksstollen zu verhindern, fußten auf der kombinierten und sich wechselseitig vorantreibenden Entwicklung von Technologie und Mechanik. Nicht zu vergessen dabei ist der »Nürnberger Tand«, all die zahllosen Nadeln, Nägel, Mausefallen, Vogelkäfige und die Drähte, die reißenden Absatz fanden, nicht nur im Reich, sondern europaweit. Was also die Nürnberger Kaufleute und Handwerksmeister im Verbund betrieben, die Erfindung neuer Industrien, das verfolgte Johannes Gutenberg in Personalunion als Erfinder, Finanzier und Geschäftsführer auf dem Geschäftsfeld der industriellen Vervielfältigung der Bücher. Dabei ging er von den Gegebenheiten des Buchmarktes aus, den er nicht zu verändern, aber mit seinen Produkten zu erobern trachtete. ¶ Seine Bücher mussten also nicht anders, sondern vor allem schöner und dazu noch billiger sein. Doch strebte er nicht an, dass sich das Druckbild von der Handschrift unterschied, es hatte nur von möglichst perfekter und natürlich gleichbleibender Qualität zu sein. ¶ Hierbei kam im Übrigen ein wichtiger Aspekt ins Spiel, der Gutenberg bekannt gewesen sein dürfte. Mit der immer stärkeren Verrechtlichung des Reiches, der Ausbildung einer differenzierten und sich spezialisierenden Bürokratie und Verwaltung, kam es darauf an, dass Verordnungen und Gesetze keine Kopierfehler enthielten. Die Gefahr, dass bei 60 Kopien eines Erlasses bedingt durch Abschreibefehler nolens volens auch verschiedene Fassungen oder Varianten entstanden, war höchst real. Eine korrigierte Fassung, die durch Buchdruck 60-mal vervielfältig wurde, schloss diese Fehlerquelle gänzlich aus. ¶ Bereits unter Kaiser Sigismund kamen starke Reformbestrebungen im Reich auf, die grosso modo sich auf das Ziel bezogen, die teilweise herrschende Anarchie in den öffentlichen Angelegenheiten zu beenden und eine effiziente Verwaltung mit klaren rechtlichen Regelungen zu schaffen. Unterschwellig spielten die Konzilserfahrungen von Konstanz und Basel hierbei eine Rolle, da die Arbeit der Konzilsbürokratie als beispielgebend erlebt wurde. Der Lübecker Bischof Johannes Scheele entwickelte in Zusammenarbeit mit Kaiser Sigismund einen Reformplan. Kurz nach dem Tod des Kaisers wurde ein weiterer Plan zur Reform des Reiches in deutscher Sprache, der für die Öffentlichkeit bestimmt war, unter dem programmatischen Titel *Reformation Kaiser Sigismunds* verfasst. Bedenkt man, dass diese umfangreiche Reformschrift, die heftige Kritik am gesellschaftlichen Zustand übte, vor allem an Kirche und Papst, und dabei alle sozialen Schichten sowie die politischen und wirtschaftlichen Bereiche des Lebens umfasste, im Umfeld des Baseler

Konzils etwa achtzig Jahre vor der Reformation erschien, dann begreift man den ungeheuren Vorlauf, den die Reformation hatte. Hier zeigt sich, wie lange die Probleme bereits bestanden, aber immer wieder verdrängt wurden. ¶ In der Reformschrift wurde die Freiheit der Bürger mit dem unveräußerlichen Recht begründet. Dieses Recht sollte – schriftlich in Büchern fixiert – auch jedem Bürger zugänglich sein.[95] Es endete mit der Vision des neuen Priesterkönigs, der kommen und das Reich zu neuem Glanz erheben werde und dessen Name Friedrich sein würde.[96] Diese Vision sicherte sich zugleich historisch ab. So wie der große Kaiser Friedrich Barbarossa wiederkehren würde, um das Reich aus seiner Erniedrigung zu führen, so richtete die Vision sogleich diese Aufgabe an Sigismunds Nachfolger, König Friedrich III., der nach einem kurzen Intermezzo seines Vetters Albrecht im Februar 1440 in Frankfurt gewählt wurde. Auffällig ist, dass in der Reformschrift im Zusammenhang mit der Arbeit der Gerichte[97] und den Bestallungen von Notaren in den Reichsstädten,[98] auf Gesetzbücher, aber auch auf Formulare hingewiesen wird. Die Reformbemühungen, die auf Verrechtlichung und geregelte gesetzliche Abläufe hinausliefen, auf die Schaffung einer Verwaltung, bedurften geradezu Verfahren, die geeignet waren, Texte, Gesetze, Urteile, Bekanntmachungen aller Art, Notariatsinstrumente, Formulare etc. fehlerfrei zu kopieren und zu vervielfältigen. Hier kam auf den Buchdruck eine Aufgabe zu, an die Johannes Gutenberg noch gar nicht dachte, die er aber allenthalben als Bürger, zumal als Bürger von Mainz, spürte. Denn gerade der Mainzer Erzbischof als Erzkanzler des Reiches engagierte sich ab 1440 für den Ausbau einer effektiven

Reichskanzlei, um so stärker Einfluss auf die Entwicklung zu nehmen, nicht zuletzt, um dadurch seine eigene Macht auszubauen. Das betraf natürlich Mainz insofern direkt, als der Bischof Dietrich Schenk von Erbach auch seine Kanzlei immer stärker ausbaute, immer mehr seiner Kanzlisten in Reichssachen tätig waren. ¶ Auch wenn Gutenberg sich auf die Erfindung eines Verfahrens zum Druck von Büchern konzentrierte, entgingen dem Mainzer Bürger weder die allgemeinen Reformbemühungen im Reich noch der daraus resultierende Bedarf an Drucksachen. Doch seiner Innovation standen bedeutende Hindernisse im Weg, vor allem die enormen Kosten. Er konnte nicht wissen, ob er überhaupt ans Ziel gelangen oder ob ihn die Arbeit in den Ruin treiben würde. Es grenzt an ein Wunder, dass er nicht aufgab.

Der Durchbruch

Bei der Entwicklung einer vollkommen neuen Produktionsweise, die von technischen Lösungen abhängt, die erst noch erfunden werden müssen und dabei einen hohen Zeit- und Materialaufwand erfordern, besteht die größte Herausforderung neben dem unbedingten Glauben an den Erfolg des eigenen Tuns in der Finanzierung. Wenn, wie im Falle Gutenbergs, beträchtliche Material- und Lohnkosten zu Buche schlagen, gilt dies ganz besonders. Bereits im Straßburger Prozess, der von den Brüdern seines verstorbenen Kompagnons Dritzehn gegen ihn angestrengt worden war, sagte der Goldschmied Hanns Dünne 1439 aus, dass er drei Jahre zuvor 100 Gulden bei Johannes Gutenberg verdient habe für etwas, das mit dem Druck im Zusammenhang stand. Es handelte sich hierbei um keine kleine Summe, denn für diesen Lohn stand ein Mainzer Stadthaus zum Erwerb, nach heutigen Maßstäben entsprach der Lohn des Goldschmieds ca. 24 000 Euro.[99] ¶ Sollte Gutenberg schon am 22. November 1444 in Mainz gewesen sein, dann hatte er der Predigt des Cusaners aufmerksam zugehört und sich in seiner riskanten Unternehmung bestätigt und ermutigt gefühlt. Dessen Worte dürften ihm zu Herzen gegangen sein: ¶ »Da der Winzer glaubt, dass der Weinstock innerhalb von drei Jahren Früchte bringen wird, pflanzt er jetzt, und so wird er durch Glauben bewegt. Wenn der Glaube fehlt, hätten wir keine Früchte vom Weinstock, von den Obstbäumen und den anderen Bäumen und Pflanzen.«[100] ¶ Wie der Winzer tätigte auch Johannes Gutenberg eine Investition in eine unsichere Zukunft. Am Glauben an den Erfolg seiner Arbeit mangelte es ihm nicht, und natürlich auch nicht am Selbstvertrauen. Was er tun konnte, das würde er in Angriff nehmen, alles Weitere blieb ohnehin Gott überlassen, gegen dessen Ratschluss eines jeden Menschen Hoffen, Planen und Tun zu Schanden werden mussten. ¶ Je länger das Ringen um Lösungen andauerte, desto mehr hatte er vor allem dafür zu sorgen, dass ihm nicht das Geld ausging. Die Gefahr des vollständigen Bankrotts wuchs paradoxerweise im gleichen Maße, wie er dem Ziel näher kam. ¶ Konrad Saspach, der sicherlich in Mainz bei ihm im Hof zum Gutenberg kostenlos unterkam, musste dennoch verköstigt und bezahlt werden – und das über Jahre hinweg. Der Drechsler und Druckerpressenbauer wird nicht der einzige Mitarbeiter gewesen sein. Doch weiß man weder, wann Heinrich Keffer und Berthold Ruppel zu Gutenberg stießen, noch ob Johannes Mentelin, der Straßburger Goldschreiber (*scriba aurarius*) und Illuminator, bereits ab 1448 mit ihm zusammenarbeitete,[101] oder mit welchen Mainzer Goldschmieden er kooperierte. Schnitten sie die Typen für ihn oder engagierte er Siegelschneider und Graveure oder Münzknechte für diese Tätigkeit? Oder übernahm am Ende diese Arbeit schließlich der Straßburger Goldschreiber? Wenn man sich Gutenbergs Straßburger Arbeitsmethodik anschaut, dann lässt sich immerhin ein deutliches Muster erkennen: Gutenberg war eben nicht das einsame Genie, das in der kalten Mansarde vor sich hin grübelte und in Weltabgewandtheit zur beglückenden Erfindung gelangte. Im Gegenteil, er liebte es, eine Gemeinschaft ins Leben zu rufen, Menschen um sich zu versammeln, mit denen er gemeinsam ein Projekt begann, auch wenn er immer die treibende Kraft hinter und in allem blieb. Er besaß die Gabe,

Menschen zu überzeugen, sie zu begeistern, sie für sich einzunehmen und sie in der Arbeit an einem gemeinsamen Ziel anzuspornen, ihnen aber auch Sicherheit und Vertrauen zu vermitteln. ¶ Man macht es sich entschieden zu einfach, seine Mitarbeiter, besonders die der Frühzeit in Straßburg, als naiv abzuqualifizieren. Andreas Dritzehn war ein gebildeter Mann, weitaus mehr noch Antonius Heilmann, der darauf drang, auch seinen Bruder, Andreas Heilmann, in die Gemeinschaft aufzunehmen. Klang Gutenbergs Projekt kühn, so litt doch die Zeit an kühnen Unternehmungen keinen Mangel. Es hatte Hand und Fuß, und nichts von dem, was er projektierte, erwies sich als Scharlatanerie, denn sowohl die Pilgerspiegel wurden produziert als auch die Druckkunst mit beweglichen Lettern wurde erfunden. Er begeisterte mit der Klarheit seiner Konzeption, die er sogar als stichhaltige Kalkulation vorzulegen imstande war. ¶ Nicht selten zogen die Mitarbeiter oder Mitgesellschafter auch bei ihm ein, vielleicht auch als eine liebgewordene Angewohnheit aus Studientagen, die er einfach nicht abzulegen gedachte. Jedenfalls erinnerte das gemeinsame Tafelhalten und Campieren sehr an das Leben in der Amploniana, der Erfurter Burse, die ihn einst aufgenommen und in der er zwei Jahre zugebracht hatte. ¶ Dass er gesellig war, steht außer Frage, und ebenso, dass er die gemeinsamen Symposien, in vulgo: Trinkgelage, schätzte. Nach Ehe und Familie stand sein Sinn nicht. Dass die Welt nun einmal unterginge und der Jüngste Tag anbräche, war ihm gewiss. Den Niedergang seines Standes sah er in Mainz besiegelt, und er fügte sich in das Unabänderliche. Er verlor sich nicht in Nostalgie und Larmoyanz, sondern plante stattdessen, mit einer staunenswerten Erfindung sowohl Reichtum als auch Unsterblichkeit zu erlangen. So machte es ihm nun nichts mehr aus, mit den neuen Herren der Stadt zu verkehren, dem Kreis um Konrad Humery, zu dessen Trinkgesellschaft er wohl stieß. ¶ Der Gutenberg bestens bekannte Nikolaus von Kues verglich in seiner Predigt zum Dreifaltigkeitstag 1431 in Trier das Erkennen Gottes mit dem Erkennen des Weines: ¶ »Manchmal versteht man Gott wie einen Wein: man lernt ihn durch Hörensagen, durch Blick und Geschmack erkennen. Durch das Gehör versteht ihr ihn vom Prediger, durch das Gesicht verstehen ihn die Theologen beim Lesen, verkostenderweise die guten, die liebenden Menschen.« ¶ Die Mainzer Bürger, die sich in der Trinkstube, in der exklusiven Badestube und zuweilen auch in den Repräsentationsräumen ihrer Stadthöfe trafen, verbanden eine gediegene Bildung, die sie an den Universitäten erworben hatten, Neugier, Lebenslust und der unbedingte Wille, sich in der Welt zu behaupten. Gerade weil man sich der Endlichkeit und der mit der Geburt bereits gegebenen Sündhaftigkeit des eigenen Daseins gewiss war, stand der Wille, das Leben zu genießen, es zu bestimmen und anzupacken, in krassem Gegensatz zu den Bußanstrengungen, denen man sich im Wechsel mit den Ausschweifungen unterwarf. Den alten Adam trieb von Zeit zu Zeit das Bedürfnis, sich zu reinigen und den neuen Menschen anzuziehen, was er nicht lange durchhielt. ¶ Vielleicht muss man sich diese Trinkgesellschaften als eine Art Vorform der humanistischen Sodalitas vorstellen, in der ein alkoholgenährter freier Umgang mit Wissen, Kultur und zuweilen auch derber Scherz auf der Tagesordnung standen. Johannes Gutenberg hatte viel von dem Lebensstil, an den er sich als Student gewöhnt hatte, beibehalten, und Konrad Humery war in Bologna mit den in Italien erstarkten humanistischen Bestrebungen vertraut geworden. ¶ Datiert man die Anfänge des italienischen Humanismus auf das Wirken Petrarcas in der ersten Hälfte des 14. Jahrhunderts, dann entwickelte sich diese neue Geistes- und Kulturhaltung, dieses neue Weltverständnis jenseits der Alpen bereits seit knapp einhundert Jahren und begann langsam auch diesseits der Alpen von deutschen Absolventen italienischer Universitäten, aber auch von Kurialen eingeführt zu werden. Eine oft unbeachtete Seite des Humanismus bestand darin, dass er Netzwerke schuf, die intellektuell wie auch im Hinblick auf die eigene Karriere wirksam wurden und auch zur Abwehr von Konkurrenz und Anfeindung dienten. Formen der Geselligkeit bedienten vor allem die Notwendigkeit, soziale Bündnisse zu schließen, ohne die der Mensch des Mittelalters, der stets seinen existenziellen Halt in sozialen Gruppen oder Gemeinschaften wie Zünften, Genossenschaften aller Art, religiösen Laienbruderschaften und Lehensverhältnissen fand, in der Gesellschaft nicht existieren konnte. ¶ Nicht nur in der Trinkstube im Rathaus, sondern auch in den Badehäusern traf man sich zu allerlei Lustbarkeiten. Allerdings vergnügte man sich nicht nur, was oft übersehen wird, um des Vergnügens, der schieren Lust willen, sondern auch als Demonstration des eigenen Status, als Setzung der eigenen Persönlichkeit in der Welt. Das gesamte Mittelalter, auch das Spätmittelalter, wenngleich in ausdifferenzierter Vielfalt, war eine Welt hoher Zeichenhaftigkeit: Man lebte nicht nur, sondern man demonstrierte das eigene Leben, führte es vor, um den eigenen Anspruch zu formulieren. Die Demonstration, das Zeichensetzen, gehörte als vitaler Akt zur gesellschaftlichen Kommunikation. ¶ Hierfür darf die Weinsteuer als ein deutliches Indiz gelten. Wenn Johannes Gutenberg in Straßburg emsig noch am gleichen Tag erneut den Magistrat aufsuchte, um den Rest seiner Weinsteuer zu entrichten, die er zu tief angesetzt und demzufolge er zu wenig Geld bei sich geführt hatte, dann tat er das nicht, wie frühere Biographen ergriffen bemerkten, weil er ein penibler, ja pedantischer Bürger war, sondern weil die Höhe der Weinsteuer öffentlich Auskunft über seinen gesellschaftlichen Status erteilte. Die Steuer definierte die Stellung, die man in der Gesellschaft einnahm, und mithin den sozialen Spielraum, den man besaß. ¶ Kurz nach Gutenbergs Weggang aus Straßburg gestattete der Rat der Reichsstadt Straßburg privaten Haushalten, eine pauschale Weinsteuer abzuführen, die es den Hausbesitzern, »es sy herre, iuncherr, meister oder frowe« (es sei der Herr, der Junker, der Meister oder die Frau), erlaubte, »arme lüte« (armen Leuten) Wein auszuschenken, ohne dass hierfür ein »Ungeld« (Steuer) erhoben würde.[102] Wer seine Weinsteuer nicht zu entrichten vermochte, galt wenig. Wenn aber bereits die Anrechnung der Weinsteuer zu einem Gradmesser des Sozialprestiges wurde, um wie viel mehr dann öffentliches Trinkgebaren und die damit verknüpften Rituale. ¶ Asketisch lebte Gutenberg nicht, doch der Fortgang der Erfindung verschlang nicht nur Zeit und Kraft, sondern auch finanzielle Mittel. Gutenbergs Rechnung, dass aufgrund seiner Stellung in der Heimatstadt und der familiären Netzwerke sich Finanzierungen leichter finden ließen, ging zunächst auf. Straßburg scheint in dieser Hinsicht nichts mehr geboten zu haben. Die erste urkundliche Erwähnung des Erfinders in Mainz am 17. Oktober 1448 dreht sich wie zur Bestätigung um einen Kredit über 150 Gulden, den ihm sein Vetter Arnolt Gelthus vermittelte, der auch für ihn bürgte, also über anderthalb Stadthöfe oder ca. 33 000 Euro. Arnolt Gelthus jedenfalls schien keine Skrupel empfunden zu haben, für den Kredit seines Vetters zu bürgen, zumal er wusste, dass Gutenbergs Lebenshaltungskosten durch die Leibrenten abgesichert waren, und die Gelder in das Projekt flossen, von dessen Gelingen auch Gelthus überzeugt war. Einem erfahrenen Geschäftsmann Blauäugigkeit zu unterstellen, wie man es mit Dritzehn und Heilmann tat, ginge an der Sache vorbei. Gutenberg konnte, wenn schon nicht ausruhen, so doch zumindest Atem holen, denn seine Bemühungen hatten einen Stand erreicht, mit dem sich Gelder einwerben ließen. ¶ Zu diesem Zeitpunkt konnte er schon erste Ergebnisse seiner neuen Technologie vorweisen, und alle wesentlichen Erfindungen waren bereits im Einsatz: das Handgießinstrument zum Guss der Lettern, die Tinte in einer Zusammensetzung, die sich zum Druck eignete, d. h. die sich gleichmäßig auftragen ließ, die schnell trocknete und nicht durch das Blatt, das zweiseitig bedruckt werden sollte, durchschlug (nämlich aus Lampenruß, Firnis und Eiweiß), die Presse und die Satzwerkzeuge, sicher noch teils in unvollkommenem Zustand und mit einer Menge Kinderkrankheiten behaftet, aber man konnte bereits mit ihnen zum Druck schreiten. ¶ Keiner der Probedrucke blieb erhalten, nicht die Dokumente seines Scheiterns, nicht die ermutigenden Fortschritte. Niemand weiß, welchen

Text, welches Buch schließlich er zuerst gedruckt hatte. Vielleicht wird es für immer ein Geheimnis bleiben, doch lässt sich idealerweise und aus chronologischen Gründen folgender Fortgang denken: Gutenberg kehrte mit dem in groben Zügen durchdachten Konzept 1444 oder 1445 nach Mainz zurück. Nach etlichen Probedrucken, Enttäuschungen, auch bitteren Niederlagen – von der Presse zerrissene Blätter, von falscher Tinte getränktes Papier, wegen zu schmaler Stege brechende Lettern, auseinanderfallende Sätze –, aber auch beflügelt von sukzessive eintretenden Erfolgen, war man ein bis zwei Jahre später so weit, ein Büchlein zu drucken. ¶ Es sollte ein nicht allzu langer Text sein, der, wenn es gelänge, nicht nur zur Akquise frischen Kapitals, sondern auch zum Verkauf geeignet war, sich also einer hohen Popularität im Bürgertum erfreute. So kam dem ersten Versuch, ein freilich in seinem Volumen noch überschaubares Buch zu drucken, eine hohe symbolische wie praktische Bedeutung zu. Nachdem die vielen Probedrucke einzelner Blätter zu einem befriedigenden Ergebnis geführt hatten, ging Gutenberg nun daran, zum ersten Mal ein ganzes Buch zu drucken. Und das wollte gut durchdacht sein. Denn mit diesem Buch wollte der Erfinder nicht nur einen Markt betreten, auf dem bisher nur handschriftlich vervielfältigte Bücher gehandelt wurden, sondern Geld verdienen und zugleich frische Kredite aufnehmen, um seine Erfindung zu perfektionieren und die Druckerei zu vergrößern. Der Mängel und der personell und maschinell begrenzten Kapazität war er sich durchaus bewusst. ¶ Er benötigte ein grundpopuläres Buch, das zudem die Stimmungen breiter Kreise der Gebildeten, der Patrizier, aber auch der Kaufleute und Handwerksmeister traf, und das in einer Sprache, die nicht von vornherein die Illiteraten, also diejenigen, die kein Latein beherrschten, mithin einen beträchtlichen Kreis potenzieller bürgerlicher Käufer, Kaufleute, Händler und Handwerker, ausschloss. Als nicht zu unterschätzende Leserschaft kamen die Frauen hinzu, die Gattinnen der Adeligen, der Patrizier, der Kaufleute und Handwerker – und nicht zu unterschätzen die Nonnen und Beginen. Letztere verdienten auch Geld mit dem Kopieren von Texten. ¶ Viele Frauen im Adel und im Bürgertum waren zwar des Lesens und Schreibens kundig, aber nicht des Lateins. Sieht man von den gewerblichen Schreiberinnen ab, so erwies es sich als notwendig, dass Frauen Grundkenntnisse im Schreiben, Lesen und Rechnen besaßen, um dem Mann bei der Führung des Geschäftes zur Seite zu stehen. Im Falle seines frühen Ablebens konnten sie die Firma weiterführen und sie der Familie erhalten, bis ein Sohn das Alter erreicht und die Kenntnisse und Fertigkeiten erworben hatte, um den Familienbetrieb von der Mutter zu übernehmen. ¶ Viele Töchter des Patriziats und gehobener bürgerlicher Kreise traten in die Stadtklöster ein. Berühmt ist in diesem Zusammenhang das Nürnberger Katharinenkloster geworden, und als beispielhaft darf die Äußerung des Humanisten Willibald Pirckheimer stehen, der resümierte, dass seine Schwestern alle im Kloster seien. Zuweilen traten sie paarweise in den Orden ein, wie Willibald Pirckheimers Schwestern Barbara, Walburga, Katharina, Klara, Sabina und Eufemia. Aus Barbara, die sich den Namen Caritas gab, wurde eine der berühmtesten und wichtigsten deutschen Humanistinnen. Nicht nur Pirckheimers Schwestern gingen ins Kloster, sondern auch mehrere seiner Töchter, zumindest drei der fünf. Ein Teil der Familie lebte im Kloster, und so kam es zu erstaunlichen Konstellationen, denn Caritas lernte ihre 14 Jahre jüngere Schwester eben nicht in der Welt, sondern erst im Katharinenkloster bei deren Eintritt kennen. Sie alle beschäftigten sich ausgiebig mit Studien, mit Malerei, zum Teil auch mit dem Kopieren von Texten und im Falle von Caritas mit einem gelehrten Briefwechsel mit Humanisten wie Sixtus Tucher. Willibald Pirckheimer schrieb seiner Schwester Caritas ins Kloster, dass er ihr nicht nur von der »Natur und des Blutes« her verbunden sei, weil seine »leibliche Schwester, von denselben Eltern entsprossen« war, sondern auch, »weil Du neben Deinem Lebensberuf den Studien Dich hingibst und ein besonderes Verlangen nach den schönen Wissenschaften trägst«.[103] Allerdings unterschied sich Caritas Pirckheimer von anderen Nonnen dadurch, dass sie Latein gelernt hatte und ihre Korrespondenz auf Latein führte. ¶ In den Bibliotheken der Nonnenklöster war die Anzahl deutschsprachiger Bücher höher als in den Mönchskonventen.[104] Bereits Dante hatte in der *Vita nova* geäußert: »Und der Erste, der in der Umgangssprache zu reimen begann, tat dies wohl deshalb, weil er seine Worte einer Frau verständlich machen wollte, der es Mühe bereitet hätte, lateinische Verse zu verstehen.«[105] ¶ Wollte Gutenberg einen idealen Auftritt auf dem Büchermarkt haben, durfte er keinesfalls die Mädchen und Frauen vergessen, die zu allen Zeiten ein wichtiges Publikum stellten. Andererseits sollte sein erstes gedrucktes Buch auch nicht ohne Anspruch sein und durfte nicht nur Spezialinteressen bedienen. Mustert man unter all diesen Anforderungen das damalige deutsche Schrifttum aus, bleiben wenige Werke übrig, die in Frage kämen. Sieht man von den deutschen Heldendichtungen und dem *Ackermann aus Böhmen* des Johannes von Tepl ab, rückt ein Buch wie von selbst ins Zentrum der Aufmerksamkeit, zumal es Gutenberg auch aus den politischen Diskussionen in der Trinkstube sehr nahe war. ¶ Nicht nur Johannes Gutenberg glaubte an eine Endzeit, an das Jüngste Gericht, das unmittelbar bevorstand, auch die gewaltigen geschichtsphilosophischen Visionen und frommen Spekulationen des Joachim von Fiore vom Dritten und letzten Reich machten die Runde, nicht minder die recht spät aufgekommene Vorstellung vom Antichrist des Adso von Montier-en-Der. So wundert es nicht, dass die als Reimpaardichtung in deutscher Sprache im 14. Jahrhundert entstandene *Sibyllenweissagung*[106] gerade im beginnenden 15. Jahrhundert ihre Wirkung vervielfachte, fast alle Handschriften der *Sibyllenweissagung* stammen aus dieser Zeit. Hinzu kommen im 15. und 16. Jahrhundert 34 gedruckte Ausgaben,[107] die jeweils eine Auflage von 500 bis 1000 Büchern erreicht haben könnten. Allerdings dürfte es mehr Drucke gegeben haben, als bis jetzt aufgezählt werden können, dennoch belegt die Anzahl der bisher aufgefundenen Handschriften und Drucke die Beliebtheit und Verbreitung der *Sibyllenweissagung* im Spätmittelalter und der frühen Neuzeit. Insofern bot sich der Text an. Die deutsche Versdichtung, die auf frühere Dichtungen im höfischen Ton zurückgeht und bis in die Zeit des Kampfes zwischen Friedrich dem Schönen und Ludwig dem Bayern um die deutsche Königskrone verweist, entstand in der zweiten Hälfte des 14. Jahrhunderts noch in den letzten Lebensjahren Kaiser Karls IV. im thüringischen oder oberdeutschen Raum. Im

15. Jahrhundert stieß die Dichtung auf ein breites Interesse, weil sie verschiedene Lektürebedürfnisse befriedigte. ¶ In der *Sibyllenweissagung* geht es um die großen eschatologischen Themen, beginnend natürlich mit Gottes Allmacht und Vorsehung, über die Schöpfungsgeschichte, den Engelssturz bis hin zu Adams und Evas Vertreibung aus dem Paradies und der für die Menschen dieser Zeit so wichtigen und wirkmächtigen Vorstellung von der Erbsünde. Will man an einem Phänomen pars pro toto die Wirkmacht dieses Konzepts verstehen, so muss man sich nur den Fakt vor Augen führen, dass gerade besonders fromme Christen in dieser Zeit davor zurückschreckten, an der Kommunion teilzunehmen, weil sie sich für zu sündig hielten und fürchteten, zu freveln. Ein höherer Frevel aber als der an der Kommunion, dem Einswerden mit Christus im Abendmahl, war nicht denkbar. So kasteiten sich gerade jene allzu Skrupulösen unter harten Bußübungen, um würdig für die Kommunion zu werden. ¶ Den nächsten großen Komplex bildet die Kreuzholzlegende bis zum Eintreffen der Königin von Saba am Hof Salomos, wobei die Königin mit einer Sibylle gleichgesetzt wird. Ein weiterer Schwerpunkt ist die Begegnung Salomos mit der Königin von Saba beziehungsweise mit der Sibylle. Gerade der Besuch der Königin beim weisen Salomo gehörte zu den großen Topoi der esoterischen und nachfolgenden Geheimliteratur und wurde zum Mythos in alchemistischen und freimaurerischen Kreisen. ¶ Dem schließen sich moralische Lehrinhalte und Berichte vom Tal Josaphat und der Ankündigung des Jüngsten Gerichts an, aus denen wiederum moralische und heilserwerbende Schlüsse gezogen werden. Die Wiederaufnahme

der Kreuzholzlegende leitet zur Passionsgeschichte, zum Kreuzestod Christi, der Auferstehung und Himmelfahrt über und mündet in der Darstellung des Jüngsten Gerichts, die abgeschlossen wird mit Betrachtungen über Gottes Gericht, Gottes Gnade und die Vergebung der Sünden.[108] ❡ Für den Menschen des späten Mittelalters allzumal muss die Figur der weissagenden Frau, der Sibylle, reizvoll und schauerlich zugleich gewesen sein, denn sie vermochte in die Zukunft zu schauen. Im Altertum kam die Vorstellung der Sibylle aus dem Osten nach Griechenland und wurde nicht zufällig von Heraklit beschrieben als eine schreckliche Gestalt, die »mit rasendem Mund unverlachte, ungeschminkte, unparfümierte Worte ertönen lässt«, sie »reicht mit ihrer Stimme doch über Tausende von Jahren hinweg mit Hilfe des Gottes«.[109] Im Hellenismus mit seinem elaborierten Weissagungswesen – hierin dem späten Mittelalter nicht ganz unähnlich – und später im kaiserzeitlichen Rom wurden aus der wilden Göttin gottbegeisterte Frauen, Prophetinnen, die über eigene Kultplätze verfügten. Dass die phrygische Sibylle mit Kassandra gleichgesetzt wurde, gehört zum funkelnd-boshaften Witz der Geschichte, der darin besteht, dass die Gabe der Zukunftsschau durch den Unglauben, mit dem man der Seherin begegnet, sogleich entwertet wird. ❡ Größte Bedeutung für das Spätmittelalter und für den Humanismus aber erlangte die cumäische Sibylle, war doch der augusteische Staatsbarde Vergil im Mittelalter der wichtigste römische Dichter. Das antike Cumae lag unweit Neapels zwischen Baia, dem römischen Nobelbadeort der Reichen, und dem Kap Miseno. In der berühmten vierten Ekloge pries Vergil die Lieder der cumäischen Sibylle:

»Endzeit ist nun da, wie cumäisches Lied
sie verkündet,
und von neuem geboren wird der große Lauf
der Zeiten.
Schon kehrt die Jungfrau zurück,
kehrt wieder saturnische Herrschaft,
nun wird ein neues Geschlecht vom Himmel
entsandt.
Sei der Geburt des Knaben, mit dem das eiserne
Geschlecht gleich
Sich endet, und auf der ganzen Welt sich
ein goldnes erhebt,
günstig, keusche Lucina, schon jetzt regiert
dein Apoll!«[110]

Dem römischen Staatsdichter sagten seine christlichen Enkel nach, er habe in dieser Ekloge die Geburt Jesu Christi, die Fleischwerdung des Wortes, vorausgesagt. Diese Interpretation salvierte ihn so weit, dass er als halbchristlicher Dichter gelten durfte und auch zum Führer Dantes durch die Hölle taugte. ¶ Die verschlungenen Wege, die zur *Sibyllenweissagung* führten, können hier, wenngleich sie in faszinierender Form Überlieferungs- und Rezeptionsweisen vom Imperium Romanum bis in das späte Mittelalter und die frühe Neuzeit hinein dokumentieren, nicht verfolgt werden. Mit der Entstehung des Christentums wurden die heidnischen und jüdischen Sibyllenlegenden überarbeitet und in ein Textkorpus überführt, das im Mittelalter sehr geschätzt wurde, die *Oracula Sibyllina*. In Ostrom entstand eine weitere Sibyllendichtung, in deren Mittelpunkt die Sibylle Tiburtina stand, die den Römern neun Geschlechter bzw. neun Zeitalter voraussagte. Im Mittelalter wurde der Text erweitert, und einen wichtigen Platz nahm die Deutung des Endkaisers und des Antichrists ein. Der Dichter der *Sibyllenweissagung*, dem Bedas Redaktion der *Tiburtina* vorgelegen haben mag, gehörte vermutlich dem niederen Klerus an. Er war, wie allgemein das späte Mittelalter, noch unmittelbar interessiert an der Vorstellung vom Antichristen, der in den letzten Tagen die Herrschaft an sich reißt, vom Endkaiser und den berühmten 15 Zeichen, die das Jüngste Gericht ankündigen. In Hartmann Schedels *Weltchronik* findet man die Szenerie großartig dargestellt. ¶ Im Grunde war die *Sibyllenweissagung* eine Enzyklopädie der Welt, wie sie sich dem Menschen des Spätmittelalters darstellte, und gab Auskunft über Geschichte, Gegenwart und Zukunft, aber nicht im fernen Sinne, sondern mit Blick auf ein Ende, das man selbst in der einen oder anderen Form erleben würde und auf das man sich besser vorbereiten sollte. ¶ Für Johannes Gutenberg hatte diese Dichtung, die eine überschaubare Länge besaß, das Potenzial, unterschiedliche Leseinteressen anzusprechen. Sie erreichte diejenigen, die geistige, geistliche und fromme Gründe im Zusammenhang mit Vorstellungen über das Weltende und die Heilsgeschichte zur Lektüre trieben, spendete Trost und Erbauung und konnte zudem Wünsche befriedigen von Lesern, die sich an Legenden delektieren wollten. ¶ Aber in dieser Zeit mischte sich das Politische mit dem Theologischen, das oft Zeichen oder Chiffre des Politischen wurde. Darüber dürfte Gutenberg mit Humery und anderen in der Trinkstube bei manchen Gelegenheiten viel und ausgiebig diskutiert haben. Insofern gewinnt gerade der Komplex um den Endkaiser, der die Christenheit vereint und Hader und Zwietracht aus der Welt schafft, eine zusätzliche Attraktivität:

> »Es wird dazu kommen,
> dass Gott einen Kaiser erwählt,
> den er in seiner Gewalt behalten hat
> und gibt ihm große Kraft.
> Er wird Friedrich genannt,
> der sich des Christenvolks annimmt
> und für Gottes Ehre streiten wird
> und das Heilige Grab jenseits des Meeres
> zurückgewinnen wird.«[111]

Man vermutet, dass in der Entstehungszeit der Vorlagen der Dichtung der Konflikt zwischen Ludwig dem Bayern und Friedrich dem Schönen eine Rolle gespielt hatte, doch interessierte das in der Mitte des 15. Jahrhunderts niemanden mehr. Der Name Friedrich verband sich jetzt vielmehr mit dem legendären Staufer Friedrich Barbarossa, der im Kyffhäuser schlafend auf seine Wiederkehr wartete und von Gott für jenen Tag »yn syner gewalt« behalten wurde, an dem er sich als Endkaiser um »das cristenfolck« kümmern sollte. Einst ausgezogen, um zur Ehre Gottes in der Heiligen Stadt Christi Grab zurückzuerobern, war er jedoch unterwegs im anatolischen Saleph ertrunken. Freilich glaubte dies niemand. Man hoffte auf seine Wiederkunft, zurückgekehrt würde er sich erneut auf den Weg machen, und dieses Mal würde er sein Ziel erreichen. Er würde das heilige Holz, Christi Kreuz, finden als einen verdorrten Baum, seinen Schild daran hängen, und der Baum würde ergrünen und der ganzen Welt Wohlstand bringen. So wundertätig sollte der Baum sein, dass er sogar die Juden und alle Menschen bekehren würde: »vnd wirt dan ein glaub alleyn. / wann das alles ergangen ist.«[112] Die Frage, wann dies geschehen würde, erregte die Gemüter so sehr, dass immer wieder falsche Friedriche auftauchten, die behaupteten, Barbarossa zu sein. Interessant auch in diesem Zusammenhang, dass in der Entstehungszeit der Dichtung Geißler durch das Reich zogen und so den Glauben an eine Endzeit beförderten. Denn in den Tagen, in denen der Endkaiser Friedrich, der Einiger der Christenheit, über eine glückliche Menschheit herrschte, würde der Teufel in einem letzten Aufruhr gegen Gott den Antichrist erschaffen, der log und betrog und die Menschen verführte:

> »Der Endchrist, ohne Spott
> der sagt, er sei Gott
> und wird das Volk mit vielen Dingen
> zu seinem Glauben bekehrn und bringen.«
> (der endecrist, on spot,
> der nennet sich, er sy got
> vnd wirt das folck mit vil dingen
> czu seyn glauben kern vnd prengen.)[113]

Insofern war es wichtig zu wissen, an welcher Station des göttlichen Fahrplans zum Heil oder zur Verdammnis man sich befand. Hatte man noch etwas Zeit für die eine oder andere Sünde oder war es bereits Matthäi am Letzten? Christus würde den Antichrist durch seinen reinen Hauch töten, die 15 Zeichen würden sodann das Jüngste Gericht ankündigen.

Die irdische Geschichte, als eine Folge von Drangsal und Not, verursacht durch Adams und Evas Ursünde, würde enden und das Paradies anbrechen, zumindest für diejenigen, die ein günstiges Urteil vom Gericht zu erwarten hatten. ¶ Schließlich konnte die Weissagung auch auf den neuen König bezogen werden, der ebenfalls Friedrich (III.) hieß und der die große Reform des Reiches, die bereits sein Vorvorgänger Sigismund angestoßen hatte, gern fortgeführt hätte. Und mehr noch, dieser Sigismund, in dessen Fußstapfen der dritte Friedrich nun trat, hatte den Spuk der drei Päpste, darunter wenigstens zwei schlimm und verführerisch wie der Antichrist, beendet, damit das Große Abendländische Schisma beseitigt und immerhin die lateinische Christenheit wieder geeint. ¶ Welchen Grund gab es für Johannes Gutenberg, fasst man all diese Rezeptionsangebote und die damit verbundene Popularität zusammen, die *Sibyllenweissagung* nicht zu drucken? Sie war von Umfang, Inhalt, Aktualität und Popularität das geeignete Objekt für seinen Erstlingsdruck. ¶ Und so machte er sich mit seinen Mitarbeitern ans Werk und konnte den Druck, als er 1448 vorlag, benutzen, um neue Gelder einzuwerben, die er dringend benötigte, um seine Druckerei zu erweitern. Denn nun ging er an die Vervielfältigung von gut absetzbaren Gebrauchswerken, an das Lateinlehrbuch des Aelius Donatus, für das ein reger Bedarf bestand. ¶ Seine Hauptsorge bestand darin, das Typenmaterial zu verbessern, denn ihn ärgerten die tanzenden Zeilen. Schließlich hatte er sich in den Kopf gesetzt, die Handschriften nicht nur im Preis zu unterbieten und in der Auflage zu überholen, sondern auch in der Ästhetik des Schriftbildes den Sieg davonzutragen.

Gutenbergs Buße: Das Werk der Bücher

Leider sind bisher keine Rechnungsbücher von Gutenbergs Offizin aufgetaucht, die Auskunft über Kosten und Erlöse erteilt hätten, auch keine Angaben oder Notizen darüber, wie viele *Sibyllenweissagungen* gedruckt und zu welchem Preis sie verkauft wurden. Dass man davon nur durch die zufällige Entdeckung eines kleinen Fragments des Einbindeblattes Kenntnis erhielt, ist symptomatisch für die Quellensituation der Vor- und Frühgeschichte des Drucks. ¶ Hohe Pergament-, aber auch die Papierkosten brachten die Buchbinder dazu, ältere Bücher, die man nicht mehr brauchte, auseinanderzunehmen, um das Pergament oder Papier zur Verstärkung neuer Bucheinbände zu nutzen. So tauchte 1894 in Mainz das Fragment der *Sibyllenweissagung* wahrscheinlich in der Einbandversteifung eines alten Rechnungsbuchs der Universität auf und wurde 1904 als *Fragment zum Weltgericht* publiziert. Gedruckt wurde es mit dem Typensatz, den Gutenberg für die Produktion des Lateinlehrbuches des Aelius Donatus anfertigte. Am fehlenden großen W erkennt man neben der Ähnlichkeit mit der späteren Donat- und Kalendertype (DK-Type), dass der Typensatz für einen Druck nicht in deutscher, sondern in lateinischer Sprache konzipiert worden war. Insofern drängt sich die Schlussfolgerung auf, dass Gutenberg, um Geld zu verdienen und vor allem um die weitere Finanzierung zu sichern, dieses populäre Büchlein herausbrachte, von dem leider nur jenes beidseitig bedruckte Blatt mit seinen 28 Versen in 22 Zeilen erhalten blieb – zu wenig, um tiefere und weiterführende Analysen durchzuführen. Das Buch dürfte ungefähr 27 Seiten stark gewesen sein und damit in Seitenzahl und Format den späteren *Donaten* ähneln, was für einen drucktechnischen Prototyp spricht. ¶ Allerdings lässt der Fund in seinem kargen Kontext auch eine andere Deutung zu. Es wurde eingewandt, wenn Gutenberg eine bestimmte Auflage gedruckt habe, müsse sich noch wenigstens ein weiterer Textzeuge auffinden lassen. Veranschlagt man die hohe Popularität der *Sibyllenweissagung* und sieht auf die vielen Handschriften und Drucke, die auf uns kamen und deren Dunkelziffer bei weitem höher liegt, dann wurden sicher auch Erstdrucke der Dichtung von späteren verdrängt und Ausgaben wie das Mainzer Fragment zum Rohstofflieferanten für Bucheinbände degradiert. ¶ Dennoch gebietet die Sorgfalt, eine andere Möglichkeit ernsthaft in Betracht zu ziehen. Es ist nämlich nicht auszuschließen, dass Gutenberg in der Zeit, in der er die Type für die *Donate* herstellte, den doppelseitigen Einblattdruck vornahm, um seinen Geldgebern den Fortschritt seiner Erfindung anzuzeigen und finanzielle Mittel für die weitere Vorbereitung der Donatdrucke zu akquirieren. Dafür sprächen drei Argumente: erstens die Singularität des Fundes, zweitens der Druck mit einem Typenapparat, der für lateinische Drucke, nämlich den der *Donate*, vorgesehen war, und drittens können die ausgewählten Verse selbst als allerdings schwächste und eher hinreichende Begründung gelten; sie umfassen einen zentralen Teil der Dichtung, die Ankündigung des Jüngsten Gerichts, des Dauerbrenners und wichtigsten Themas dieser Zeit, das man nicht müde wurde auf allen kommunikativen Ebenen zu verhandeln, mit der sich anschließenden didaktischen Betrachtung und Auslegung der Ankündigung. ¶ Zumindest zeugte die Tatsache, dass

Gutenberg in seinem Werbetext wie die Ablassprediger mit dem Jüngsten Gericht drohte, von einer gewissen Schlitzohrigkeit gepaart mit einem hintersinnigen Witz, denn schließlich konnte es keinen Zweifel an Gottes Wohlgefallen an seinem Werk geben. ¶ Der sanfte Hinweis auf das Jüngste Gericht in einem Werbedruck verfehlte jedenfalls seine Wirkung nicht, ob als Buch oder als Einblattdruck, der neue Kredit kam zustande, mit dem die Vorbereitungen für den Druck der *Donate* finanziert wurden. Ob als Buchausgabe oder als Musterdruck – das Schriftbild der Dichtung verdeutlichte ihm, dass erhebliche Nachbesserungen an den Lettern, an ihrer Präzision, vorzunehmen waren. ¶ Johannes Gutenberg orientierte sich vollkommen an den Handschriften seiner Zeit sowie am Buchmarkt, der ein Handschriftenmarkt war. Mit ihrer ästhetischen Qualität und textlichen Zuverlässigkeit mussten sich seine Produkte messen lassen, mit den Usancen dieses Marktes hatte er umzugehen. Der Erfinder war kein weltfremder Träumer, sondern ein harter Realist. ¶ Über den Bedarf an lateinischen Schulbüchern wusste er aus eigener Erfahrung Bescheid und dürfte auch selbst in Erfurt sein Studentengeld durch Abschreibearbeiten in Skriptorien aufgebessert haben. Gutenbergs Vertrautheit mit der Arbeit des Schreibers, die er minutiös technisierte und technologisierte, fällt auf. ¶ Also nahm er sich folgerichtig als nächstes Projekt den Druck des Lateinlehrbuches des Aelius Donatus vor. Dass die Schulbücher ein eigenes Genre in Gutenbergs Offizin bilden würden, zeigt die Kontinuität der Drucke, deren 24 Auflagen sich hinsichtlich der Aufteilung des Textes in 26-, 27-, 28- und 30-zeilige Exemplare unterscheiden. Es überrascht nicht, denkt man an eine genuine, prozessuale Entwicklung, dass der 27-zeilige *Donat* als der älteste Druck gilt, als die Urauflage, die Ende der vierziger, Anfang der fünfziger Jahre entstand und dann kontinuierlich gedruckt wurde. Wie sehr Johannes Gutenberg vom Markt ausging, zeigt auch, dass er als Medium für die *Donate* anfangs Pergament wählte, das zwar teurer, aber weitaus haltbarer als Papier war und sich deshalb wieder rechnete. Es lag im Interesse der Käufer, dass die Schulbücher, die dem täglichen, nicht immer schonenden Gebrauch durch Schüler ausgesetzt waren, aus robusterem Material waren. Einem Geschäftsmann wie Gutenberg hätte ein hoher Verschleiß nur recht sein können, dennoch ordnete er dieses Interesse dem höheren, auf dem Buchmarkt zu reüssieren, unter. ¶ Beigefügt wurden Tabellen und die Auflistung der Deklinationen und Konjugationen. Ein komplettes Buch wurde leider bisher nicht aufgefunden, nur Fragmente. Ob er irgendwann auch den *Donat* auf Papier gedruckt herausbrachte, lässt sich nicht sagen, da sich noch kein Fragment einer solchen Ausgabe fand. Bedenkt man, dass selbst die widerstandsfähigeren Pergamentausgaben nur als Fragmente und nicht als ganze Ausgaben auf uns kamen, so gab es möglicherweise später auch auf Papier gedruckte Lehrbücher. Das wiederum würde bedeuten, dass Gutenberg sich erfolgreich auf dem Lehrbuchmarkt etabliert hatte, und es, was den Schriftträger betraf, wagen konnte, gegen die Gesetze dieses Marktes zu verstoßen. ¶ Setzt man die schwierige Überlieferung der auflagenstarken *Donate* ins Verhältnis zur einen Auflage der *Sibyllenweissagung*, so stellt das Fragment als einziger Textzeuge keine Besonderheit dar. Wir wissen ja nur von dem, was erhalten geblieben ist, nichts jedoch von dem, was verlorenging. ¶ Zu den Gebrauchstexten, die Gutenberg druckte und die sich als populäre Genres an eine breite Käuferschicht wandten, gehörten auch Kalender. Aufgefunden wurde ein astronomischer Kalender, der für das Jahr 1448 galt und deutlich die astrologischen Interessen des Zeitalters bediente. Hierin ist er dem *Fragment zum Weltgericht*, also der *Sibyllenweissagung*, verwandt, weil man den Gestirnen einen Einfluss auf das menschliche Schicksal zuschrieb, die einen wichtigen Platz in Gottes Ordnung als Zukunftsweiser einnahmen. In dem zu dieser Zeit in Florenz von Marsilio Ficino übersetzten *Codex Hermeticum* hieß es hierzu eindeutig: »So wie oben, so auch unten.« Die sublunare Welt entsprach der lunaren Welt, der Mikrokosmos dem Makrokosmos, wie es der Neuplatonismus in immer neuen Wendungen zum Ausdruck brachte. Und auch die *Sibyllenweissagung* konnte als Orakelbuch gelesen werden. Die Sibyllenbücher selbst, allen voran die *Tiburtina*, enthielten Buchstabenrätsel, die gedeutet werden konnten und die in Akrostichen verschlüsselt ihrer Decodierung harrten. ¶ Es drängt sich, betrachtet man die Produkte der ersten Druckerei, die Vermutung auf, dass Gutenberg als kluger Geschäftsmann eine Art Mischkalkulation betrieb, er sowohl Massenware als auch exquisite Produkte herstellte. Ganz tatkräftiger Unternehmer, begnügte er sich nicht mit den Gebrauchswaren. Ihm ging es um das ganz große Werk, mit dem er die Zeiten überdauern und in die Geschichte eingehen wollte. Ein Werk, mit dem er zumindest das Jüngste Gericht zu überstehen gedachte, und das ihm eines Tages vor dem Weltenrichter als Verdienst angerechnet werden würde.

Im Werk sollte seine Buße liegen – und Triumph, Vergebung und Heiligung. ¶ Bestätigung dürfte Gutenberg von einem Manne erfahren haben, der, wenn er nicht schon 1424 in sein Leben getreten war, zu dieser Zeit häufig nach Mainz kam. Am 16., 24. und 26. Juni und noch einmal am 2. Juli 1446 predigte Nikolaus von Kues in Mainz. Dann trat eine kurze Pause ein, denn Nikolaus wurde von Papst Eugen IV. zum päpstlichen Legaten für Deutschland ernannt. ¶ Doch schon am 15. August 1446 zu Mariä Himmelfahrt findet man ihn bereits wieder auf einer Mainzer Kanzel und unter seinen Zuhörern sicherlich Johannes Gutenberg. Denn selbst wenn sie bis dato einander nicht gekannt haben sollten, wird Gutenberg schon aus Standesgründen dem berühmten und wichtigen Prediger zugehört haben, der in seiner Predigt mahnte: »Die Seele, die sich nicht durch Auswählen zum Einen Notwendigen wendet, sondern zu anderen Dingen – was auch immer dies sein mag –, dass jene niemals in Frieden sein wird.«[114] Der Anakoluth (Satzbruch) des lateinischen Originals spiegelt den Stil der gesprochenen Rede, in diesem Fall der Predigt, wider, ihre Lebendigkeit, in der Cusanus ein Meister war. Auch das spricht dafür, dass Gutenberg dem Cusaner zuhörte, denn Jahrmärkte und Kirchen besaßen ein hohes Unterhaltungspotential, vor allem wenn begnadete Prediger auftraten, die als Attraktionen galten. Und nicht genug damit, es gehörte einfach zu den Standespflichten, sich in der Kirche sehen zu lassen, umso mehr, wenn ein berühmter Mann wie Nikolaus von Kues oder Giovanni da Capistrano auftrat und öffentlich sprach. ¶ Sollte Nikolaus von Kues zu diesem Zeitpunkt bereits Kenntnis von Gutenbergs Fortschritten in der Entwicklung der Drucktechnik erlangt haben, so wird er das in ihn gesetzte Vertrauen durch Verschwiegenheit gerechtfertigt haben, schon weil er am Erfolg großes Interesse besaß. ¶ Mit Nachdruck setzte er sich dafür ein, dass die Mess- und Evangelientexte, aber auch das Glaubensbekenntnis, das Vaterunser und der Katechismus in allen Kirchen schriftlich verfügbar waren und Texte des Katechismus überall aushingen. ¶ Die Besserung der Sitten und die Vertiefung des Glaubens setzten seiner Vorstellung gemäß bei der Kenntnis der heiligen Texte an. Darin Meister Eckhart ähnelnd, erstaunen seine Predigttexte durch ihren ausdrücklichen Bezug auf die Philosophie, und hier eben weniger auf Aristoteles, sondern explizit auf Platon. Cusanus besaß für seine Zeit eine verhältnismäßig gründliche Kenntnis des Platon. 1437 hatte er eine Reise nach Konstantinopel für eine furiose Buchrecherche genutzt, im Jahr darauf hielt er sich während des Konzils in Florenz auf. Er stand in Kontakt mit dem wichtigsten platonischen Philosophen, dem greisen Gemistos Plethon, der von Statur und Gestus den Lateinern als Inkarnation Platons erscheinen musste, und schloss Freundschaft mit dem Platon-Adepten Bessarion. ¶ Nicht nur in der Schule, sondern auch im kirchlichen Leben, besonders in den Städten existierte ein stetig wachsender Bedarf an Texten in großer Auflagenzahl. Gerade in den Kommunen gingen mit dem Erstarken und Anwachsen des Bürgertums auf politischer und wirtschaftlicher Ebene zwei Prozesse einher: Erstens nahm das Interesse an Bildung zu, was zu einer höheren Auslastung der Schulen führte, und zweitens verbürgerlichten sich Frömmigkeit und christliche Moral zunehmend, und die Religionsausübung wurde immer stärker vom Bürgertum adaptiert und sukzessive unter seine Kontrolle gebracht.[115] Dieses Bürgertum musste Gutenberg neben den Klerikern im Blick haben. ¶ Cusanus jedenfalls dürfte Gutenberg in seinem Vorhaben bestärkt haben, lag es doch in seinem kirchenpolitischen Programm, die Qualität des Glaubens durch die Verbesserung der Gottesdienste und der religiösen Bildung zu heben. Diese schloss, wie man am Beispiel seiner Predigttexte sieht, ausdrücklich eine philosophische Grundkenntnis ein und stützte sich sowohl auf theologische als auch philosophische Argumente. Am 22. Dezember 1448 erhob Papst Nikolaus V., der erste Humanist auf dem Stuhl Petri, Nikolaus von Kues zum Kardinal von San Pietro in Vincoli. ¶ Es mag sein, dass Johannes Gutenberg ganz im Sinne des Cusaners neben dem Schulbuchgeschäft auch an den Druck von Messbüchern dachte und dass er erwog, zunächst ein Missale zu drucken. Doch nach Abschluss der *Sibyllenweissagung* 1447/48 und nachdem die DK-Type entwickelt und hergestellt wurde, er außerdem bereits mit dem Druck des 27-zeiligen *Donat* begann, kreisten seine Überlegungen um ein großes, um ein Renommierobjekt, mit dem er die Überlegenheit seiner Technologie gegenüber der gewerbsmäßigen Kopie von Handschriften aller Welt zu demonstrieren beabsichtigte. ¶ Natürlich läuft man Gefahr, aus dem Fakt, dass die Bibel gedruckt wurde, Gutenbergs Lebensweg von ihrem Erscheinen her zu ordnen und nicht dem Weg zum Bibeldruck hin zu folgen. Daher empfiehlt es sich, von Gutenbergs Situation am Ende der vierziger Jahre des 15. Jahrhunderts auszugehen. ¶ Das Produkt, das er auf den Markt brachte, unterschied sich vor allem – und für seine potenziellen Käufer allzumal – nicht durch seine Gestalt, sondern in der Hauptsache durch die Art seiner Produktion von den herkömmlichen Erzeugnissen. Ein ungeübtes Auge hätte wohl kaum Handschriften von Drucken trennen können, so wie man sehr viel später auch zwischen einer Seite, die mit einer elektrischen Schreibmaschine geschrieben oder mit einem der ersten Drucker ausgedruckt wurde, kaum Unterschiede feststellte, zumindest keine, die ins Gewicht fielen. ¶ Es scheint im Übrigen auch so zu sein, dass zumindest noch in der Mitte des 15. Jahrhunderts die Technologie des manufakturbetriebenen Abschreibens für den Markt genügend Bücher zur Verfügung stellte. Dass dieser Zustand sich in naher Zukunft ändern und selbst die Kopiermanufakturen der Nachfrage hinterherhinken sollten, war für Johannes Gutenberg noch nicht abzusehen. Zwar gab es Versuche, angeregt vom Holzschnitt und vom Stempeldruck, andere Verfahren des Kopierens zu entwickeln, wie Prokop Waldvogel mit seiner *ars artificialiter scribendi*, seinem »künstlichen Schreiben« es in Avignon versuchte, doch geschahen sie nicht in einer Vielfalt und Dringlichkeit, wie sie ein ausentwickeltes, gesellschaftliches Bedürfnis hervorgerufen hätte. Gutenbergs genialer Vorsatz bestand in der Entwicklung einer seriellen Technologie, einer, wenn man so will, industriellen Form arbeitsteiliger Produktion, die zwar im Nachhinein gesehen im Trend der Zeit, aber noch nicht in ihrer Notwendigkeit lag. Gutenberg durfte mitnichten davon ausgehen, dass auf seine Erfindung sehnsüchtig gewartet wurde, sondern hatte sich von Anfang an darauf einzustellen, dass er sich mit seiner Technologie durchzusetzen hatte. ¶ Den Markt im nüchternen, illusionslosen Blick, galt es für ihn, zwei Konkurrenten auf ihre Plätze zu verweisen: zum einen die gewerbsmäßigen Großhändler und Produzenten von Handschriften wie den Hagenauer Diebold Lauber, die Stuttgarter Hans Windberg und Ludwig Henfflein, den Augsburger Konrad Bollstatter, den Regensburger Berthold Furtmeyer und den Salzburger Ulrich Schreyer,[116] die ihre Kopien, die sie nach Diktat von mehreren Schreibern ausführen ließen, auf den Messen in Frankfurt am Main, in Leipzig, in Lyon und Nördlingen vertrieben; zum anderen die Skriptorien der Klöster, die vor allem den klerikalen Bereich, die geistliche Kundschaft im Blick hatten, zu denen sie ja auch gehörten. ¶ Mit den weltlichen Konkurrenten kam er bereits beim Vertrieb der *Sibyllenweissagung* in Berührung. Und es ist durchaus denkbar, dass seine mechanisch hergestellte Auflage nur schwer oder gar nicht mit den Handschriften konkurrieren konnte, denn die tanzenden Lettern des Druckbildes blieben in der Ästhetik hinter einer kunstvollen Handschrift zurück. Das Druckbild durfte keinesfalls schlechter sein als das Schriftbild der Handschrift, sondern sollte es idealerweise noch übertreffen. ¶ Seine Erfahrung und seine Intuition verrieten ihm, dass er vor allem eine große Aufmerksamkeit zu erzeugen hatte, er einen bombastischen Marktauftritt benötigte. Möglich, dass er zunächst an ein Missale gedacht hatte und hierin auch von Nikolaus von Kues unterstützt wurde, aber das Messbuch hätte ihm zwar die kirchlichen Vertriebsnetze geöffnet, nicht aber die weltlichen. Vor ihm stand nun die Aufgabe, ein Buch zu finden, das erstens große Bedeutung besaß, das zweitens sowohl auf dem Markt der Warenmessen als auch drittens über klerikale Vertriebswege abzusetzen war und das sich viertens als Prachtausgabe vorzüglich dazu eignete, die Überlegenheit seiner neuen Kunst gegenüber den weitverbreiteten Handschriftenexemplaren zu demonstrieren, ein Werk, das gleichermaßen so elitär wie populär war. ¶ Auch wenn die Bibelkenntnis im Mittelalter erstaunlich gering war und von Teilen des Klerus auch die Auffassung vertreten wurde, es sei gefährlich, die Bibel zu lesen, besser halte man sich an die Predigten und Kommentare, existierte kein grundlegenderes, kein wichtigeres Buch als die Bibel, die als Heilige Schrift das Wort Gottes war. Zugegeben, der Gedanke, die Bibel drucken, sie mechanisch vervielfältigen zu wollen, erschien kühn, galt doch der Akt des Abschreibens als Gottesdienst. Eine so demuts- wie kunstvoll abgeschriebene Bibel, illuminiert und rubriziert, stellte ein Werk und zugleich einen Ort der Heiligkeit dar. Gerade in den Klöstern verstand man das Kopieren heiliger Texte als praktischen Gottesdienst, als *ora et labora* in einem, wie die Grundordensregel der Benediktiner lautete. ¶ War Gutenbergs Entschluss, die Heilige Schrift drucken zu wollen, hinsichtlich der gesellschaftlichen Bedeutung und des Umfangs des Werkes kühn, so war er auch notwendig. Mit diesem Vorhaben gedachte er zudem, die Leistungsfähigkeit seiner neuen Technologie unter Beweis zu stellen, denn bisher hatte er nur Bücher mit einem Volumen von 27 bis 30 Seiten gedruckt und dabei mit vielen Schwierigkeiten zu kämpfen gehabt. Jetzt aber ging er tollkühn aufs Ganze, er plante zwei Folio-Bände zu drucken, wovon der erste 648 Seiten, der zweite 634 Seiten umfasste. Jedem Setzer mussten mindestens 7800 Typen zur Verfügung gestellt werden. Das setzte voraus, dass Gutenberg zunächst einmal ausgehend von einer Schriftart ein Alphabet entwickelte, dessen Buchstaben in Patrizen zu schneiden, in Matrizen zu schlagen und als Lettern zu gießen waren. Bereits der Entwurf der Typographie verband in anspruchsvoller Weise ästhetische, wirtschaftliche, gesellschaftliche und produktionstechnische Aspekte. ¶ Die These, dass Johannes Gutenberg mit der Bibel hohe Aufmerksamkeit erzielen wollte und den weltlichen wie geistlichen Markt in gleicher Weise zu erobern plante, belegt schon die Wahl des Formats. Es war, um es in zwei Worten zu sagen, ungewöhnlich groß: Die Gutenbergbibel misst 412 × 300 Millimeter. Nicht weniger erstaunt die gewählte Type, die sich an der Schrift orientierte, die in Messbüchern Verwendung fand, und deshalb auch Missale genannt wurde. Da ein Messbuch, wie der Name schon sagt, im Gottesdienst gebraucht wurde und der Text auch aus einiger Entfernung noch lesbar sein sollte, entschied man sich für eine Schrift mit großen Buchstaben. Gutenberg ließ sich von der Würde der Messbücher anregen. Um zu einem geschlossenen Schriftbild zu gelangen, setzte er an den Kleinbuchstaben rechts und links kleine Häkchen an, die die Buchstaben im Wort verbanden. Das vergrößerte selbstverständlich die benötigte Auswahl an Typen, denn er benötigte Kleinbuchstaben mit kleinen Häkchen links oder rechts oder auf beiden Seiten beziehungsweise ohne Häkchen. Hinzu kamen Doppelbuchstaben, die er ineinander verschlang (Ligaturen), und neben den heute üblichen Satzzeichen noch die Abkürzungszeichen (Abbreviaturen) für im Text häufig vorkommende Wörter. ¶ Wie real die Konkurrenz war, zeigt, dass in den Wochen und Monaten, in denen Gutenbergs Offizin auf Hochtouren lief, um die erste gedruckte Bibel herzustellen, vielleicht nur wenige Hundert Meter entfernt ein Schreiber in einem Skriptorium saß und an einer Prachthandschrift der Heiligen Schrift arbeitete, die in zwei Bänden erscheinen sollte und die aufgrund ihrer Größe – 570 × 400 Millimeter – den Namen *Mainzer Riesenbibel* erhielt. Auch für sie wurde von ihrem Kopisten eine schöne, große gotische Schrift gewählt, und sie wurde mit einer ausgesprochen schönen Buchmalerei ausgestaltet. ¶ Weil Gutenbergs Schrift Buchstaben und Satzzeichen so verwob, dass das Schriftbild eines geschlossenen Textes entstand, nannte man sie auch Textura. Das hatte Gutenberg nicht erfunden, sondern so gebot es schon die gotische Tradition. Er wollte in Stil und Form nichts Neues produzieren, sondern ersetzte nur die Handarbeit durch die Maschinenarbeit. Deshalb bestand sein Ziel darin, eine so schöne Bibel zu drucken, dass sie selbst die Prachthandschriften in den Schatten zu stellen vermochte. ¶ Aufgrund eines Vermerkes des Schreibers der Mainzer Riesenbibel wissen wir, dass der Kopist mit seiner Arbeit am 4. April 1452 begann und am 9. Juli 1453 den Schlusspunkt setzte. Hatte er die Geräusche der Druckerpresse bis in sein Skriptorium gehört? Wusste er, dass nicht weit von ihm entfernt ein Mann daran arbeitete, seine Tätigkeit, ja seinen Beruf überflüssig zu machen, und dafür sogar das gleiche Objekt wählte, die Bibel, noch dazu mit dem gleichen unbedingten Willen, eine Prachtausgabe zu schaffen? ¶ Hier ist noch keine Renaissance zu spüren, hier herrscht noch vollkommen das gotische Ideal, wie man es bei den großen niederländischen Malern der ersten Hälfte des 15. Jahrhunderts findet. Sowohl die Riesenbibel wurde mit einer reichen Ornamentik versehen als auch die vermutlich in einer Mainzer Werkstatt illuminierte Gutenberg-Bibel, die sich heute in der Universitätsbibliothek in Princeton befindet und als Scheide-Bibel[117] bekannt ist. Gleiche Motive des Buchschmucks finden sich auch auf einem Kartenspiel, das vom Spielkartenmeister im Kupferstichverfahren ebenfalls in Mainz geschaffen wurde.[118] ¶ So ergeben sich zeitliche und lokale Berührungspunkte. Es kann kein Zweifel daran bestehen, dass Johannes Gutenberg die Prachthandschrift der Riesenbibel zu übertreffen suchte. Kopist und Drucker glichen sich darin, dass sie das hochgotische Ideal als normativ empfanden. Um ihr Werk zu verstehen, hilft eine Bemerkung des Kunsthistorikers Wilhelm Worringer zur Gotik weiter: »Ornamentik und Architektur spielen also in der Gotik die ausschlaggebende Rolle.«[119] Beide Bibeln wurden von Buchmalern mit einer reichen, feinen und phantasievollen Ornamentik von Tier- und Pflanzenmotiven ausgeschmückt, die miteinander teils als fortlaufendes Pflanzenband aus Ranken und Akanthus-Fauna, wie beispielsweise Äffchen, Bären, Hirsche, und Flora verbanden. Schaut man auf die Mainzer Riesenbibel oder auf Gutenbergs B42, dann begreift man schnell, dass man es hier nicht nur mit einem Buch, sondern auch mit einem Bauwerk, mit einer großartigen Architektur zu tun hat, die himmelwärts strebt wie die Türme und Säulen der gotischen Kathedralen. Deren Baumeister planten teils minutiös vor, teils sahen sie sich auf dem Weg der Vollendung gezwungen, neue Lösungen für akut anfallende Probleme zu schaffen und dabei nie das Ideal, das Gesamtbild, die Welteinheit aus dem Auge zu verlieren. So ging auch Gutenberg an den Druck der Bibel. ¶ Alles wies immer auf die nächst höhere Einheit hin, und die höchste war Gott, dessen Schöpfungsakt am Anfang stand. Da aber Ähnliches nur aus Ähnlichem entsprang, wie Aristoteles lehrte, fand sich alles in Gott wieder, wovon die Kathedralen ein Abbild gaben, wie Gutenbergs Bibeldruck ein Abbild der Schöpfertat und der Schöpfungsgeschichte Gottes war. Oder, wie Johannes Gutenberg auch in der Predigt des Cusaners an jenem 15. August 1446 gehört haben mag, dass eben das Abgebildete, das Vervielfältigte präzise dem Urbild zu entsprechen hatte – nur darin lag Wahrheit: ¶ »Das Eine nämlich berührt sich in seinem Einen Notwendigen, durch das es Eines ist, allein in unvergänglicher Weise, so wie die Form eines Siegels im Wachs allein in einer Weise ohne Mängel sich berühren kann im Siegel, dessen Abbild es ist. Denn es berührt sein eigenes Maß in der Wahrheit allein dort. Denn das Urbild ist auch das wahre Maß des Abgebildeten.«[120] ¶ Gutenberg hatte nicht nur die schönste Schrift auszuwählen, die allein würdig war, Gottes Worte abzubilden, sondern sie musste ohne Mängel in die Patrize geschnitten, in die Matrize geschlagen werden. Aus ihr würden die Lettern für den Buchstabensatz des Textes entstehen, der als »wahres Maß des Abgebildeten« auf das Urbild, nämlich auf Gottes Wort verwies. ¶ Dieses nicht mit der Hand, sondern mit einem technischen Verfahren zu bewerkstelligen, stellte eine ungeheure Herausforderung dar. In einem späteren Gerichtsprozess nannte man Gutenbergs Projekt das *Werk der Bücher*. Der Plural reduzierte sich nicht darauf, dass es um zwei Bände ging, dann hätte es auch das »Werk der beiden Bücher« heißen können. Es ging um bedeutend mehr. Es handelte sich um ein Werk, das alle Bücher in sich vereinigte. Das *Werk der Bücher* aber galt ihm als Urbild aller Bücher und musste deshalb in seiner ganzen architektonischen und ornamentalen Kraft, in Format, Typographie, Satz und Illustration das wahre Maß aller Bücher symbolisieren, wo es doch Ur-Buch war, wie Gottes Wort Ur-Wort war, der Grund der Schöpfung schlechthin. Nicht umsonst beginnt das Johannesevangelium mit dem berühmten Logos-Prolog: »Im Anfang war das Wort, und das Wort war bei Gott, und Gott war das Wort.« (Joh. 1, 1) Dieses Wort Gottes fand sich in der Heiligen Schrift – von ihm musste alles ausgehen, so auch Gutenbergs erstes großes Werk, mit dem er den Markt wie die Welt zu erobern trachtete. ¶ Deshalb fiel die Wahl des Johannes Gutenberg auf die Heilige Schrift, weil alle Bücher sich aus ihr herleiteten und von daher ihre Existenzberechtigung, ihre Bedeutung und ihre Wahrheit bekamen, denn jedes Buch »berührt sein eigenes Maß in der Wahrheit allein dort«, so wie die Form eines Siegels im Wachs oder der Buchstabe im Abdruck der Matrize »sein eigenes Maß in der Wahrheit allein dort« erhält. Man kann es fast für einen trinitarischen Vorgang halten, denn der Buchstabe wird in die Patrize geschnitten, die dann in die Matrize eingeschlagen und schließlich durch den Guss zur Letter wird. »Alle Dinge sind durch dasselbe gemacht, und ohne dasselbe ist nichts gemacht, was gemacht ist«, wie es weiter im Johannes-Prolog heißt, so wie aus demselben, aus der Patrize, die Matrize und schließlich die Letter wird. Dasselbe aber, die Urform, »war im Anfang bei Gott«. ¶ Er durfte weder Mühen noch Kosten scheuen. Man kann es eine revolutionäre Tat nennen, auch eine ungeheure Verwegenheit, einen nicht mehr nachvollziehbaren Mut, aber mit der Wahl der Bibel hatte Johannes Gutenberg auf alles oder nichts gesetzt. Er würde triumphieren oder scheitern. Man stelle sich nur einmal vor, Gutenberg wäre der Druck der Bibel misslungen: Hätten die Buchstaben getanzt, hätte das Schriftbild ungleichmäßig gewirkt, wären Zeilen ausgebrochen oder hätte sich die Farbe durch die Seite gedrückt – er hätte damit den höchstautoritativen Beweis erbracht, dass nur der Mensch mit der Hand Bücher vervielfältigen konnte, die Bibel im Übrigen als Maß und Urbild aller Bücher ohnehin. Nur wem das Urbild misslang, dem glückten auch die Abbilder nicht. ¶ Andererseits würde eine gelungene Druckausgabe der Heiligen Schrift das Tor für den Buchdruck sperrangelweit öffnen – und so sollte es auch kommen. Johannes Gutenberg wusste sehr wohl, was auf dem Spiel stand, mehr noch, er stand im Wettlauf, in Konkurrenz mit dem geübten Kopisten nebenan im Kloster, der die Prachthandschrift mit großer Kunst verfertigte, so wie es Generationen vor ihm schon taten, wenngleich sich die künstlerischen Fertigkeiten von Generation zu Generation verfeinerten. Dass ihm die Kopisten, die Abschreiber nicht den geringsten Fehler im Gedruckten durchgehen lassen würden, damit musste er rechnen, ging es doch letztlich um die Existenz. Wozu würde man noch Schreiber benötigen, wenn Druckereien schneller und besser Texte vervielfältigen konnten? ¶ Zwar kannte er die Dimension seiner Entscheidung, doch bekanntlich steckt der Teufel im Detail. Die Herstellung des Typensatzes nahm Zeit in Anspruch und verschlang immer neue Gulden, schließlich durfte er hier nicht die geringste Nachlässigkeit walten lassen. Denn die makellose Qualität der Lettern entschied über die Schönheit des Druckes. Der beste Setzer vermochte nicht, eine makelbehaftete Letter im Satz zu verstecken. ¶ Die Presse musste verbessert, geeignete Männer, die Setzer und Drucker werden sollten, angeworben und ausgebildet werden. Noch gab es weder den Beruf des Buchdruckers[121] noch den des Setzers. Die ersten Setzer und Drucker waren Männer, die Latein beherrschten, studiert hatten und als Schreiber arbeiteten. Sie eroberten gemeinsam ein vollkommen neues und unbekanntes Terrain, im Grunde hatten sie alles, was sie taten, neu zu erfinden, dabei die rationellsten Wege aufzuspüren und alles Umständliche im Ablauf auszuschließen. Männer, die ein so hohes Wissen mitbrachten, forderten auch ihren Lohn. ¶ Wenn Johannes Gutenberg sich 1448 180 Gulden lieh, so war die Summe mit Sicherheit 1450 bereits aufgebraucht, vorausgesetzt, er hatte sich 1448 zum Bibeldruck entschlossen und mit der Arbeit an der Schrift Ende des Jahres begonnen. Nach der Auswahl der Schrift mussten die Typen entworfen werden, die benötigt wurden, und in einen Stahlstempel graviert (geschnitten) werden. Anschließend setzte man diesen Stempel, die Patrize, auf einen ca. 5 Millimeter hohen Kupferstab und trieb den Buchstaben mit kräftigen Schlägen in die weiche Kupferoberfläche. Der Kupferstempel, der sich durch die Hammerschläge verformt hatte, wurde nun durch Schleifen wieder in seine ursprüngliche Form gebracht. So erhielt man die Matrize oder den Abschlag. Sowohl für das Schneiden als auch für das Einschlagen des Stempels in die Matrize, wodurch eine vertiefte Negativform der Type entstand, benötigte man höchste Präzision, wollte man später ein gleichmäßiges Schriftbild im Druck erreichen. Die Graveure, Stempel-, Münz- und Siegelschneider erreichten im Spätmittelalter eine große Kunstfertigkeit, man bekam diese Fachleute nicht für einen geringen Lohn. Geht man davon aus, dass für Gutenbergs Bibel etwa 290 Zeichen zu schneiden waren, so dürfte die Herstellung der Matrizen etwa ein Jahr in Anspruch genommen haben, falls zwei Graveure arbeiteten, ein halbes Jahr, sofern man von einer Tagesleistung von einer Matrize ausgeht. Rein rechnerisch ergäben sich 290 Tage, aber sowohl die Möglichkeit von Ausschuss als auch die vielen Feiertage im Mittelalter müssen in Rechnung gestellt werden. ¶ Jetzt konnte mit dem eigentlichen Guss der Typen begonnen werden, wobei zuerst die Matrize in das Handgießinstrument eingespannt wurde. Die Lage der Matrize musste genau justiert werden, damit bei der gegossenen Letter ein kleiner Rand blieb, der nicht mitgedruckt wurde, so dass sich später im Druck zwischen den Buchstaben ein kleiner Abstand ergab. Die flüssige Legierung (Blei, Antimon, Zinn) wurde in das Handgießinstrument gegossen, anschließend die Letter herausgenommen. ¶ Gutenberg hatte die Erfahrung der »tanzenden Buchstaben« gemacht, was ihm bei der Bibel nicht widerfahren durfte. Schuld daran waren Abweichungen der Lettern im Hundertstel-Millimeter-Bereich, die zustande kamen, weil die gegossene Letter vom Anguss befreit werden musste, der beim Gießen notwendigerweise mitentstand. Gutenberg veränderte das Gießinstrument so, dass der Anguss einfach abgebrochen werden konnte und nicht mehr grob abgesägt werden musste. Allgemein wird angenommen, dass ein Gießer 1500 bis 2000 Lettern am Tag gießen konnte. Über die Anzahl der Lettern gehen die Meinungen auseinander, weil die Berechnung davon abhängt, wie viele Setzer parallel arbeiteten, ob der Druck Seite für Seite oder Bogen für Bogen erfolgte und schließlich, wie viele Drucker im Einsatz waren. ¶ Geht man von 150 000 Lettern aus, die für den Satz von 60 Seiten gereicht hätten, wären weitere einhundert Tage ins Land gegangen, die ein Gießer benötigt hätte, den Typenapparat für Johannes Gutenberg zu gießen. Auch hier ist es denkbar, dass zwei Gießer an die Arbeit gingen oder dass sich Gutenberg selbst am Guss beteiligte. ¶ Wie immer man auch die Berechnungen anstellt, unter Beachtung der mittelalterlichen Feiertage und der Annahme, dass die eine oder andere Matrizenherstellung misslang, darf man gut und gern anderthalb bis zwei Jahre für die Herstellung der Lettern für den Druck der B 42 veranschlagen. Dass Johannes Gutenberg Ende 1449, Anfang 1450 seine Gelder schwinden sah und er für die Fortführung seiner Arbeit dringend frisches Kapital benötigte, verwundert nicht. Noch bevor er mit dem Drucken begann, fehlte es seiner Offizin an Geld. Doch er war nicht nur davon überzeugt, mit dem Bibeldruck Furore zu machen, sondern inzwischen auch ein erfahrener Unternehmer, der sich mit den Finanzierungsmöglichkeiten seiner Zeit auskannte.

Am Ziel der Wünsche

Das Spätmittelalter und die frühe Neuzeit kennzeichnete ein ausgeprägtes und vielfältiges Kreditwesen, so dass jene Epoche sogar als das eigentliche Zeitalter des Schuldenwesens gelten kann. Vielfach wurde auf Schuld und Pfand gekauft, abgerechnet wurde oft erst auf den großen Messen wie der in Frankfurt am Main. In Mainz florierte beispielsweise der Handel mit Wechseln, bis nach Italien hin konnte man Anleihen tätigen. Dass die Zahlungsmoral allgemein schlecht war, schien kein größeres Problem darzustellen, da das Finanzsystem geradezu auf ausbleibenden Forderungen und Umschuldungen beruhte. Wichtig war nur, dass man nicht der Letzte in der Reihe war, der auf Forderungen sitzen blieb, sondern sie weiterreichte. ¶ Eine gesellschaftliche Besonderheit förderte das lockere Finanzgebaren: ausgerechnet das Verbot des Wuchers. Christen war es eigentlich untersagt, Geld gegen Zinsen zu verleihen. Ausgenommen von diesem Verbot waren einige italienische Handelshäuser und die sogenannten Kawerzen, Bürger der südfranzösischen Stadt Cahors, auf deren historisch bedingte Sonderstellung hier nicht weiter eingegangen werden kann. ¶ Um diese Einschränkung zu umgehen, boten sich in der Hauptsache zwei völlig legale Wege an: Zum einen erfreuten sich Leibrenten (Leibgedinge) einer großen Beliebtheit, nicht nur als Kapitalanlage, sondern auch, weil man mit ihnen trefflich handeln konnte. So entstand ein florierender Rentenmarkt. Zum anderen ermunterte eine Ausnahmeregelung geradezu, Schulden zu machen. Wenn man selbst einen Kredit bei einem Juden oder einem Lombarden oder Kawerzen zu einem bestimmten Zinssatz aufgenommen hatte und man das Geld weiterverlieh, war es gestattet, seinem Schuldner die eigenen Kosten in Rechnung zu stellen, wozu auch die Zinsen gehörten, die man zu zahlen hatte. Die rechtliche Grundlage für diese Regelung bildete der Grundsatz, dass man den Schaden, den man aufgrund der Gewährung eines Darlehens erlitten hatte, dem Darlehensnehmer in Rechnung stellen durfte (*damnum emergens*). Das betraf sowohl die Zinsen, die man selbst entrichten musste, als auch einen Gewinn, der einem durch die verspätete Rückzahlung entging (*lucrum cessans*).[122] Dadurch trat zu dem florierenden Rentenmarkt ein prosperierender Schulden- oder Kreditmarkt. ¶ Johannes Gutenberg war als tatkräftiger Unternehmer im kreativen Umgang mit den Finanzierungsformen und -gesellschaften im späten Mittelalter und der frühen Neuzeit keine Ausnahmeerscheinung. In einer regen Zeit, in der auch sehr viel spekuliert wurde, ohne dass Banken, Firmen und Einzelpersonen vom Staat gerettet wurden, gehörten Bankrotte und Umschuldungen zur Normalität. ¶ Auch Privatpersonen vergaben Darlehen, wobei hier zwei prominente Beispiele genügen sollen: Der Vater des großen Malers Albrecht Dürer, ein Goldschmiedemeister, verlieh Geld und beteiligte sich auch als Anteilseigner an Bergwerksfirmen, während der Bergwerksunternehmer Hans Luder, Vater des Reformators Martin Luther, Geld verlieh, auch an Adlige. Beide Männer waren zwar gut situiert, aber wiederum auch nicht übermäßig reich, dennoch beteiligten sie sich an Finanzierungsgeschäften, einfach weil es üblich war. Und das Bankhaus der Nürnberger Patrizierfamilie Rummel, der Albrecht Dürers Schwiegermutter Anna Frey entstammte, riss der Bankrott der Medici-Bank, der sich zu der Zeit ereignete, als Johannes Gutenberg in Mainz seine Druckerei aufbaute, in den Abgrund. Da aber die Rummels die Immobilien vom Bankgeschäft abgetrennt hatten, konnten sie für die Familie das Schlimmste verhindern. All das zeigt, dass Gutenbergs Umgang mit den Finanzierungsinstrumenten seiner Zeit keineswegs ungewöhnlich war, als ungewöhnlich darf hingegen der Zweck, das Ziel der Finanzierung gelten. ¶ Das Problem des Erfinders und Unternehmers Johannes Gutenberg bestand im Grunde nicht darin, eine Finanzierung aufzutreiben, sondern in der Höhe des benötigten Kapitals. In Ansehung des Standes der Arbeit und der Prognose dessen, was noch zu entwickeln, zu bauen und an Materialien bis hin zum Papier anzuschaffen war, zuzüglich der rapide anschwellenden Lohnkosten, kam er auf die stattliche Summe von 800 Gulden, was ungefähr 176 000 Euro entspricht, oder auch zehn Häusern in der Mainzer Innenstadt. ¶ In dieser Situation traf er auf Johannes Fust, Kaufmann, Advokat, Unternehmer und Waffenhändler, dessen Aktivitäten sich auch auf den Anleihe- und Finanzierungsmarkt erstreckten. In späteren Darstellungen wurde ein grelles Bild seiner Persönlichkeit gezeichnet, doch weiß man über Fust noch weit weniger als über Gutenberg. So unangemessen es ist, ihn zum Erzbösewicht zu stempeln, so falsch ist es auch, ihn als Opfer des gerissenen Gutenberg hinzustellen. Gerissen, wenn man den Anachronismus schon wagen will, waren dann beide, Fust und Gutenberg. ¶ Im April 1446 hatte Fust in Frankfurt am Main einen Prozess verloren, in dem es zum einen in der Hauptsache um 1000 und zum Zweiten um eine Nebensumme von 40 Gulden ging, die sich Fust weigerte zu entrichten, weil er sich vom Makler betrogen fühlte. Das Gericht urteilte, dass er dem Verkäufer die Summe zu zahlen hatte und sich an den Makler halten müsse, wenn er sich von diesem betrogen fühle, und nicht an den Verkäufer. ¶ Obwohl er bei diesem Prozess in Frankfurt am Main einen Verlust von 220 000 Euro nach heutigem Geld eingefahren hatte, zeigte er sich trotzdem bereit, Gutenberg für dessen wagemutiges Unternehmen die Summe von 800 Gulden gegen sechs Prozent Zinsen zu kreditieren. Da der Gegenstand, um den es konkret in dem Frankfurter Rechtsstreit ging, unbekannt blieb, weiß man natürlich nicht, ob er wirklich den großen Verlust machte oder ob er lediglich hoffte, seinen Gewinn zu vergrößern. Der fragmentarisch überlieferte Prozess vor dem Frankfurter Gericht, dem Oberhof, zeigt, dass Johannes Fust es gewohnt war, mit großen Summen umzugehen, und dass er nicht wählerisch war beim Einsatz seiner Mittel. Beurteilt man das Verhalten Gutenbergs und Fusts nicht auf der Ebene der juristischen Auseinandersetzung, auf der die beiden gewieften Geschäftsleute agierten, sondern mit heutigen moralischen Vorstellungen, geht man völlig an der Sache vorbei. ¶ Fust jedenfalls sicherte sich ab, indem er als Sicherheit die Druckerei beanspruchte. Da von Fusts Darlehen die Löhne und technischen Vorarbeiten, die Einrichtung der Druckerei, vor allem aber die Herstellung der Pressen und Typen für das *Werk der Bücher* finanziert wurden, kann man Fusts Bedingung nicht unbillig nennen, zumal das Projekt ein kühnes, aber eben auch unsicheres Unterfangen darstellte. ¶ An diesem Punkt stellt sich eine Fülle an Fragen: Hatte Fust als kluger und weitblickender

Geschäftsmann die Dimension der Innovation Gutenbergs erkannt? Vielleicht besser als der Meister selbst? Wurde er beraten von einem wahrscheinlich um 1430 geborenen jungen Mann, der an der Sorbonne gerade seine ersten Meriten als formvollendeter und begabter Kopist erworben hatte, von jenem Peter Schöffer, der auch als Peter de Gernsheim in die Annalen einging? ¶ Der ganze Gutenberg-Krimi sollte später in gesättigter Melodramatik entfaltet werden: die Mär vom alten Meister, vom genialen, aber weltfremden Tüftler, vom brav-biederen Deutschen, dem von Spitzbuben die Erfindung geraubt wurde, so dass er einsam, verarmt und in manchen Versionen auch noch erblindet bettelnd durch die Straßen von Mainz zog. Doch diese Geschichte genügt nicht den Ansprüchen einer historischen Darstellung, taugt nicht einmal für den wahrhaft historischen Roman. Dass Peter Schöffer, der ein fähiger Druckereiunternehmer werden sollte, in dem Drama Fust-Gutenberg eine bei weitem noch unterschätzte Rolle spielte, wird deutlich, wenn man etwas genauer hinschaut. Was Gutenberg und Fust eben nicht gemeinsam hatten, verband Schöffer und Gutenberg. Beide hatten Erfahrungen mit dem Kopieren von Handschriften gemacht und interessierten sich für die Vervielfältigung von Büchern. Gutenbergs eigentlicher Gegenspieler wurde Schöffer. Ein Blick auf die Fakten ist aufschlussreich. ¶ Im Jahr 1444 finden wir in den Matrikeln des Sommersemesters der Universität Erfurt einen Petrus Ginsheym und im Wintersemester 1448 einen Petrus Opilionis. Wieder rückt Erfurt als die bedeutende Universität des Erzbistums Mainz in den Blick der Geschichte des Buchdrucks, da Gutenberg, Humery und nun auch Peter Schöffer diese Hohe Schule besuchten. ¶ Aber Peter Schöffer genügte Erfurt nicht, in ihm brannte der Ehrgeiz, mehr Wissen zu erwerben, mehr von der Welt kennenzulernen und seinen Platz im Leben zu finden. Für dieses Verlangen existierte auch ein konkretes Motiv, wie man gleich sehen wird. Von Erfurt zog es Peter Schöffer nach Paris, an die berühmte Sorbonne, an die Universität, deren Kanzler einst der große Jean Gerson war, der als Theologe wie kein Zweiter die spätmittelalterliche Religiosität geprägt hatte, indem er die fromme Praxis über die scholastische Theorie stellte. An der Seine machte Petrus de Gernsheim schon bald als Kopist mit einer Abschrift des *Organon* des Aristoteles von sich reden. ¶ Der französische Gutenberg-Forscher Guy Bechtel erwog ausgehend von einer Notiz von Trithemius, dass Schöffer Fusts Adoptivsohn war.[123] Und er schreibt dann weiter: »Wenn das Kind von Gernsheim, die vage Möglichkeit besteht, von dem Unternehmer angenommen wurde, weil eigene Kinder auf sich warten ließen, dann fügen sich die Aussagen der Quellen in eine logische, sinnvolle Reihe.«[124] ¶ Wahrscheinlich kam das Kind Peter Schöffer aus dem kleinen Gernsheim nach Mainz an die Lateinschule und wurde von der Familie Fust adoptiert, die ihm dann die weiteren Wege öffnete. Die Adoption nahm den Druck der Kinderlosigkeit von Fusts Ehe, und plötzlich stellte sich doch Nachwuchs ein, denn nach 1445 wurden Sohn Hans und Tochter Christina geboren, die Peter nach seiner Rückkehr später heiraten sollte.[125] ¶ Ein Kind aus einem besseren Dorf, adoptiert von reichen Leuten, dem durch einen Zufall, wahrscheinlich weil seine Intelligenz, seine geistigen Gaben auffielen, die Welt der Bildung eröffnet wurde, fühlte sowohl das Glück als auch die Verpflichtung, die Chance zu nutzen. Man kann noch etwas weiter gehen: Geistige Gaben, und eben nicht psychologisch-technisch ausgedrückt »Talente«, fielen als förderungswürdig auf. Gaben, Charismen, waren Gottes Geschenke, die als Gnade, die der Allerhöchste den Menschen erwies, verstanden wurden. Hatte aber Gott das Kind begnadet, dann bestand die Pflicht eines Christen darin, dieses Kind zu fördern, Gottes Willen zu erfüllen. Die Rechnung für die Fusts ging anscheinend auf, denn nachdem sie im Falle Peter Schöffers christlich handelten, wurden noch eigene Kinder geboren. Die Adoption, die ihm einen vollkommen anderen Weg eröffnete, war ein Ansporn. An der Wiege war ihm diese Zukunft nicht gesungen worden, nun hatte er sie zu erproben, nicht vorschnell einen Platz einzunehmen, sondern in Erfahrung zu bringen, was Gott mit ihm vorhatte. Das trieb Peter Schöffer an, deshalb begab er sich nach Paris. Der Begriff brennender Ehrgeiz trifft seine psychische Beschaffenheit wohl am besten. ¶ Schöffer, und das fällt auf, gehörte nun wirklich der ersten Generation der deutschen Humanisten an. Nikolaus von Wyle und Hermann Schedel waren zwar schon 1410 geboren, doch eigentlich eröffnete diese Generation der 1415 geborene Peter Luder, es folgten Albrecht von Eyb 1420, Matthias von Kemnat 1430 und Hartmann Schedel, um nur einige zu nennen. Diese Männer wagten den Aufbruch und wanderten zum Studium nach Paris oder nach Italien. Zu ihnen gehörte unstrittig Peter Schöffer. ¶ Dass Peter Schöffer Grund genug zur Loyalität gegenüber seinem Adoptiv- und Schwiegervater besaß, steht außer Frage, doch andererseits war er auch ein begabter junger Mann und für den Beruf des Druckers außerordentlich talentiert. Er kam von der Schrift, von der Typographie her – und das sollte noch einmal Bedeutung erlangen. Jetzt, tatendurstig und voller Erfahrungen und Selbstvertrauen aus Paris zurückgekehrt, ging er bei Johannes Gutenberg in die Lehre. ¶ Wann er genau zur Ur-Druckerei stieß, lässt sich nicht ermitteln, wahrscheinlich Ende 1450, Anfang 1451. Bei der Arbeit am Typensatz wurde er sofort mit herangezogen, doch Schöffer interessierte sich für alles, was mit der neuen *ars* in Zusammenhang stand. ¶ Bereits in Straßburg bildete Gutenberg in seinen Künsten aus, hier nun mischten sich Lehre, Forschung und Entwicklung. Die Prototypen der einzelnen Zeichen wurden sofort, nachdem sie gegossen waren, im Druck erprobt, um zu testen, ob das Schriftbild präzise war oder die Buchstaben tanzten, bevor man mit der Produktion dieser Letter in Serie ging. Aber damit ließ es Gutenberg nicht bewenden, denn er hatte sich zum Ziel gesetzt, den handschriftlichen Kopisten im Mainzer Kloster zu übertreffen. Also wurde jede einzelne Letter im Probedruck auf ihre Exaktheit überprüft. Diese Genauigkeit erforderte Zeit. Gutenberg wusste, dass nichts fataler gewesen wäre, als jetzt an der falschen Stelle, an der notwendigen Zeit, zu sparen und dadurch am Ende aus Ungeduld das ganze Unternehmen zu verderben. ¶ Doch Zeit bedeutete auch damals schon Geld. Und so musste er sich 1451 erneut an Johannes Fust wenden, nochmals wegen 800 Gulden. Aber er schien nicht lange bitten zu müssen. ¶ Inzwischen hatte Peter Schöffer seinem Adoptivvater begeistert immer wieder Bericht erstattet, wie großartig und vielversprechend die Arbeiten vorangingen und welche Möglichkeiten in Gutenbergs Erfindung steckten. Dabei dürfte der ehemalige Kopist Schöffer, dessen Herz nicht weniger als Gutenbergs an der Perfektion der Schrift hing, Fust von der Notwendigkeit überzeugt haben, die benötigte Zeit zu akzeptieren, wollte man zu stupenden Ergebnissen kommen. Höchstwahrscheinlich trieben sich Gutenberg und Schöffer gegenseitig dabei an, den Typensatz zu perfektionieren. Vergleicht man Schöffers späteres Psalmenbuch mit der B 42, dann besticht die gleiche Sorgfalt, der gleiche hohe Anspruch, wobei die Perfektion der B 42 nicht mehr erreicht wurde. ¶ In diesen Tagen entstand vermutlich in Fust der Vorsatz, Druckunternehmer zu werden, und so sah er die entstehende Offizin und die Fortschritte, die sein Adoptivsohn machte, mit ebenso großer wie berechnender Freude. Dass er damals schon daran dachte, Gutenberg aus der Druckerei zu drängen, soll nicht unterstellt werden. Im Falle, dass Gutenberg den ersten Kredit nicht würde ablösen können, gehörte ihm ja ohnehin schon die Offizin, und mit einem fähigen und ihm absolut loyalen Drucker, den Gutenberg für ihn ausbildete, besaß er auch die Möglichkeit, sie zu betreiben. Allerdings stand das alles auf wackligen Füßen, konnte Gutenberg theoretisch jederzeit den Kredit zurückzahlen und Schöffer entlassen. So kam ihm der erneute finanzielle Engpass des Erfinders wie gerufen. Diesmal begnügte er sich nicht mit einem Darlehen, sondern drängte darauf, als Gesellschafter in das Unternehmen aufgenommen zu werden. Wieder brachte Fust 800 Gulden ein, die zur Verpflegung und Bezahlung der Mitarbeiter Gutenbergs und der Finanzierung von Blei über Zinn bis Papier und Pergament genutzt werden sollten, mit anderen Worten, Gutenbergs neuer Teilhaber übernahm die anfallenden

Betriebskosten. ¶ Im Juni 1451 kehrte Konrad Saspach, der Drechsler und Druckerpressenbauer, nach Straßburg zurück. Anfang 1451 dürften letzte Verbesserungen an der Presse abgeschlossen gewesen sein, so dass man nun seiner nicht mehr bedurfte. Das grundsätzliche Problem, wie man verhindern konnte, dass im Moment des Druckens das seitliche Drehmoment der Spindel auf den Drucktiegel übertragen wurde und so zum Verwischen führte, lösten Saspach und Gutenberg auf so einfache wie geniale Weise. ¶ Die Presse bestand aus zwei massiven Säulen, die durch Querverstrebungen verbunden wurden. Durch die Querverstrebungen ging eine Spindel, die mit Hilfe eines Pressbengels hoch und runter bewegt werden konnte. Am Ende der Spindel war der Tiegel, auf den nun das seitliche Drehmoment der Spindel nicht übertragen werden sollte. Die Druckform wurde mit dem Satz unter den Tiegel auf das Fundament gestellt oder mittels seitlichen Schlittens gefahren. Nun wurde die Spindel – und darin bestand die Lösung des Problems – durch einen hölzernen Kasten (Büchse) geführt, der wiederum mit seinem quadratischen Querschnitt präzise eingepasst war. In der Büchse befanden sich zwei halbrunde Eisen, die in das Gewinde der Spindel griffen und dadurch verhinderten, dass die Drehbewegung der Spindel auf den Tiegel übertragen wurde. ¶ Die letzte Arbeit, die Saspach an der Presse vorgenommen hatte, dürfte darin bestanden haben, sie für den Bogendruck einzurichten. Bis dahin wurden einzelne Blätter gedruckt. Einen Bogen zu drucken bot den Vorteil, dass ein neuer Umbruch vermieden wurde, und wirkte sich auf die Qualität des Druckes aus. Vielleicht war Gutenberg auf die Idee, Bögen zu drucken, in der Diskussion mit Schöffer oder mit der gesamten Werkstatt gekommen. ¶ Wie viele Pressen Saspach gebaut hat, ob drei, vier, fünf oder gar sechs, ist leider nicht bekannt. Geht man hypothetisch von drei Pressen aus, stellt sich die Situation wie folgt dar: Während Gutenberg bis Ende 1449 mit einer Presse gearbeitet haben könnte, dürften die anderen beiden Pressen bis 1451 in Vorbereitung des Bibeldruckes gefertigt worden sein. Das allein würde etwas über die Größe der Werkstatt aussagen. Für eine Presse hätten zwei Setzer gearbeitet, an der Presse zwei Drucker, und hinzugekommen wären Korrektoren und Druckerknechte, Männer, die das Papier vorbereitet, es etwa angefeuchtet hätten. Gutenberg hätte demnach sechs Setzer, sechs Drucker, vier bis fünf Druckerknechte und eine schwer zu bestimmende Zahl von Korrektoren beschäftigt. ¶ Die Arbeiten mussten koordiniert und aufeinander abgestimmt werden, zugleich mussten die Mitarbeiter in die auch für sie neuen Tätigkeiten eingewiesen werden. Ein Teil des Personals arbeitete schon eine Zeit für ihn, andere kamen hinzu. Ganz gleich, wie die Vorbildung war, Bildung blieb unerlässlich, was bedeutete, dass die Männer anzulernen waren und Erfahrungen und Routine in den neuen Arbeitsgängen erlangen mussten. Auch Gutenberg konnte sich nur tastend vorwärtsbewegen. Mit der Zeit kamen aus der täglichen Arbeitserfahrung auch Ideen und Hinweise der Mitarbeiter hinzu. Nur wer die unbedingte Leidenschaft mitbrachte, die neue Kunst voranzubringen, wurde eingestellt, nur wer nichts an Engagement im Auf und Ab des Tuns vermissen ließ, durfte bleiben. Nicht alle, die von Gutenberg inspiriert an der neuen Technik mitarbeiteten, lassen sich noch ermitteln, aber Johannes

Mentelin aus Straßburg gehörte zu ihnen, Heinrich Keffer und Berthold Ruppel aus Hanau, Albrecht Pfister aus Bamberg und möglicherweise auch die Brüder Heinrich und Nikolaus Bechtermünze aus Eltville, mit Sicherheit aber Peter Schöffer. ¶ Johannes Gutenberg hatte die Abläufe einer Manufaktur, in der mindestens 20 Menschen arbeitsteilig arbeiteten, und die Materialbeschaffung zu organisieren, ohne sich dabei auf Überlieferung und Erfahrung verlassen zu können. Selbst in Maler- oder in Goldschmiedewerkstätten, in denen man auch arbeitsteilig wirkte, hatten die Meister das Handwerk als Lehrlinge und Gesellen erlernt, sicher so mancher von ihnen den Kreis des Erlernten ausgeschritten und auch Neuerungen getätigt, immer aber auf dem festen Boden der Tradition des Handwerks. Dafür, dass die Druckmethoden wie die Zeugdruckerei (Tuchdruckerei), der Holzschnitt und Kupferstich einen zumindest personellen Einfluss auf den Druck mit beweglichen Lettern hatten, liegen keine Belege oder Hinweise vor. Vorstellbar wäre allenfalls, dass die Kupferstecher als Graveure bei der Herstellung der Patrizen halfen. Johannes Gutenberg hatte ein vollkommen neues Handwerk, völlig neue Berufe und eine innovative Technologie erfunden und zugleich erfolgreich angewandt. Darin besteht seine große, ja geniale Leistung. Das notwendige Augenmaß, die Unbeirrbarkeit und die Fähigkeit, Menschen zu begeistern und zu führen, besaß er in außergewöhnlichem Maße. ¶ Im Zusammenhang mit Gutenbergs Erfindung wird gern und ausgiebig auf drucktechnische Entwicklungen, wie sie in China und in Korea einige Jahrhunderte früher auftauchten, hingewiesen. Doch weder ein chinesischer Setzkasten noch die Keramiklettern einer Schrift, die komplexe Zeichen, aber keine Buchstaben kennt, beeinflussten Gutenberg, der sie auch nicht gekannt haben dürfte. ¶ Gutenbergs Erfindung entspringt in allen Teilen einer analytischen Denktradition, wie sie für das Abendland typisch ist, und nicht dem soziomorphen Denken Chinas oder Koreas, heißt, die Idee der Buchstabenletter ergab sich aus der Vorstellung des Alphabets und einer philosophischen Geisteshaltung, die nominalistisch gestimmt war. ¶ Wie tief Johannes Gutenberg dennoch in der Tradition wurzelte, zeigt der Vergleich mit der zur selben Zeit in Mainz entstandenen Prachthandschrift der Riesenbibel. In jeder Entwicklung benötigt man einen Fixpunkt, hier war es die gotische Seite. Ein ungeübtes Auge würde kaum den Unterschied zwischen einer gedruckten Seite der Scheide-Bibel und einer handkopierten der Riesenbibel ausmachen können. Um Platz zu sparen, aber auch um eine Geschlossenheit der Welt im Sinne eines von Gott geordneten Universums darzustellen, wurde der Text im Blocksatz ohne Zwischenüberschriften und Absätze geschrieben oder gesetzt. Die Buchstaben standen, wenn sie nicht im Wort miteinander verbunden waren, eng beieinander, und die länglichen, nach oben strebenden gotischen Typen, die sich auf der Buchseite ausnahmen wie die Pfeiler und Säulen, die in der Kathedrale nach oben strebten, verstärkten noch den kompakten Eindruck. Auf diese Weise versuchte man Leerstellen zu vermeiden, dem *horror vacui* vorzubeugen, eine Leere, von der sofort der Teufel Besitz nehmen würde. Denn Leere bedeutete die Unmöglichkeit von Leben, von Bewegung. ¶ Die mittelalterliche Vorstellung vom *horror vacui* geht auf die Physik des Aristoteles zurück, wonach die Leere nicht existiert: »Im Leeren muss notwendig alles zur Ruhe kommen. Es gibt ja nichts (darin, was etwas veranlassen könnte), sich eher oder weniger auf dieser Bahn zu bewegen; insofern es leer ist, hat es keinen Unterschied an sich.« Denn wenn »Leere wäre«, dann würde sich »ganz und gar nichts [...] überhaupt bewegen«.[126] Weil für Aristoteles alles eine Ursache besitzen musste, so auch jede Bewegung jedes Leben, waren weder Bewegung noch Leben möglich, wenn das Vakuum existierte. Diese Grundvorstellung wendete das Mittelalter ins Philosophische und ins Theologische. ¶ Um dem Auge des Lesers Halt und Orientierung zu geben, arbeiteten nun die Buchschreiber und auch Gutenberg, und nach ihm auch alle Frühdrucker mit einem System buchmalerischer Gestaltungen. Die Herstellung eines Buches beschäftigte in den Skriptorien mehrere Gewerke, nämlich die Kopisten oder Abschreiber selbst, die Buchmaler und die Rubrikatoren. Nicht zum Skriptorium gehörte in der Regel der Buchbinder. Statt abgesetzten Überschriften wurden Sätze oder Wortgruppen oder Buchstaben rubriziert, also mit roter Farbe gemalt, Anfangsbuchstaben besonderer Worte im Text künstlerisch gestaltet. Das I wurde als J gedruckt und wurde als Versalie sehr groß geschrieben und mit Ornamenten versehen. Buchmaler verzierten Initialbuchstaben von Textkolumnen. Die Seitenränder wiesen oft eine reiche Illustration auf – auch hier zeigte sich der *horror vacui* –, deren Grundelement die Ranke bildete, die alles miteinander verband, so dass nichts auf der Welt allein stand, keine Abstände und Leere eintraten. Die Akanthusranke bildete das abendländische Pendant zur morgenländischen Arabeske, indem sie nicht auf abstrakte, sondern auf lebendige, sich in der Vielfalt der Lebensformen sich verwirklichende Weise die Allmacht und Unendlichkeit Gottes ausdrückte. ¶ An dieser Stelle zeigte sich die Verwobenheit von Altem und Neuem im alltäglichen, dennoch komplizierten Prozess der Herstellung der Bibel. Die Bibeln, obwohl alle gedruckt, unterscheiden sich hinsichtlich der Zeilenbelegung der Kolumnen. Die *Mazarine-Bibel* etwa beginnt zunächst 40-zeilig, um dann 41-zeilig und schließlich 42-zeilig zu werden. Das zeigt den experimentellen Charakter von Gutenbergs Voranschreiten. Er ging ursprünglich nicht von 42 Zeilen aus, sondern von 40, merkte aber dann, dass er den Satz enger gestalten und so Papier oder Pergament sparen konnte. Gutenberg hatte in der Arbeit an der Bibel neben dem Qualitätsmaßstab immer auch die Kosten im Blick. So hatte er anfangs die zu rubrizierenden Buchstaben in Rot gedruckt, stellte aber fest, dass der Rotdruck zu aufwendig geriet, so dass er es beim alten Verfahren beließ, die zu rubrizierenden Buchstaben, die Initialen und die Schmuckbuchstaben auszulassen, die dann später vom Rubrikator und Illuminator auszumalen waren. Nach Handschriftentradition verkaufte Gutenberg die Bibeln als Blattsammlung. Die Ausgestaltung der Drucke und den Aufwand des Einbandes bestimmte der Kunde je nach Geldbeutel und Geschmack, der seine Bibel zum Binden und in die Werkstätten der Buchmaler und Rubrikatoren gab. Für letztere drei Gewerke spielte es natürlich keine Rolle, ob sie ein handgeschriebenes oder ein gedrucktes Exemplar vor sich hatten. Dennoch besaß Johannes Gutenberg eine genaue Vorstellung von Form und Gestalt seiner Bibeln und fügte für die Rubrikatoren eine Tabelle, die *tabula rubricarum*, bei, um ihnen eine Anleitung für ihre Arbeit zu geben. Diese machten davon allerdings sehr unterschiedlichen Gebrauch. ¶ Dadurch aber, dass die einzelnen Exemplare der Bibel von verschiedenen Werkstätten der Illuminatoren, Rubrikatoren und Buchbinder weiterbearbeitet wurden, entstand der wundervolle Effekt, dass trotz der mechanischen Vervielfältigung jede dieser Bibeln zum Unikat wurde. Durch die individuelle Nachbearbeitung besitzt jedes Exemplar der B 42 seine eigene Geschichte. Das alte lateinische Sprichwort *Pro captu lectoris habent sua fata libelli* (Je nach Auffassungsgabe des Lesers haben die Büchlein ihre Schicksale) traf plötzlich in doppelter Weise zu: Jede B 42 hatte ihr eigenes Schicksal und spiegelte wiederum das Leben ihrer Besitzer wider, mehr noch, die Geschichte ihrer Besitzer ging in die Geschichte des Buches ein. So wurden die gedruckten Bände der B 42, die Geschichte gemacht hatten, selbst Geschichtserzählung. ¶ Man hat aus der Tatsache, dass mindestens vier unterschiedliche Papiersorten benutzt wurden und Seiten mit 40- oder 41-zeiligen Kolumnen gesetzt wurden, den Schluss gezogen, dass es während der Arbeit zu einer Erhöhung der Auflage gekommen sei. Dagegen spricht – und darauf deutet der Brief von Enea Silvio Piccolomini hin –, dass die komplette Auflage bereits im Subskriptionsverfahren vertrieben wurde. Der kaiserliche Sekretär war erstaunlicherweise sogar in der Lage, eine zutreffende Aussage zur Auflagenhöhe zu machen. Unterschiedliche Papiersorten, die Gutenberg zum größten Teil aus Italien bezog, wurden verwandt, weil die Mengen, die er benötigte, sich vermutlich nicht von einem Anbieter beziehen ließen, und auch hier spielten Fragen von Qualität und Preis eine

Rolle. ¶ Für die Auflage von 150 Exemplaren auf Papier benötigte Gutenberg mindestens 51 000 Bögen Papier, hierbei sind Fehldrucke und Ausschuss, was es in der Anfangsphase vermehrt gegeben haben dürfte, nicht mitgerechnet. Damit benötigte er für die Papierauflage des *Werks der Bücher* das 51-Fache von dem, womit die Kanzlei einer großen Reichsstadt über ein Jahr auskam.[127] Kurz: Der Wechsel in der Zeilenzahl spricht eher dafür, dass Gutenberg in der Arbeit am Druck noch Veränderungen vornahm. ¶ Die Offizin jedenfalls arbeitete unter Hochdruck. Am 12. März 1455 konnte der Sekretär Kaiser Friedrichs III., Enea Silvio Piccolomini, Kardinal Juan de Carvajal mitteilen, ihm sei von einem *vir mirabilis*, einem wunderbaren Mann berichtet worden, der zur Herbstmesse im Jahr 1454 in Frankfurt am Main aufgetreten war. Der Brief sagte nicht explizit, womit der *vir mirabilis* auf sich aufmerksam machte und zum Messe-Gespräch wurde, doch es wird Gedrucktes gewesen sein. Möglicherweise Quinternionen von Bibeln, die er als Muster mit sich führte, um so Bestellungen und Subskriptionen auszulösen. Doch der Sekretär des Kaisers konnte für den Freund in Rom keine Bibel erwerben, denn die Auflage war bereits vergriffen. ¶ Johannes Gutenberg stand nun, als sich das Jahr 1454 dem Ende zuneigte, auf dem Höhepunkt seines Schaffens, er hatte das Ziel seiner harten, über ein Jahrzehnt andauernden Arbeit erreicht. Datiert man die Anfänge auf das Jahr 1438, dann gingen sogar 16 Jahre ins Land. Mit dem Druck der Bibel auf mechanischem Wege und in serieller Fertigung hatte er ein Buchkunstwerk geschaffen, das hinter den Prachthandschriften nicht zurückzustehen brauchte und bis heute für viele Fachleute druckästhetisch nicht übertroffen wurde. ¶ Johannes Gutenberg hatte der Welt gezeigt, wozu er imstande war, und hatte zugleich mit dem *Werk der Bücher* Gott um Verzeihung für seinen Hochmut gebeten. Die Zukunft schien gewiss. Nun konnte er nur noch von Erfolg zu Erfolg eilen – glaubte er.

Frühling der Neuzeit

Der Sturz

Waren sie zuvor schon in heftigen Streit geraten? Mit bösen Worten, Schmähreden und Drohungen? Oder kam die Vorladung vor Gericht aus heiterem Himmel? Stand er in seiner Druckerei, saß er bei Tisch, entwarf er neue Projekte für seine Offizin, konzipierte er mit Peter Schöffer die Type für den Druck des Mainzer Psalters? Zu gern wüsste man Zeitpunkt und Situation, in der jener Richter des weltlichen Gerichts zu ihm trat und ihn in Kenntnis setzte, dass Johannes Fust an jenem Tag im erzbischöflichen Hof zu Mainz, dem Sitz des Gerichtes, Klage gegen ihn erhoben hatte, weil er die Rückzahlung eines Darlehens und die damit verbundenen Zinsen verweigere. Die Sache hatte es in sich: Fust erhob eine Forderung von insgesamt 2026 Gulden. Das entsprach knapp 446 000 Gulden oder 20 Häusern oder 252 Mastochsen. Beachtlich ist, wie Fust auf diese Summe kam. Er verlangte nicht nur die 800 Gulden des Darlehens zurück, sondern 250 Gulden an Zinsen für diese Schuld, obendrein noch die Geschäftseinlage von 800 Gulden, die er als zweites Darlehen ausgab und folgerichtig dafür 140 Gulden Zinsen berechnete, zuzüglich 36 Gulden, die sich aus den Zinsen ergaben, die er seinen Gläubigern für jenen Kredit schuldete, den er selbst aufgenommen hatte. Entfernt erinnert Fusts Vorgehen an das im Frankfurter Prozess, wo er sich allerdings weigerte zu zahlen, nicht weil er sich vom Verkäufer, sondern vom Vermittler betrogen fühlte. Fust nahm es mit den Adressaten und mit der Rechtmäßigkeit seiner Forderungen, deren Konstruktion beeindruckt, nicht allzu genau. ¶ Die einzige Urkunde, die über diesen Rechtsstreit Auskunft gibt, das berühmte Helmaspergersche Notariatsinstrument, bezog sich auf eine Eidesleistung am 6. November 1455, die am Ende des Prozesses stand. Der Notariatsakt diente dazu, den heiligen Eid zu beurkunden, den Johannes Fust zwischen 11 und 12 Uhr im Refektorium des Barfüßerklosters zu Mainz auf eine Reliquie leistete. Darin erklärte er, dass er das geliehene Geld Johannes Gutenberg selbst gegen Zins geborgt hatte. Der Prozess lässt sich deswegen verlässlich aus dem Helmaspergerschen Notariatsinstrument rekonstruieren, da vor der eigentlichen Eidleistung, die das Schriftstück bezeugt, die Positionen von Fust und Gutenberg benannt wurden und man das Urteil des Richters festhielt. ¶ Fusts Klage dürfte auf den Sommer 1455 datieren. Etwas später oder etwas früher mag es gewesen sein, da sich Verfahren unterschiedlich lange hinziehen konnten, jedenfalls steht fest, dass Fust seinen Kompagnon Johannes Gutenberg zu einem Zeitpunkt verklagte, als zwar die gesamte Auflage vertrieben, aber die Zahlungen noch nicht restlos eingegangen waren.[128] Angesichts der Zahlungsmoral im Mittelalter bleibt ohnehin fraglich, ob alle Zahlungen überhaupt eintrafen, sicher ist jedoch, dass vor der Frankfurter Messe noch wesentliche Außenstände zu verzeichnen waren. ¶ In seinem berühmten Brief an den Kardinal Carvajal berichtet Enea Silvio Piccolomini von dem *vir mirabilis*, der auf der Frankfurter Messe seine gedruckte Bibel angeboten hatte. Als den kaiserlichen Sekretär die Bitte seines Freundes nach dem Erwerb einer gedruckten Ausgabe der Heiligen Schrift ereilt, trifft der Auftrag zu spät ein, denn die Auflage ist bereits vergriffen. Die bereits erwähnte, entscheidende Stelle im Brief lautet: »Wenn ich deinen Wunsch gekannt hätte, hätte ich zweifellos einen Band gekauft.«[129] Das heißt im Oktober 1454, als zur Zeit der Frankfurter Messe der kaiserliche Sekretär zum Reichstag in der Stadt weilte. Der *vir mirabilis*, von dem man annehmen darf, dass es Gutenberg war, stellte sein Bibelprojekt auf der Messe vor, um erstens Käufer für die Bibel zu finden und zweitens für seine Offizin zu werben, denn ein Zweck des Bibel-Druckes bestand auch darin, sich auf dem Markt und in der Welt mit seiner neuen Technologie, seiner *ars*, bekannt zu machen und das Publikum mit der Qualität seiner Arbeit zu verzaubern. ¶ Wer also, wenn nicht der Mann, der über ein Jahrzehnt an dem Projekt gearbeitet und Geldgeber überzeugt hatte, große Summen für eine Idee, einen Traum, eine reine Vorstellung zu investieren? Der immer wieder seine Mitarbeiter zu Höchstleistungen führte? Wer sonst sollte für den Verkauf der Bibel und für die stupende Leistungsfähigkeit seiner *kunst* werben, wenn nicht er, der die ganze *aventur* durchlebt, durchlitten und auch genossen hatte? Etwa Johannes Fust, der trockene Finanzier? Schöffer? Ist es wirklich denkbar, dass Johannes Gutenberg einen jungen und noch nicht allzu lange Zeit bei ihm arbeitenden Mitarbeiter schickte? Es sollte doch sehr verwundern. ¶ Das wichtigste Thema des Reichstages hatten die Osmanen mit der Eroberung Konstantinopels und der Annektierung christlicher Gebiete auf die Tagesordnung gesetzt. Dem Vorrücken Mehmeds II. musste Einhalt geboten werden. Doch die christlichen Fürsten, die lediglich an der Vergrößerung ihrer Hausmacht interessiert waren, ließen sich nicht von der Idee begeistern, ihren Glaubensbrüdern in Südosteuropa zu Hilfe zu eilen, nicht einmal die Erzbischöfe von Mainz und Trier. Und so kämpften einige Kardinäle, Carvajal, Nikolaus von Kues, aber auch der kaiserliche Sekretär Enea Silvio Piccolomini einen vergeblichen Kampf. ¶ In seiner von Ciceros *De imperio Cn. Pompei* angeregten Rede vor dem Reichstag in Frankfurt am Main am 15. Oktober 1554 rief letzterer mahnend aus: ¶ »Ein Krieg, der für den Schutz der Religion, die Erhaltung des Vaterlands, für die Rettung der Bundesgenossen auf Befehl eines Höheren geführt wird, den hat noch keiner der Alten für ungerecht gehalten. Hier sind die Mahnungen des Moses, des Demosthenes, auf römischer Seite die des Horaz und hier auf eurer deutschen Seite rühmend hervorzuheben die Worte Karls, [...] Ottos.« ¶ Und er benutzte die seit der Antike kaum mehr verwendete Bezeichnung für das christliche Abendland: Europa, das er weitsichtig mit dem Begriff der *patria*, dem Vaterland, in enge Verbindung setzte: ¶ »Wenn wir die Wahrheit gestehen wollen, hat die Christenheit seit vielen Jahrhunderten keine größere Schmach erlebt als jetzt. Denn in früheren Zeiten sind wir nur in Asien und Afrika, also in fremden Ländern geschlagen worden, jetzt aber wurden wir in Europa, also in unserem Vaterland, in unserem eigenen Haus, an unserem eigenen Wohnsitz aufs Schwerste getroffen.«[130] ¶ Hatte Johannes Gutenberg zwar Enea Silvio Piccolomini nicht gehört, weil er den Reichstag nicht besuchte, so doch den beeindruckenden Kreuzzugsprediger Giovanni da Capistrano, einen begnadeten Redner, der täglich auf dem Friedhof der Bartholomäuskirche und am Sonntag auf dem Römerberg in gleichem Geist feurige Reden hielt. Obwohl er seine Predigten auf Latein hielt, wurde er durch sein gestisches und mimisches Geschick auch vom illiteraten Volk verstanden, geliebt und umjubelt – mehr noch galt das für Gutenberg, der den funkelnden Ausführungen des Mönchs auch wortwörtlich zu folgen vermochte. Die Begegnung mit Capistrano sollte seine nächsten Druckprojekte beeinflussen. Da Gutenberg seine Bibelmuster am Dom präsentierte, hörte er Capistrano, und dieser dürfte auf den *vir mirabilis* aufmerksam geworden sein. Möglich, dass Capistrano einer der Gewährsleute war, die dem kaiserliche Sekretär über den *vir mirabilis* berichtet hatten. ¶ Johannes Gutenberg, auf den jene Worte wie auf keinen Zweiten passten, war nach Frankfurt am Main gereist mit ein paar Mustern, Quinternionen, im Gepäck, um seinen Triumph zu genießen und bewundert zu werden. ¶ War dies nicht viel mehr, als ein Münzerhausgenosse zu sein? Mochten die Patrizier untergehen, er blieb als *vir mirabilis* in der Welt. Wem aus den Mainzer Geschlechtern war jemals dieser Titel zuteilgeworden? Selbst wenn dieser Begriff nicht von Enea Silvio Piccolomini stammen sollte, hatte er ihn als Quintessenz der bewundernden Berichte seiner Gewährsleute, die ihm »nichts Falsches geschrieben«[131] hatten, geprägt, einer Bewunderung, die nur ein Abglanz davon war, was Gutenberg auf der Messe genießen durfte, er, der Zauberer der Lettern. ¶ Von den Verkäufen aber, die er auf der Messe getätigt hatte, würde er frühestens Ende Oktober 1455 das Geld erhalten – und bei den andern blieb es zweifelhaft, ob und wann die neuen Besitzer zahlten. Die Messe funktionierte auch als Schuldenbörse. ¶ Obgleich Gutenberg aus dem Bibelunternehmen beträchtliche Außenstände hatte, die bei den hohen Vorkosten empfindlich genannt werden dürfen, war er alles andere als zahlungsunfähig, denn er bezahlte weiterhin penibel seine Schulden in Straßburg.

Darin eine zeituntypische hohe Zahlungsmoral Gutenbergs entdecken zu wollen, ginge an der Sache vorbei, denn Straßburg stellte für ihn einen lukrativen Markt dar, wie alle prosperierenden Reichsstädte, wie alle Bürgerstädte. Weshalb sollte er riskieren, dass die Stadt einen Schuldtitel gegen ihn vollstreckte, den womöglich das Thomas-Stift gegen ihn erwirkt hätte? Dass er auf die Bücher, die er in Straßburg zu verkaufen trachtete, gelegt werden würde, wusste Gutenberg nur zu gut, hatte er doch selbst das Mittel einmal erfolgreich angewandt. Außerdem zahlte ihm die Stadt Straßburg eine Rente, die er für seinen Lebensunterhalt benötigte und deren Pfändung er nicht provozieren wollte. ¶ Das führt zu einem interessanten Verhaltensmuster Gutenbergs: Er scheint sehr genau zwischen persönlichen Einnahmen und Ausgaben und geschäftlichen Einnahmen und Ausgaben unterschieden zu haben. Die Leibrenten wurden in ihrem Grundbestand nicht für geschäftliche Ausgaben verpfändet. Er hatte Fust die entstehende Druckerei und nicht seine Leibgedinge als Sicherheit überschrieben. Nicht der Patrizier Johannes Gutenberg war zahlungsunfähig, der Geschäftsmann, der Druckereibesitzer Gutenberg hatte aufgrund hoher Vorkosten und nur langsam eintreffender Erlöse ein Defizit. ¶ Übrigens lief der Verkauf auf dem Buchmarkt über drei Wege: Erstens konnte man sich selbst auf den Marktplatz stellen, wie er es in Frankfurt getan hatte, zweitens gab es die Möglichkeit, Subskriptionen einzuwerben, und drittens schickte man reisende Agenten über Land zu den verschiedensten Märkten. Das Einwerben von Subskriptionen ließ sich im kirchlichen Bereich einfach realisieren, wenn man über Verbindungen verfügte. Man musste nur beim jeweiligen Bischof anfragen, wie viele *Donate* für die kirchlichen Lateinschulen, wie viele Psalter, Messbücher oder Bibeln für die Diözese benötigt würden, und vereinbarte eine Lieferung zum Tag X für die Summe Y. Bezüglich der Agenten verhielt es sich etwas unsicherer. Zum einen waren sie nicht selten mindestens ein Jahr unterwegs, bevor sie zurückkehrten und abrechneten. Zum anderen kam es auch vor, dass ein Agent unterwegs starb oder überfallen wurde oder sich nie wieder blicken ließ. Dürers Klage beispielsweise über den Tod seines Agenten 1506 in Rom war herzzerreißend, allerdings nicht wegen des Ablebens des guten Mannes, sondern in Ansehung des finanziellen Verlustes. Die Hoffnung Dürers, den finanziellen Schaden zu verringern, erfüllte sich nicht. ¶ Noch nicht in Betracht kam für Johannes Gutenberg ein vierter Verkehrsweg, wie ihn später Drucker wie Anthoni Koberger, Johann Amerbach, Günther Zainer, Erhard Ratdolt oder Johann Schönsperger nutzen sollten, nämlich seine Bücher den Fernkaufleuten, die auch für den Buchhandel tätig waren, in Kommission mit deren Waren mitzugeben. ¶ Fust strengte zu einem Zeitpunkt die Klage an, an dem noch nicht alle Erlöse eingegangen waren. Über die finanziellen Verhältnisse des Unternehmens wusste er recht gut Bescheid. Auch wenn ihm Gutenberg etwas verheimlicht hätte, so besaß er doch ein scharfes Ohr und ein wachsames Auge in der Firma, in Gestalt seines Adoptivsohnes Peter Schöffer, der inzwischen so weit war, dass es ihn durchaus dazu gedrängt haben mag, sein eigener Meister zu werden. ¶ An diesem Punkt wird es spannend, doch leider auch ein wenig spekulativ. Fest steht: Gutenberg schuldete Fust die Rückzahlung des Darlehens, nämlich der ersten 800 Gulden. Die Forderung Fusts auf die zweiten 800 Gulden versetzte Gutenberg in Zorn, denn diese Summe war kein Darlehen, sondern Fusts Anteil am gemeinsamen Geschäft. Oberflächlich betrachtet, kann man Fusts Forderung nach Rückzahlung des Darlehens genauso verstehen wie Gutenbergs Weigerung, die Gesellschaftereinlage zurückzuzahlen. Letzteres dürfte ihn unangenehm an den Prozess gegen die Gebrüder Dritzehn in Straßburg erinnert haben, die auch die Auszahlung des Gesellschafteranteils, allerdings den ihres verstorbenen Bruders, gerichtlich zu erzwingen trachteten, beziehungsweise die Beteiligung am Unternehmen – und dies sollte man nicht ganz aus dem Gedächtnis verlieren. ¶ An dieser Stelle, an den Forderungen, die von beiden erhoben oder verweigert wurden und die man nachvollziehen kann, kommt man nicht weiter. Es empfiehlt sich also, einen Blick auf die Positionen zu werfen, auf Gutenbergs Weigerung, das Darlehen zurückzuzahlen, und auf Fusts Behauptung, der Gesellschafteranteil sei ein ebenfalls fälliger Kredit. Unterstellt man beiden nicht von vorneherein betrügerische Absichten, muss zuerst nach den unterschiedlichen Sichtweisen und dann nach ihren Motiven gefragt werden, die daraus zu rekonstruieren sind, nicht umgekehrt. Es lohnt, einmal die Persepektive der Kontrahenten einzunehmen, um ihre Positionen zu verstehen. ¶ Johannes Gutenberg hatte Geld von Fust zu einem Zinssatz von sechs Prozent geliehen und dafür das als Sicherheit geboten, was er mit diesem Geld herzustellen gedachte: Druckerpressen, Typensätze, Druckerballen, Setzkästen, Winkeleisen etc. Als Gutenberg wieder Geld für das Projekt benötigte, ging es nicht um die Herstellung von Geräten, Vorrichtungen und Handwerkszeug, sondern um die Bezahlung der Mitarbeiter und den Einkauf von Materialien wie Papier und Pergament beispielsweise. Fust bot an, das benötigte Kapital als Gesellschafteranteil in das Unternehmen einzubringen, das so zu einem gemeinsamen Projekt wurde. Er wurde Teilhaber und wird sicher in einem Nebensatz auf den Zins für das Darlehen verzichtet haben, als Geste des guten Willens. Da auch das Darlehen in das nunmehr gemeinsame Unternehmen und eben nicht in seinen Privathaushalt geflossen war, war Fust aus Gutenbergs Sicht nun auch beteiligt an den Schulden des Unternehmens, an dem besagten Darlehen von 800 Gulden. Für den Erfinder stellte es eine Absurdität dar, dass sein Kompagnon Forderungen an das Unternehmen stellte, das ihm ja mit gehörte, schließlich kamen die Investitionen in den technischen Ausbau der Werkstatt nun auch ihm zugute. ¶ Johannes Fust hingegen lehnte ab, für etwas zu haften, was vor seiner Zeit geschehen war. Man sollte die Dinge nicht vermengen. Er hatte dem Bürger Johannes Gutenberg ein Darlehen gegeben, dessen Rückzahlung er nun verlangte, ja gerichtlich eintreiben ließ. Das eine war das eine, das andere das andere. Das Recht stand an diesem Punkt auf Seiten Fusts, mochte sich auch Gutenberg darüber ärgern. Jetzt aber trieb der Finanzier die Auseinandersetzung weiter, indem er behauptete, dass auch die zweiten 800 Gulden ein Kredit gewesen seien. Hier setzte er sich eindeutig ins Unrecht. Als Gutenberg vor Gericht glaubhaft versichern konnte, dass die zweite Summe Fusts Gesellschafteranteil entsprach, ruderte dieser zurück und behauptete stattdessen, Gutenberg habe diese Gelder auch für andere

Arbeiten ausgegeben, denn die Fust'sche Einlage und seine Beteiligung hätten sich allein auf das *Werk der Bücher*, nicht auf andere Drucke bezogen, an deren Gewinn er ja auch nicht beteiligt war. Allen Aketeuren war bewusst, dass eine Verurteilung Gutenbergs auf Rückzahlung von 2000 Gulden seinen Bankrott als Geschäftsmann bedeutet hätte. Die Auseinandersetzung wurde von Fust und Gutenberg, die beide so gerichtserfahren wie gewieft waren und jeglicher Naivität in Rechtsangelegenheiten entbehrten, mit gnadenloser Härte geführt. Was war inzwischen geschehen? Es kann nicht allein ums Geld gegangen sein, das im Gegenteil bloßer Hebel gewesen sein muss. ¶ Halten wir uns an das, was schriftlich vorliegt: Fust betrachtete die zweiten 800 Gulden als Darlehen, weil dieses Kapital nicht nur für das *Werk der Bücher* verwandt, sondern zweckentfremdet wurde. Dass Johannes Gutenberg bereits vor der Arbeit am *Werk der Bücher* Texte und Bücher gedruckt hatte, haben wir gesehen an der *Sibyllenweissagung* und an den *Donaten*. Doch auch während dieses Gemeinschaftsprojekts ließ Gutenberg weitere Auflagen der *Donate* drucken, an denen Fust nicht beteiligt war. Aber nicht die *Donate* dürften Fust auf den Plan gerufen haben, über die man sich hätte verständigen können oder zu denen man vielleicht sogar ein Gentlemen's Agreement getroffen hatte, denn diese Produktion hatte er ja vor Fusts Eintritt in die Offizin betrieben. Nein, etwas anderes erboste Fust, ein zusätzliches lukratives Nebengeschäft Gutenbergs, das er begann, nachdem er bereits tief im Bibel-Projekt steckte. ¶ Bereits 1451 hatte Papst Nikolaus V. dem König von Zypern, Johann II., den Vertrieb eines Ablasses für die Zeit vom 1. Mai 1453 bis zum 30. April 1455 eingeräumt, um

Geld für die Zurüstung gegen die Türken einzunehmen. So mussten dringend die Bollwerke der Festung Nikosia repariert und teils erneuert oder verstärkt werden.[132] Im Jahr 1453 fiel Konstantinopel. Die Nachricht schockierte Europa, doch die Fürsten gingen bald wieder ihren gewohnten Machtspielen nach. Einzig Papst Nikolaus V. und einige Kardinäle versuchten die Christenheit aufzurütteln. Nicht wenige verbanden die Figur Mehmeds II. mit dem Antichrist, der, wie es in der *Sibyllenweissagung* stand, von Christus überwunden wurde, worauf das Jüngste Gericht folgte. ¶ In Frankfurt oder in Mainz traf 1454 Paulinus Zappe, der Ablassbevollmächtigte des zypriotischen Königs, mit Johannes Gutenberg zusammen. Der Ablassbrief galt als eine Art Quittung. Wer ihn erwarb gegen Geld, das er Paulinus Zappe und seinen Gehilfen zu entrichten hatte, konnte das Dokument seinem Pfarrer bei der Beichte vorweisen und gegen den Erlass von zeitlichen Sündenstrafen einlösen. In dem Ablassbrief war eine Stelle freigelassen, in die der Ablasskommissär nur den Namen des Käufers einzutragen brauchte. So stand es in Zappes hohem Interesse, möglichst viele dieser Formulare zu einem geringen Preis herstellen zu lassen. Dass eine Druckerei, die den Brief einmal setzte und dann zu Tausenden vervielfältigen konnte, hier den Abschreibern im Ausstoß haushoch überlegen war, bedarf keiner Erläuterung. ¶ Es scheint so zu sein, dass Nikolaus von Kues Paulinus Zappe und Johannes Gutenberg zusammengebracht hatte. Im November 1451 weilte Cusanus zur Synode in Mainz. Inzwischen waren Gutenbergs Arbeiten so weit fortgeschritten, dass er Drucke aus seiner Offizin vorstellen konnte. Im März 1452 hielt sich Cusanus in Frankfurt am Main auf. Im Mai gestattete er dem Prior von St. Jakob, gedruckte Ablassbriefe zu verkaufen. Im Herbst 1454 vertrieb Paulinus Zappe dann bereits gedruckte Ablassbriefe, zunächst in der 31-zeiligen DK-Type, also Gutenbergs ältester Type. Der Ablassbrief erschien ebenfalls 1454/55 teils in der Schrift der B 42. Und genau das war es, was Fust Gutenberg vorwarf, dass er noch andere Titel druckte als die Bibel, und zwar mit dem Typensatz und den Werkzeugen, die für das Projekt der B 42 vorgesehen waren. ¶ Dass Fust es nicht akzeptierte, dass Gutenberg an Projekten arbeitete, die er mittelbar mitfinanziert hatte, an deren Gewinn er aber nicht beteiligt wurde, ist verständlich, dass es hierüber – zum Teil – zu heftigen Auseinandersetzungen kam, auch. Aber rechtfertigten sie schon den mit einer ruinierenden Gesamtforderung verbundenen Gang zum Gericht? ¶ Hinter all dem zeichnet sich noch ein tieferer, grundsätzlicher Konflikt ab. Und hier kommt die Person Peter Schöffers ins Spiel, des hochbegabten Adoptivsohns Fusts, der einmal, so war es sicher schon vereinbart, auch sein Schwiegersohn werden sollte. Schöffer kam vom Handschriften-Kopieren. Er empfand sich als Ästhet, als Künstler. Das erste Buch, das in seiner Offizin herauskam, war der Mainzer Psalter (*Psalterium Moguntinum*), ein Prachtdruck, bei dem erstmals der Mehrfarbendruck angewandt wurde, das heißt die Arbeit des Rubrikators übernahm der Drucker. Und noch eines fällt auf: Fust und Schöffer waren die ersten Drucker, die ihre Namen in das Buch druckten. Sie taten, was man sich von Gutenberg schon gewünscht hätte, sie vermerkten im Buch, dass dieses Werk aus ihrer Offizin stammte. Hätte Gutenberg ebenso seine Werke kenntlich gemacht, wären damit viele Zuordnungsdiskussionen obsolet gewesen. Aber – und hier kommt man auf den tieferen Punkt des Streites – Gutenberg kam das gar nicht in den Sinn. Es gab nur eine Druckerei, nämlich seine, es war seine Erfindung, sein Gewerbe. Er empfand sich nicht wie Schöffer als Künstler. ¶ Es scheint zu einem grundsätzlichen Dissens gekommen zu sein, in welche Richtung sich die Druckerei weiterentwickeln, welche strategische Orientierung sie wählen sollte. Dass Gutenberg bereits in einem frühen Stadium des Drucks der B 42 die Versuche mit dem Rotdruck einstellte, dürfte nicht in Schöffers Sinne gewesen sein. Während Gutenberg den Massenbetrieb mit seriell produzierten und deshalb erschwinglichen Ausgaben, wie den *Donaten*, Kalendern, Ablassbriefen, vorzog, setzte Schöffer auf hochwertige Druckwerke. Der tiefere Gegensatz tat sich auf zwischen dem Erfinder und seinem Schüler, zwischen dem mit klarer Autorität handelnden Meister und dem eigene Wege suchenden Gesellen. Natürlich stand Fust hinter Schöffer, und der sehr selbstbewusste junge Mann hatte seinem Schwiegervater in spe sukzessive einen höheren Gewinne versprechenden Geschäftsplan entwickelt, der diesen überzeugte. Die juristische Auseinandersetzung fand erst in zweiter Linie um Geld statt, im tieferen Sinne stritten zwei selbstbewusste Unternehmer über die richtige Fortsetzung des Unternehmens. Mochten auch die Formen der Auseinandersetzung höchst subjektiv gewesen sein, in ihrem Wesen beinhalteten sie einen objektiven Widerspruch, der eben auf diese Art gelöst wurde. ¶ Möglich, dass Gutenberg Schöffers Vorschlag, nach der B 42 einen Prachtpsalter zu drucken, aus guten Gründen ablehnte, denn die Bibel, die sie druckten, fand zwar Käufer, doch ob damit die hohen Produktionskosten erstens restlos gedeckt würden und ob zweitens die vermögenden Käufer auch eifrig zahlten, stand in der Sternen. Für eine Pergamentbibel musste der Käufer 80 bis 100 Gulden auf den Tisch legen, also mindestens 17 600 Euro, für eine Papierbibel wohl 40 bis 60 Gulden, immerhin auch noch 8800 bis 13 200 Euro. Bei einem Verkauf der gesamten Auflage von 150 Papier- und 30 Pergamentbibeln sollte rein rechnerisch ein Erlös von mindestens 8400 Gulden zusammenkommen. ¶ Rechnet man nun die Summe, die Fust geltend machte, als Investitionskosten, also die 2200 Gulden, zuzüglich des Kredits von 1448 mit 150 Gulden, schlägt man noch den Straßburger Kredit des St.-Thomas-Stifts zu und eigene Gelder, die Gutenberg zuschoss, käme man auf circa 4000 Gulden, die Entwicklung und Produktion gekostet haben. Bliebe ein Gewinn von 4400 Gulden, wenn denn alle zahlten. Und dass Mitte 1455 bereits alle Zahlungen eingetroffen waren, darf stark bezweifelt werden. ¶ Ein wichtiges Faktum kommt noch hinzu: Der Vertrag zwischen Fust und Gutenberg bezog sich auf das Projekt des *Werks der Bücher*, das heißt die Herstellung des Bibeldrucks in einer Auflage von 180 Exemplaren. Insofern erstreckte sich die Gemeinschaft nur noch auf den Verkauf der Bibeln. Das Verhältnis zwischen Gutenberg einerseits und Schöffer und Fust andererseits scheint zerrüttet gewesen zu sein. Gutenberg empfand weder Wunsch noch Verpflichtung, die gemeinsame Arbeit fortzusetzen. Da Gutenberg aber nicht auf Schöffer angewiesen war, da er Setzer und Drucker wie Berthold Ruppel, Heinrich Keffer und Johannes Mentelin herangebildet hatte, konnte er auf ihn verzichten. Für Fust und Schöffer hätte es andererseits ein Problem dargestellt, eine Werkstatt von Grund auf aufzubauen, die Pressen zu produzieren, den Typensatz und so weiter. ¶ Spätestens Anfang 1455 dürfte allen Beteiligten klar gewesen sein, dass es auf eine Trennung hinauslief. Die Zeit arbeitete für Gutenberg, denn je mehr Geld eintraf, desto leichter wurde es, Fust auszuzahlen. Er machte sich deshalb keine Sorgen. Das Darlehen betrachtete er inzwischen als erste Geschäftseinlage. ¶ Ganz anders Fust: Wollte er nicht der Verlierer sein, sondern im Gegenteil, in dem neuen Handwerk, dem neuen Erwerbszweig reüssieren, musste er rasch handeln. In Peter Schöffer hatte er einen Mann, der absolut loyal zu ihm stand und der sich hinsichtlich des Druckgewerbes nicht vor Gutenberg zu verstecken brauchte. Vielleicht hatte er eine ähnlich hohe Meinung von seinem Adoptivsohn wie dieser von sich selbst. Insofern wäre Gutenberg nur Ballast gewesen. ¶ Fust hatte die Möglichkeit, mit Blick auf das Darlehen einen Teil der Werkstatt zu pfänden, nämlich all das, was von seinem Darlehen bezahlt worden war. Nur gab es dabei einen Haken. Denn Gutenberg hatte ja auch Teile der Werkstatt, die Verbesserung der Presse, die Vervollständigung des Schriftsatzes, mit Geldern der Geschäftseinlage finanziert. Das machte die Situation etwas unübersichtlich. Da aber aus Fusts Perspektive beide Summen von ihm kamen, so konnte er sie auch beide als Darlehen sehen – und das tat er dann auch. Dass er dabei die Berechnung seiner Forderung an Gutenberg in die höchste gerade noch mögliche Höhe trieb, entsprach der Zeit. Da man ohnehin nicht wusste, ob man mit seiner Forderung in ganzer Höhe durchkam, empfahl es sich, sie möglichst hoch anzusetzen. Außerdem definierte man damit auch ihre Ernsthaftigkeit. Gutenberg hielt folglich entgegen, dass das zweite Darlehen in Wahrheit Fusts Beteiligung am Projekt war, und kam damit durch. Fust räumte das ein, warf aber Gutenberg vor, das Geld teils veruntreut zu haben. ¶ Das Urteil des Gerichts, soweit es sich rekonstruieren lässt, war alles in allem ausgewogen und gerecht. Fust konnte einen »Zettel« vorweisen mit Gutenbergs Schuldverschreibung, der Erfinder hatte aber nichts Schriftliches in der Hand, das Fusts Verzicht auf die Zinsen belegte, weshalb das Gericht entschied, dass Johannes Gutenberg das Darlehen von 800 Gulden mit einem Zins von sechs Prozent zurückzuzahlen hatte. Was aber die zweiten 800 Gulden betraf, die Fust forderte, entschied das Gericht vollkommen nachvollziehbar, dass Johannes Gutenberg den Nachweis über die Verwendung des Fust'schen Gesellschaftskapitals, quasi eine Abrechnung, erbringen sollte. Auf alle Ausgaben, die nicht dem *Werk der Bücher* zugutekamen, besaß Fust das Anrecht auf Rückzahlung. Leider wurde Gutenbergs Abrechnung nicht überliefert, aber man darf annehmen, dass ein versierter Geschäftsmann wie Gutenberg dazu in der Lage war. ¶ Da aber die Gesellschaft Außenstände aus dem Bibel-Unternehmen hatte, sah sich der Unternehmer Johannes Gutenberg nicht in der Lage, das Darlehen zurückzuzahlen, und damit stand Johannes Fust das Recht zur Pfändung zu. Leider schweigen die Quellen, aber aus den Drucken, die von der Offizin Gutenberg und von der Offizin Fust-Schöffer nach der Trennung hergestellt wurden, lassen sich einige Schlüsse ziehen. ¶ Da Gutenbergs Druckerei ihren Anfang nicht erst mit Fust genommen hatte, wird

Gutenberg präzise und klug abgerechnet haben. Die Pressen wird man sich geteilt haben, hatten sie auf vier gearbeitet, werden zwei bei Gutenberg geblieben und zwei in Fusts Besitz übergegangen sein. Den kompletten Typensatz der B 42 übernahm Fust, denn den hatte er als Gesellschafter finanziert; auf die DK-Type, mit der Gutenberg weiterdruckte, hatte er hingegen keinen Anspruch. ¶ Interessant ist auch, dass zumindest einige seiner Angestellten, wenn nicht alle, bei ihm blieben, ihn vor Gericht vertraten und für ihn aussagten. Bedenkt man, dass es in allen Prozessen gerade Gutenbergs engste Partner und Mitarbeiter waren, die zu ihm standen, wird das Klischee vom schwierigen Charakter fragwürdig. Zumindest war er ein Mann, der beeindruckte und Sympathien auf sich zog. ¶ Eines allerdings hatte sich mit dem Prozess zerschlagen: das Monopol, das er auf seine Erfindung besaß. Angesichts einer Zeit, in der noch kein Patentschutz existierte, musste ihn der Verlust der Einzigartigkeit bitter ankommen. Seine Drucke hatte er nie signiert, weil es nicht notwendig war. Er schien sich auf seine Art an Schöffer zu rächen, indem er nicht nur druckte – und zwar vor allem lukrative Massenware –, sondern auch Drucker ausbildete und ihnen half, Druckereien zu eröffnen, wie er es wohl mit Albrecht Pfister in Bamberg und den Gebrüdern Bechtermünze in Eltville tat. ¶ Im Gegensatz zu Schöffer hatte er sein Berufsleben nicht mehr vor sich, musste seine Arbeit nicht durch ein Signet schützen, sondern durfte am Siegeszug seiner Erfindung mitwirken. Er war jetzt 55 Jahre alt, nach damaligen Begriffen ein Greis, ein alter Mann, dessen Tage gezählt waren und der schon hin und wieder an die Ewigkeit denken durfte – und vielleicht auch sollte.

Triumph und Katastrophe

Dass Johannes Gutenberg geachtet und als solvent betrachtet wurde, belegt eine Urkunde vom 21. Juni 1457, in der er als Zeuge auftritt. Man musste schon über eine gute Reputation verfügen, wenn man ein Geschäft des St.-Viktor-Stifts in Mainz, dem er als Laienbruder immer noch angehörte, bezeugen durfte. ¶ Nicht aus heiterem Himmel, sondern erwartbar trat ein Ereignis ein, das ihn zwang, seine wirtschaftliche Strategie zu überdenken. Erst mit diesem 14. August 1458 entwickelten der Ausgang des Prozesses zwischen ihm und Johannes Fust und die darauffolgende Werkstatttrennung ihre ganze Wirkung. An diesem Tag erschien in der Druckerei von Johannes Fust und Peter Schöffer der bereits erwähnte Prachtdruck, das *Psalterium Moguntinum*, umgangssprachlich *Mainzer Psalter* genannt. Dieses ausschließlich auf Pergament gedruckte Buch wies einige erstaunliche Besonderheiten auf. ¶ Auf die Herstellung der Typen wurde eine einzigartige Sorgfalt verwandt. Der Psalter enthielt Lobgesänge Gottes, Gebete, Hymnen und die 150 Psalmen mit ihren Antiphonen, Allerheiligenlitaneien, Totenvigilien und die Lieder zu kirchlichen Festen, kurz, alles, was im Gottesdienst gesungen wurde, fand sich in diesem Buch. Außerdem wurden später noch Mensuralnoten von einem Kantor eingeschrieben. Da der Psalter also für den Gebrauch im Gottesdienst vorgesehen war, wurde er in sehr großen Lettern gedruckt, damit sie mühelos vom Chorleiter und vom Chor gelesen werden konnten – auch bei Kerzenschein. ¶ Für die Psaltertype wurden 28 Großbuchstaben, 194 Kleinbuchstaben, zudem 24 Unziale verwendet. Insgesamt mussten für den Druck 496 Figuren, über

200 mehr als in der B 42, hergestellt werden.[133] Der Psalter wurde dreifarbig, in Schwarz, Rot und Blau in einem Gang gedruckt. Wie aufwendig das war, belegt Schöffers minutiöses Vorgehen: Er nahm die verschiedenen Typen für die roten und blauen Initialen einzeln heraus, um sie einzufärben. ¶ Dass der Mainzer Psalter Fusts und Schöffers von Gutenberg als Fehdebrief verstanden wurde, lag außer am fast streberischen Bemühen, die Ästhetik der 42-zeiligen Bibel zu übertreffen, daran, dass er als erster Druck der Weltgeschichte unterzeichnet wurde, dass die Prachtausgabe mit einem Kolophon, einer nicht zum Text des Buches gehörenden Nachschrift, endete, in dem sich Fust und Schöffer zu erkennen gaben. Und damit der Demonstration nicht genug, sie setzen ihre Wappen in roter Farbe gedruckt unter das Kolophon. Die vier letzten Worte in Schrift und Bild des Mainzer Psalters hießen Johannes Fust und Peter Schöffer. Eindeutiger ging es nicht. Damit erklärten sie der Öffentlichkeit, allen potenziellen Käufern und Auftraggebern, dass die wahren und vielleicht einzigen Drucker Fust und Schöffer waren. ¶ Kolophon und Wappen stellten eindeutig eine Machtdemonstration dar, die dem Versuch eines Vernichtungsschlages gleichkam. Nicht die Klage zu ungünstigem Zeitpunkt, nicht die Werkstattteilung stellten den hinterhältigen Akt Fusts gegen Gutenberg dar, wie ihn viele sahen, sondern Kolophon und Wappen, denn damit wollten sie Gutenberg dem Vergessen, der *damnatio memoriae* preisgeben und ihn vom Sockel des Erfinders der Schwarzen Kunst stoßen, um sich selbst darauf zu stellen. Auch Schöffers Sohn versuchte dies später in einem bemerkenswerten Akt der Geschichtsklitterung, als er dem in die-

ser Hinsicht etwas zu vertrauensseligen Abt von Trittenheim seinen Großvater (Fust) und seinen Vater als die Schöpfer des Drucks mit beweglichen Lettern anpries. ¶ Doch wie reagierte Gutenberg? Nahm er den Fehdehandschuh auf? Ja und nein. Er druckte weiter, aber er unterließ es auch fürderhin, seine Druckwerke zu signieren. Das verwundert und lässt Fragen offen, denn man macht es sich zu einfach, wenn man Gutenberg als gotischen Menschen, Schöffer und Fust bereits als Renaissancepersönlichkeiten charakterisiert. Während der eine sich in die Christenheit, in den Plan Gottes, des wahren Schöpfers, eingefügt haben soll, soll der andere als Mensch eines neuen Zeitalters sein Ich behauptet haben, stolz auf das, was er auf seinem Gebiet hervorgebracht hatte. Diese allzu schematische Vorstellung entlarvt immerhin auf ihre Weise den eigentlichen Kontrahenten, die treibende Kraft hinter allem, die niemand anderes als Peter Schöffer war. ¶ Die Idee zu Kolophon und Wappen dürfte von Schöffer gekommen sein, dem strebsamen Schreiber, dem Bauernsohn, dem das Glück der Adoption den Weg von ganz unten bis in die reichen Mainzer Bürgerstuben öffnete, weil er in einer außergewöhnlichen Fügung, in einem Kairos, in Gutenbergs Druckerei die *ars* erlernte, die seinem Talent so sehr entsprach. Nicht mit Massendrucken, sondern mit einem Prachtdruck trat er seinem Lehrer entgegen. Die Konstellation war kompliziert und vielfältig. Die wichtigste Frage lautet: Wann wurde der Psalter konzipiert? Und daraus resultierend: Wann wurde mit der Anfertigung der Psaltertype begonnen? ¶ Ein so großes Projekt wie der Psalter benötigte mindestens zwei Jahre Vorlaufzeit. In der Literatur wurden häufig drei Jahre veranschlagt, aber man muss bedenken, dass die Kapazität der Werkstatt von vornherein höher ausfiel als zu Beginn des *Werks der Bücher*. Inzwischen arbeiteten ausgebildete und erfahrende Schriftschneider und -gießer, Setzer und Drucker für Gutenberg, die verschiedene Druckwerke einschließlich der B 42 produziert hatten. So dürfte die Herstellung des Psalters durch ein eingespieltes Team schneller vorangegangen sein. Aber selbst wenn man von drei Jahren ausgeht, befänden wir uns im August 1455, wahrscheinlich sogar Anfang 1455. ¶ Gutenberg, der den Markt für massenhaft produzierte Gebrauchsschriften im Auge hatte, musste und wollte deswegen den Druck von Prachtausgaben nicht vernachlässigen. Wichtigstes Buch im Gebrauch der Kirche für die Gottesdienste war nicht die Bibel, sondern das Messbuch, das Missale. Sowohl Gutenberg als auch Schöffer sollten Messbücher drucken. Ob und wann Gutenberg das Missale hergestellt hatte, soll hier nicht weiterverfolgt werden. Doch auch ein Psalter gehörte notwendig zu den Messen. Ihn in großer Schönheit zu produzieren war sicher eine lohnende Investition. So fiel möglicherweise Anfang 1455 die Entscheidung für den Psalter. Gutenberg dürfte wie bei der Bibel eine Papier- und eine Pergamentauflage geplant haben. Von Schöffers Idee, den Psalter in drei Farben zu drucken, hielt er womöglich nach den Erfahrungen mit der B 42 nichts. Aber an Konzeption und Herstellung des Typenapparats hatte er sich federführend beteiligt. Jetzt bekommt der Zeitpunkt der Fust'schen Klage mit ihren für Gutenberg finanziell ruinierenden Forderungen eine zusätzliche Brisanz. Die Herstellung der Psaltertype lief auf Hochtouren – und ihr Fortgang ließ auf einen großen Erfolg des Produkts schließen. Andererseits endete das gemeinsame Bibelprojekt und damit auch die Gemeinschaft Fust-Gutenberg. Dass Fust nicht aus dem Geschäft, mit dem er gerade begonnen hatte, herausgedrängt werden wollte, versteht sich, zumal er über einen Mann verfügte, der dieses Metier nicht schlechter als Gutenberg beherrschte. Und auch Schöffer mochte nicht mehr unter Gutenberg arbeiten. Seine erfolgreiche Tätigkeit in eigener Offizin beweist, dass er bereit war. Um Gutenberg zuvorzukommen, reichte Fust fast handstreichartig Klage ein. ¶ Und nun werden auch Kolophon und Wappen verständlich: Sie stellten mitnichten den Auftritt des neuen Renaissancemenschen dar, sondern sollten die neue Firma auf dem Markt etablieren und dabei die Erinnerung an die Zusammenarbeit mit Gutenberg auslöschen. Da die Herstellung der Psaltertype von Fust finanziert worden war, musste Gutenberg Patrize, Matrize und fertige Lettern Fust überlassen. Mit den Plänen und Entwürfen zum Psalter und den bereits angefertigten Materialien sowie mit Werkzeugen wie etwa Winkelhaken und Druckerpressen, Setzkästen, Druckerballen und auch der Druckvorlage eröffneten Fust und Schöffer Ende 1455 ihre eigene Werkstatt im Humbrechtshof und forcierten die Arbeiten am Psalter. Es dürfte kaum einen motivierteren Mann als Peter Schöffer gegeben haben, für den dieses Werk die große Chance des Lebens war. Um Gutenbergs enormen Anteil am Psalter vor den Zeitgenossen und vor der Nachwelt auszulöschen, wurde die gesamte Arbeit mittels Kolophon und Wappen in Besitz genommen. So wie man sich praktisch in den Besitz aller Vorarbeiten gebracht hatte, indem man die Typen und Werkzeuge übernommen hatte, so erfolgte mittels des Kolophons auch die ideelle Aneignung. Natürlich konnte Gutenberg durch die Mainzer Straßen ziehen und über das Unrecht klagen, das man ihm angetan hatte, aber was war das schon gegen einen Druckvermerk, der sich rot auf weiß im Buche fand? Zu dieser Zeit existierte weder ein Urheber- noch ein Patentrecht. ¶ Und Gutenberg? Gutenberg hatte nicht vor, seine Praxis zu ändern, er druckte weiterhin Bücher – und Bücher endeten gemeinhin mit dem Ende des Texts und nicht mit einem fremden Zusatz, auch wenn Rubrikatoren oder Illuminatoren gelegentlich Beginn und Ende der Arbeit vermerkten. Damit stand er in der Tradition der Schreiber, die einen Text kopierten, eine Tätigkeit, die er nur in Technologie und Mechanik übersetzte. Von der Richtigkeit seiner Marktstrategie überzeugt, dachte er auch nicht daran, sie zu ändern. Dennoch musste er auf den Mainzer Psalter und das von Schöffer und Fust angestrebte Monopol reagieren. Bis jetzt hatte er immer darauf geachtet, dass er in aller gebotenen Heimlichkeit an seiner Erfindung arbeitete. Spätestens mit der B42 und dem großen Aufsehen, das sie in der Öffentlichkeit erregte, ließ sich diese Heimlichkeit nicht mehr aufrechterhalten, zumal er Mitarbeiter benötigte, die er einzuweihen hatte. ¶ Eine Möglichkeit zu kontern bestand darin, seine Mitarbeiter zu befähigen, eigene Werkstätten aufzubauen – damit wären Fusts und Schöffers Monopolambitionen sogleich gescheitert. Sein Lebenswerk hatte er vollbracht: Der Buchdruck mit beweglichen Lettern war seriell möglich, und die Ergebnisse standen den Handschriften ästhetisch in nichts nach. In der Herstellung der Kopien war er dem Abschreiben sogar bei weitem überlegen und auch in der Präzision, weil die Vorlage identisch vervielfältigt wurde. Wäre es für ihn jetzt nicht an der Zeit, für die Verbreitung seiner Erfindung zu sorgen, den begeisterten Mitarbeitern zu eigenen Werkstattgründungen zu verhelfen? ¶ Gutenberg wollte auf die Veröffentlichung des Mainzer Psalters antworten, zumal sich Fust und Schöffer mit ihren Psaltern, Missalen, Ablassbriefen und *Donaten* sowie einer 48-zeiligen Bibel und der *Summa Theologiae* des Thomas von Aquin, sehr auf den klerikalen Markt konzentrierten. Diesen Markt wollte er ihnen nicht überlassen. Was wäre nach dem erfolgreichen Bibel-Projekt logischer gewesen, als mit einer Bibel auf den Psalter zu antworten, als eine geradezu ironische Replik, die Schöffer und die Öffentlichkeit daran erinnert hätte, dass Gutenbergs Bibel-Projekt zuerst da gewesen und noch immer unerreicht war? Schöffer dürfte Gutenbergs Bibel-Projekt genau so aufgefasst haben, denn er brachte 1462 eine 48-zeilige Bibel heraus, die in einer Gotico-Antiqua gesetzt war und beweisen sollte, dass er das Handwerk besser beherrschte, dass er mit seiner 48-zeiligen Bibel den alten Meister übertreffen konnte, was ihm allerdings mit dieser gleichwohl sehr schönen Ausgabe nicht gelang. ¶ Es stellt sicher keinen Zufall dar, dass Gutenberg ab 1458 die Zahlung der Zinsen für das Darlehen des Thomas-Stiftes einstellte, denn er benötigte jeden Gulden für die neuen Projekte, die er vorfinanzieren musste, wobei ihm Konrad Humery half, der ihm inzwischen zum Freund geworden sein dürfte. Zwar verklagten ihn die Straßburger vor dem Reichsgericht in Rottweil, aber er erschien nicht einmal vor Gericht, denn als Mainzer Bürger konnte ihn nur die Mainzer Gerichtsbarkeit wirklich belangen. ¶ Weil Gutenberg zur gleichen Zeit ein weiteres Großprojekt durch den Kopf ging, kam ihm die Anfrage von Albrecht Pfister, dem Sekretär des Bischofs von Bamberg, der in Bamberg eine Druckerei errichten wollte, gerade recht. Geschäftlich wird man schnell übereingekommen sein. Mit Heinrich Keffer oder Berthold Ruppel oder einem anderen Mitarbeiter konzipierte Gutenberg die Ausgabe der 36-zeiligen Bibel, die in der DK-Type gedruckt wurde. Pfister und Gutenbergs Mitarbeiter richteten in Bamberg die Druckerei ein, in der als Erstling die B 36 erschien. Kurz darauf brachte Albrecht Pfister in der DK-Type, mit der die B 36 gedruckt wurde, Tepls *Ackermann aus Böhmen* – das erste gedruckte Drama – heraus. Das kunstsinnige Bamberg, in dem es berühmte Malerwerkstätten gab, man denke nur an die Pleydenwurffs, an die Katzheimers und auch daran, dass zehn Jahre später das Wirken Capistranos auf einer berühmten Tafel festgehalten wurde, scheint somit der erste Ort zu sein, in dem außerhalb von Mainz die Schwarze Kunst angewandt wurde – vorangetrieben durch Johannes Gutenberg. ¶ Doch die zweite Möglichkeit, zum Gegenschlag gegen Fust und vor allem gegen Schöffer auszuholen, besaß die Genialität, auf der Ebene der *ars* ein Duell zu eröffnen, in einer ausgesprochen eleganten und feinsinnigen Geste Schöffer den Fehdehandschuh hinzuwerfen. Der alte Meister dachte zu dieser Zeit an ein Werk, das schon wegen seines Umfangs dem Drucker erhebliche Widerstände entgegensetzte und somit wie die B 42 als staunenswerte Pionierleistung in die Geschichte eingehen würde. ¶ Die *Summa grammaticalis quae vocatur Catholicon*, kurz: das *Catholicon*, wurde von dem Dominikaner Johannes Balbus de Janua als lateinisches Wörterbuch mit einem umfangreichen Grammatikteil zusammengestellt. Da die Einträge des Buches zuweilen enzyklopädischen Charakter besaßen, wurde es gern als Lexikon benutzt. Gutenberg hatte wieder einmal ein sehr populäres Werk im Auge, das mit seinen über 14 000 Einträgen ein äußerst umfangreiches Werk darstellte. Obwohl er eine kleinere Type verwandte, benötigte er für den Druck 744 Seiten im Folio-Format. Dass dieser Druck aus seiner Werkstatt hervorgegangen ist, wurde immer wieder bezweifelt.[134] ¶ Dass Johannes Gutenberg in dem Werk, das er Schöffer entgegenstellte, ein Kolophon verwandte, ist der Duell-Situation geschuldet. Schöffer hätte im Kolophon seinen Namen verwandt, Gutenberg tat es nicht, aber der Wortlaut, der uns an den Denk- und Schreibstil des Cusaners erinnert, verweist auf Gutenberg.[135] Es klingt wie eine Lebensbeichte, als würde Rechenschaft abgelegt, wie eine Zusammenfassung seines Lebens, dessen Sinn und Ziel in seiner Erfindung bestanden, ein Buch herzustellen, eben ohne »Schreibrohr, Griffel und Feder, sondern mit der wunderbaren Harmonie und dem Maß der Typen und Formen«. Vollständig lautet der Text des Kolophons in der deutschen Übersetzung: ¶ »Unter dem Schutz des Höchsten, durch dessen Gunst die Zungen der Unmündigen beredt werden und der oft dem Geringen enthüllt, was er den Weisen verbirgt, ist im Jahr 1460 der Fleischwerdung des Herrn in Mainz, der Mutterstadt der glorreichen deutschen Nation, welche die Güte Gottes mit einer so hellen Erleuchtung des Geistes und gnädig vor allen Nationen der Erde auszuzeichnen und zu verherrlichen gewürdigt hat, dieses vortreffliche Buch Catholicon, nicht mit Hilfe von Schreibrohr, Griffel und Feder, sondern mit der wunderbaren Harmonie und dem Maß der

Typen und Formen gedruckt und vollendet worden. Darum sei Dir, Heiliger Vater, Dir, dem Sohn samt dem Heiligen Geist, dem Drei-Einigen und Einen Gott, Lob und Ehre dargebracht. Und Du, gläubiger Mensch des Universums, der Du nie aufhörst, die gebenedeite Maria zu loben, vereine Deinen Beifall mit dem Lob der Kirche für dieses Buch. Dank sei Gott!«[136] ¶ Wahrscheinlich müsste es noch genauer übersetzt heißen: »durch das wunderbare Übereinstimmen (Zusammenstimmen, Zusammenwirken, Zusammenklingen) der Maße und Formen, der Patrizen und Lettern«, denn *concordia* bedeutet weniger Harmonie, ein Begriff, der im Übrigen erst im 16. Jahrhundert Karriere machen sollte, sondern Eintracht, Zusammenklingen, Herzensübereinstimmung. ¶ In diesem Kolophon dürfte man dem einzigen schriftlichen Zeugnis Johannes Gutenbergs begegnen. Auch wenn es der Pastor Heinrich Günther[137] nach der Mode der Zeit für ihn verfasst haben sollte, drückte sich doch darin Gutenbergs Sichtweise und Vermächtnis aus. In diesem Kolophon tritt uns der Mainzer Patrizier gegenüber, der auch in den langen Jahren des Exils sein Bürgerrecht nicht aufgegeben hatte, der voller Gottvertrauen daran gearbeitet hatte, Bücher herzustellen ohne Griffel, Schreibrohr oder Feder. Gottes Gunst hatte ihn geleitet und befähigt. In diesem Zusammenhang marktschreierisch seinen Namen zu nennen, wie es Fust und Schöffer taten, hatte er nicht nötig, denn er hatte es mit Gottes Hilfe zum Ruhme Gottes geschafft. So wie im *Catholicon* die ganze Welt Platz hatte, so mündete in das Kolophon sein gesamtes Schaffen, sein Werk – und ihm, einem der Geringsten, wie Gutenberg sich in zeittypischer Demutsgeste

Incipit liber bresith quē nos genesim
In principio creauit deus celū dicim⁹
et terram. Terra autem erat inanis et
vacua: et tenebre erāt sup faciē abissi·
et spūs dñi ferebat̄ sup aquas. Dixitq;
deus. Fiat lux. Et facta ē lux. Et vidit
deus lucem ꝙ esset bona: ⁊ diuisit lucē
a tenebris· appellauitq; lucem diem ⁊
tenebras noctem. Factūq; est vespe et
mane dies vnus. Dixit q3 deus. Fiat
firmamentū in medio aquaꝝ: ⁊ diuidat aquas ab aquis. Et fecit deus firmamentū: diuisitq; aquas que erāt
sub firmamento ab hijs q̄ erant sup
firmamentū· et factū ē ita. Vocauitq;
deus firmamentū celū: ⁊ factū ē vespe
et mane dies secūd⁹. Dixit vero deus.
Congregent̄ aque que sub celo sūt in
locū vnū ⁊ appareat arida. Et factū ē
ita. Et vocauit deus aridam terram:
congregacionesq; aquaꝝ appellauit
maria. Et vidit deus ꝙ esset bonū· et
ait. Germinet terra herbā virentem et
facientē semen: ⁊ lignū pomiferū faciens
fructū iuxta genus suū· cui⁹ semen in
semetipo sit sup terrā. Et factū ē ita. Et
protulit terra herbā virentē ⁊ facientē
semē iuxta genus suū: lignūq; faciens
fructū ⁊ habēs vnūqdq; sementē scdm
speciē suā. Et vidit deus ꝙ esset bonū:
et factū est vespe et mane dies tercius.
Dixitq; autē deus. Fiant luminaria
in firmamēto celi· ⁊ diuidāt diem ac
noctem: ⁊ sint in signa ⁊ tpa et dies ⁊
annos· ut luceāt in firmamēto celi et
illuminēt terrā. Et factū ē ita. Fecitq;
deus duo lumiaria magna: lumiare
maius ut pēsset diei et lumiare min⁹
ut pēsset nocti ⁊ stellas· ⁊ posuit eas in
firmamēto celi ut lucerent sup terrā: et

pēssent diei ac nocti· ⁊ diuiderent lucē
ac tenebras. Et vidit de⁹ ꝙ esset bonū:
et factū ē vespe ⁊ mane dies quartus.
Dixit etiā de⁹. Producāt aque reptile
anime viuentis ⁊ volatile super terrā·
sub firmamēto celi. Creauitq; deus cete
grandia· et omnē aīam viuentē atq;
motabilē quā pduxerāt aque ī specie
suas· ⁊ omne volatile scdm gen⁹ suū.
Et vidit deus ꝙ esset bonū· benedixitq;
eis dicens. Crescite ⁊ mltiplicamini· ⁊
replete aquas maris· auesq; mltipli-
cent̄ sup terrā. Et factū ē vespe ⁊ mane
dies quītus. Dixit quoq; deus. Pro-
ducat terra aīam viuentē in genē suo·
iumenta ⁊ reptilia· ⁊ bestias terre scdm
species suas. Factūq; ē ita. Et fecit de⁹
bestias terre iuxta species suas· iumenta ⁊ omne reptile terre ī genere suo. Et
vidit deus ꝙ esset bonū· et ait. Facia
mus hoiem ad ymaginē ⁊ silitudinē
nostrā· ⁊ psit piscibȝ maris· et volatilibȝ celi ⁊ bestijs vniūseq; terre· omniq;
reptili qd mouetur ī terra. Et creauit
deus hoiem ad ymaginē ⁊ silitudinē
suā· ad ymaginē dei creauit illū· masculū ⁊ feminā creauit eos. Benedixitq;
illis deus· ⁊ ait. Crescite ⁊ mltiplica-
mini ⁊ replete terrā· et subicite eā· et dña-
mini piscibȝ maris· et volatilibȝ celi·
et vniuersis animātibȝ que mouent̄
sup terrā. Dixitq; de⁹. Ecce dedi vobi
omnē herbā afferentē semen sup terrā·
et vniūsa ligna que hñt in semetipis
sementē generis sui· ut sint vobis ī escā
⁊ cunctis aīantibȝ terre· omniq; volucri
celi ⁊ vniuersis q̄ mouentur in terra· ⁊ ī
quibȝ est anima viuēs· ut habeāt ad
vescendū. Et factū est ita. Viditq; deus
cuncta que fecerat· ⁊ erāt valde bona.

Et factū ē vespe ⁊ mane dies sextꝰ. I
Igitur pfecti sunt celi et terra· ⁊ omīs or
natus eoꝝ. Compleuitq; deꝰ die septimo opꝰ suū qđ fecerat· ⁊ requieuit die
septimo ab vniūso ope qđ patrarat.
Et benedixit diei septimo· et sāctificauit
illū· quia ī ipo cessauerat ab omī ope
suo qđ creauit deus ut faceret. Iste sūt
generacōnes celi ⁊ terre qñdo create sūt
in die quo fecit deꝰ celū ⁊ terrā· ⁊ omne
virgultū agri āteq; oriret̄ in terra· om-
neq; herbā regiōis priꝰ q̄ germiaret.
Non enī pluerat dñs deus sup terrā·
⁊ homo nō erat qui opareť terrā. Sed
fons ascendebat e terra· irrigās vniū-
sam supficiem terre. Formauit igitur
dñs deus hoīem de limo terre· et inspi-
rauit in facie eiꝰ spiraculū vite· ⁊ factꝰ
homo ī aīam viuentē. Plantauerat
autē dñs deus padisum voluptatis
a principio· in quo posuit hoīem quē
formauerat. Produxitq; dñs deus de
humo omne lignū pulchrū visu· ⁊ ad
vescendū suaue· lignū etiā vite in medio padisi· lignūq; sciēcie boni et mali. Et fluuius egrediebať de loco voluptatis ad irrigandū paradisum· qui
inde diuidiť in q̄tuor capita. Nomen
uni phison. Ipe est qui circuit omnē
terrā euilath· ubi nasciť aurū· ⁊ aurū tre
illiꝰ optimū ē. Ibiq; inueniť bdelliū· ⁊
lapis onichinꝰ. Et nomen fluuij secūdi
geon. Ipse ē qui circuit omnē terram
ethiopie. Nomen vero fluminis tercij
tygris. Ipe vadit cōtra assyrios. Fluuius autē q̄rtꝰ· ipe ē eufrates. Tulit ḡ
dñs deꝰ hoīem· et posuit eū in padisu
voluptatis· ut opareťur et custodiret
illū· p̄cepitq; ei dicēs. Ex ōni ligno padisi comede· de ligno autē sciēcie boni
et mali ne comedas. In quocūq; enī
die comederis ex eo· morte morieris.
Dixit q̄q; dñs deꝰ. Non ē bonū hoīem
esse solū· faciamꝰ ei adiutoriū silē sibi.
Formatis igiť dñs deꝰ de humo cunctis aīantibus terre· et vniūsis volati-
libus celi· adduxit ea ad adā· ut videt
qđ vocaret ea. Omne enī qđ vocauit
adam anime viuentis· ipm ē nomen
eius. Appellauitq; adā nominibꝫ suis
cuncta aīancia· ⁊ vniuersa volatilia
celi et omnes bestias terre. Ade vero nō
inueniebať adiutor silis eiꝰ. Immisit-
q; dñs deus soporē in adam. Cumq;
obdormisset· tulit vnā de costis eius·
et repleuit carnē pro ea. Et edificauit
dñs deus costā quā tulerat de adam
in mulierē· ⁊ adduxit eam ad adam.
Dixitq; adam. Hoc nūc os ex ossibus
meis· et caro de carne mea. Hec voca-
bitur virago· qm̄ de viro sumpta est.
Quāobrē relinquet homo prēm suū
⁊ mrēm ⁊ adherebit vxori sue· ⁊ erunt
duo ī carne vna. Erat autē vterq; nudꝰ
adā scilicet ⁊ vxor eiꝰ· ⁊ nō erubescebāt.
Sed ⁊ serpens erat callidior II
cūctis aīantibꝫ trē q̄ fecerat dñs
deꝰ. Qui dixit ad mulierē. Cur p̄cepit
vobis deus ut nō comederetis ex omni
ligno padisi? Cui respondit mulier.
De fructu lignoꝝ que sunt in padiso
vescimur· de fructu vero ligni qđ est in
medio padisi p̄cepit nobis deꝰ ne co-
mederemꝰ· ⁊ ne tangeremꝰ illud· ne forte
moriamur. Dixit autē serpens ad muli-
erem. Nequaq̄ morte moriemini. Scit
enī deus q̄ in quocūq; die comederitis
ex eo· aperientur oculi vestri: et eritis sicut
dij scientes bonū et malū. Vidit igiť
mulier q̄ bonū esset lignū ad vescen-
dum· et pulchrū oculis· aspectuq; dele-
ctabile· ⁊ tulit de fructu illiꝰ ⁊ comedit·

deditq; viro suo. Qui comedit· ⁊ apti
sūt oculi amboꝝ. Cumq; cognouissēt
se esse nudos· consuerūt folia ficus: ⁊
fecerūt sibi perizomata. Et cū audissent
vocem dñi dei deambulātis ī padiso·
ad auram post meridiem: abscondit
se adā et uxor ei⁹ a facie dñi dei in medio ligni padisi. Vocauitq; dñs de⁹
adā· et dixit ei. Ubi es. Qui ait. Vocē
tuā dñe audiui in padiso· ⁊ timui eo
φ nudus essem: et abscondi me. Cui
dixit dñs. Quis eni indicauit tibi φ
nud⁹ esses: nisi φ ex ligno de quo pce-
pcā tibi ne comedēs comedisti? Dixit-
q; adam. Mulier quā dedisti michi so-
ciam· dedit michi de ligno: ⁊ comedi.
Et dixit dñs deus ad mulierē. Quare
hoc fecisti? Que respondit. Serpens
decepit me· et comedi. Et ait dñs ad
serpentē. Quia fecisti hoc· maledictus
es inter omnia aīancia· ⁊ bestias terre.
Super pectus tuū gradieris· ⁊ terram
comedes cunctis dieb; vite tue. Inimi-
cicias ponā inter te ⁊ mulierē: ⁊ semen
tuū ⁊ semen illius. Ipsa conteret caput
tuū: et tu insidiaberis calcaneo eius.
Mulieri quoq; dixit. Multiplicabo
erumpnas tuas· ⁊ cōceptus tuos. In
dolore paries filios· et sb viri potestate
eris: ⁊ ipse dñabit tui. Ade vero dixit.
Quia audisti vocē uxoris tue· ⁊ comedisti de ligno ex quo pceperam tibi ne
comederes· maledicta terra ī ope tuo.
In laborib; comedes ex ea· cūctis die-
bus vite tue. Spinas et tribulos ger-
minabit tibi· ⁊ comedes herbas terre.
In sudore vult⁹ tui vesceris pane tuo·
donec reuertaris in terrā de qua sūpt⁹
es: quia puluis es· ⁊ ī puluerē reuteris.
Et vocauit adam nomen uxoris sue
eua· eo φd mater esset cūctoꝝ viuentiū.
Fecit quoq; dñs deus ade ⁊ uxori ei⁹
tunicas pelliceas· ⁊ induit eos et ait.
Ecce adam φsi unus ex nobis factus
est sciens bonū ⁊ malū. Nunc ergo ne
forte mittat manū suā· et sumat etiā
de ligno vite· et comedat: et viuat in-
eternū. Emisit eū dñs deus de padiso
voluptatis: ut operaretur terrā de qua
sumpt⁹ est. Eiecitq; adā· et collocauit
ante padisum voluptatis cherubin· ⁊
flāmeum gladiū atq; versatilem: ad
custodiendam viam ligni vite. IIII
Cognouit vero adam euā uxorē
suam: q̄ concepit ⁊ peperit caym
dicens. Possedi hoīem per deū. Rursū-
q; peperit fratrem eius abel. Fuit autē
abel pastor ouiū· ⁊ caym agricola. Fa-
ctum ē autē post multos dies ut offerret
caym· de fructib; terre munera domino.
Abel quoq; obtulit de primogenitis
gregis sui ⁊ de adipibus eoꝝ. Et respe-
xit dñs ad abel· et ad munera ei⁹: ad
caym autē ⁊ ad munera illius non re-
spexit. Iratusq; est caym vehementer: ⁊
concidit vult⁹ ei⁹. Dixitq; dñs ad eū.
Quare iratus es· ⁊ cur concidit facies
tua? Nōne si bene egeris recipies? Si
autē male: statim in forib; pccm̄ tuū
aderit. Sed sub te erit appetit⁹ eius· et
tu dñaberis illi⁹. Dixitq; caym ad frēm.
Egrediamur foras. Cumq; essent ī agro·
cōsurrexit caym aduersus frēm suū abel:
⁊ interfecit eū. Et ait dñs ad caym. Ubi
est abel frater tu⁹? Qui rñdit. Nescio.
Nūqd custos fratris mei sū ego? Dixitq; ad eū. Quid fecisti? Vox sangui-
nis fris tui clamat ad me de tra. Nūc
igit maledict⁹ eris sup terrā: q̄ apuit
os suū ⁊ suscepit sanguinē fratris tui
de manu tua. Cum opat⁹ fueris eam:
non dabit tibi fructus suos. Vagus
et pfugus eris sup terrā. Dixitq; caym
ad dñm. Maior est iniqtas mea: φm

ut veniā merear. Ecce eicis me hodie
a facie terre: et a facie tua abscondar·
et ero vagus et ꝓfugꝰ ī terra. Omnis
igitur qui invenerit me occidet me. Dixit-
q; ei dn̄s. Nequaq̄ ita fiet sed omnis
qui occiderit caym septuplū punietur.
Posuitq; dn̄s in caym signū· ut non
interficeret eū omnis qui invenisset eū.
Egressusq; caym a facie dn̄i habitavit
profugus ī terra ad orientalē plagā
eden. Cognovit autē caym·uxorē suā:
que concepit ⁊ peperit enoch. Et edifica-
vit civitatē· ⁊ vocavit nomen eius ex
noīe filij sui enoch. Porro enoch genuit yrad. Et yrad genuit maviael· ⁊
maviael genuit mathusael. Et matu-
sael genuit lamech. Qui accepit duas
uxores. Nomē uni ada· ⁊ nomē alteri
sella. Genuitq; ada iabel· qui fuit pater habitanciū ī tentorijs· atq; pastorū·
⁊ nomen fratris eius iubal. Ipse fuit
pater canenciū cythara ⁊ organo. Sella quoq; genuit tubalcaym· qui fuit
malleator· ⁊ faber· in cūcta opa eris et
ferri. Soror vero tubalcaym· noemma.
Dixitq; lamech uxoribus suis ade et
selle. Audite vocē meā uxores lamech·
auscultate sermonē meū. Qm̄ occidi vi-
rum ī vulnꝰ meū ⁊ adolescentē in livo-
rem meū. Septuplū ulcio dabitur de ca-
yn· de lamech vero septuagies septies.
Cognovit quoq; adhuc adam uxorē
suā ⁊ peperit filiū· vocavitq; nomen eiꝰ
seth dicens. Posuit michi deꝰ semē ali-
ud ꝓ abel quē occidit caym. Sed ⁊ seth
natus est filiꝰ· quē vocavit enos. Iste
cepit invocare nomen domini.

Hic est liber generacionis adam·
In die qua creavit deus hoīem.
Ad similitudinē dei fecit illū: masculū ⁊
feminā creavit eos· et bn̄dixit illis: et
vocavit nomē eorū adam in die qua
creati sunt. Vixit autē adā centūtrigin-
ta annis· et genuit filiū ad ymaginē·
⁊ similitudinē suā· vocavitq; nomen
eius seth. Et facti sunt dies adā postq̄
genuit seth octingenti anni: genuitq;
filios ⁊ filias. Et factū est omne tempꝰ
qd vixit adam anni nongentitriginta·
⁊ mortuus est. Vixit quoq; seth centū-
quinq; annis· ⁊ genuit enos. Vixitq;
seth postq̄m genuit enos octingentis-
septem annis· genuitq; filios et filias.
Et facti sūt omnes dies seth nongen-
torū duodecī annorū: ⁊ mortuꝰ ē. Vixit
vero enos nonaginta annis ⁊ genuit
caynan. Post cuiꝰ ortū vixit octingen-
tisquindecī annis· et genuit filios et
filias. Factiq; sunt omnes dies enos
nongentiquinq; anni· et mortuus est.
Vixit quoq; caynan septuaginta ānis·
et genuit malalehel. Et vixit caynan
postq̄ genuit malalehel octingentisq̄-
draginta ānis· genuitq; filios ⁊ filias.
Et facti sunt omnes dies caynan nō-
gentidecem anni· et mortuus ē. Vixit
autē malalehel sexagintaquinq; annis·
⁊ genuit iared. Et vixit malalehel post-
q̄m genuit iared· octingentistriginta
annis· ⁊ genuit filios ⁊ filias. Et facti
sunt omnes dies malalehel octingen-
tinonagintaquinq; anni et mortuus
est. Vixit iared centūsexagintaduobꝫ
annis· ⁊ genuit enoch. Et vixit iared
postq̄ genuit enoch octingentis annis·
et genuit filios et filias. Et facti sunt
oēs dies iared nongentisexaginta-
duo anni· ⁊ mortuus ē. Porro enoch
vixit sexagintaquinq; annis· ⁊ genuit
mathusalā. Et ambulavit enoch cū
deo. Et vixit enoch postq̄ genuit ma-
thusalam trecentis annis· ⁊ genuit filios et filias. Et facti sunt oēs dies
enoch· trecentisexagintaquinq; anni·

nannte, stand das Himmelreich offen, weil Gott den Geringen offenbart, was er den Weisen verweigert. Und nur durch Gottes Gnaden hatte er das große Werk vollbringen können. ¶ Doch Gutenbergs Triumph wurde durch die Unsicherheit, schließlich die Katastrophe überschattet, in die Mainz unaufhaltsam steuerte, weil falsche politische Entscheidungen getroffen wurden, die zum Ende der städtischen Freiheit führen sollten. Am 18. Juni 1459 hatten sieben Domkapitulare Diether von Isenburg zum neuen Bischof von Mainz gewählt. Damit entschied er die Wahl gegenüber seinem Kontrahenten Adolf von Nassau mit einer Stimme Mehrheit *per compromissum* für sich. Inzwischen war Enea Silvio Piccolomini zum Papst gewählt worden und nannte sich Pius II. Das Ziel seines Pontifikates sah er darin, einen Kreuzzug gegen die immer tiefer nach Europa eindringenden Türken zu unternehmen. Dazu benötigte er die Unterstützung der europäischen Fürsten, eine Streitmacht und Geld. Das Mainzer Erzbistum ächzte unter einer erheblichen Schuldenlast, so dass Diether von Isenburg das Palliumsgeld und andere Servitien, die Pius II. angesichts seiner Kreuzzugspläne noch erhöht hatte, nicht ohne weiteres aufzubringen vermochte. Zur Amtswürde des Erzbischofs gehörte das Pallium, ein Amtsabzeichen, das in der Art einer Stola aus Schafswolle hergestellt wurde. Ohne Pallium durfte der Bischof keine Synoden einberufen. Die Summen, die Rom für die Verleihung verlangte, erreichten im beginnenden 16. Jahrhundert eine Höhe von 20 000 Gulden und wurden zum Auslöser für Tetzels Ablasshandel und mithin der Reformation. Rom ließ sich alle Befugnisse, die es dem neuen Bischof übertrug, in einem ausgeklügelten System in

Gestalt der Servitiengelder extra bezahlen. ¶ Der Kongress, zu dem Pius II. nach Mantua eingeladen hatte und der dort von 1459 bis 1460 tagte, erwies sich als Fehlschlag, denn viele Fürsten kamen nicht, sondern schickten Vertreter, die zumeist über keinerlei Entscheidungsvollmachten verfügten. Dass auch der wichtigste Kirchenfürst des Reiches und Vorsteher der größten Kirchenprovinz, der Mainzer Erzbischof Diether, ebenfalls nur Stellvertreter schickte, verärgerte den Papst zutiefst. Wegen einer Fehde um die Vogteirechte des Klosters Lorsch, die er ererbt hatte, kam es zur militärischen Auseinandersetzung mit dem Pfalzgrafen Friedrich. Am 4. Juli 1460 unterlagen die Truppen des Erzbischofs in der Schlacht bei Pfeddersheim dem Pfalzgrafen. Nachdem Friedrich von ihm 20 000 Gulden Kriegskontributionen gefordert hatte, schloss Diether im August einen Verteidigungsbund mit dem gewieften Friedrich von der Pfalz für zwanzig Jahre. Damit stand er nicht nur inmitten der Fürstenopposition gegen den Kaiser und den Papst, sondern verlieh der Opposition als Kanzler des Reiches noch stärkeres Gewicht. Besonders laut wurde die – allerdings berechtigte – Kritik an Kaiser Friedrich III., der seit nunmehr 15 Jahren in deutschen Landen nicht mehr gesehen worden war und sträflich seine Pflicht vernachlässigte. Man warf ihm nicht nur vor, dass er die Armagnaken ins Land geholt hatte, sondern, dass er vor allem nichts tat, um einen Landfrieden aufzurichten. Um das Problem der Servitiengelder zu lösen, appellierte Diether 1461 an ein Konzil. Pius hatte allerdings bereits ein Jahr zuvor in der Bulle *Execrabilis* den Christen die Appellation an ein Konzil verboten. Aus dem konzilsbegeisterten Enea war ein konzilsfeindlicher Pius II.

geworden. Da Diethers Schreiben von einem der versiertesten Kämpfer der Konziliaristen, Gregor von Heimburg, verfasst worden war, gab der Papst seine Zurückhaltung gänzlich auf. In Deutschland braute sich eine Opposition gegen Kaiser und Papst zusammen, die er nicht duldete, zumal sie seine Kreuzzugspläne gefährdete. Es musste gehandelt werden. Kaiser und Papst kannten sich gut, denn Pius war als Enea Silvio Piccolomini der Sekretär Friedrichs III. gewesen. So entwarf er einen Plan zur Absetzung Diethers, den er gekonnt umsetzte. Im ersten Schritt sorgten Kaiser und Papst in wechselnden Rollen dafür, dass die oppositionellen Fürsten durch Versprechungen auf ihre Seite gezogen wurden. Man isolierte Diether erfolgreich. Anschließend entsandte Pius Johann Werner von Flassland nach Köln, um sich dort mit Adolf von Nassau und einigen Mainzer Domkapitularen konspirativ zu treffen. Adolf von Nassau wurde überzeugt, sich als Bischof wählen zu lassen. Ende September 1461 wurde Diether von Isenburg vom Papst für abgesetzt erklärt, und ein Teil des Domkapitels wählte Adolf von Nassau zum neuen Bischof von Mainz, der sogleich vom Papst bestätigt wurde. ¶ Diese Vorgänge blieben Johannes Gutenberg nicht verborgen, zumal einer seiner engeren Freunde, Konrad Humery, für Diether von Isenburg eine auf die Kampfschriften des Kaisers und des Papstes antwortende Verteidigungsschrift verfasste und in Umlauf brachte. Adolf von Nassau hatte die Vorteile der Druckerpresse erkannt und beauftragte die Druckerei Fust und Schöffer, Flugblätter gegen Diether von Isenburg zu drucken, die er ebenfalls in Umlauf bringen ließ. Mit dieser Auseinandersetzung wurde zum ersten Mal ein Propagandakrieg mit der Druckerpresse geführt, wie er später für die Zeit der Reformation typisch werden sollte. Sowohl Adolf von Nassau als auch Diether von Isenburg verwandten viel Mühe darauf, ihre Position als einzig rechtmäßig darzustellen und die andere als vom Teufel inspiriert zu diskreditieren. Sie benötigten die Unterstützung der Städte und des Adels im kurmainzischen Gebiet und Bundesgenossen im Reich, diese galt es also zu überzeugen und zu umwerben. ¶ Es blieb aber nicht beim Propagandakrieg, sondern bald schon verwüsteten die Heere des Isenburgers und des Nassauers das Rheinland. Beide Bischöfe strebten keine Entscheidungsschlachten an, stattdessen suchten sie, flankiert von gedruckten Pamphleten und Erklärungen, die Gebiete der Unterstützer des Gegners mit Raub und Vernichtung zu überziehen, um dessen wirtschaftliche Basis zu zerstören. ¶ Erlebte Gutenberg diese Zeit in Mainz oder hatte er sich nach Eltville begeben? Es scheint, dass er zumindest Teile der Druckerei, vor allem die Catholicon-Type nach Eltville bringen ließ, wo er den Gebrüdern Bechtermünze half, eine Offizin aufzubauen. Spätere Ausgaben des *Catholicon* wurden jedenfalls in dieser Type von der Druckerei Bechtermünze in Eltville gedruckt, dem Städtchen, mit dem ihn so viel verband und in dem er Verwandtschaft besaß. ¶ Für Mainz jedoch gerieten die Uneinigkeit im Rat und das undurchsichtige Verhalten, das Herumlavieren, zum Verhängnis. Man hatte sich zwar schließlich für Diether von Isenburg entschieden, doch blieb man auch dem Nassauer gegenüber offen und lehnte Truppen, die Diether in Mainz stationieren wollte, ab, um Adolf von Nassau nicht zu verärgern. ¶ In der Nacht zum 28. Oktober 1462 gelang es den Truppen Adolfs von Nassau in der Nähe des Gautores in die Stadt einzudringen. Angesichts der zwiespältigen Haltung von Rat und Bürgerschaft – Fust und Schöffer druckten ja auch Flugblätter für Adolf von Nassau – dürfte Verrat im Spiel gewesen sein. Zu gut war der Nassauer unterrichtet. Und auch das Datum des Angriffs stellte keinen Zufall dar: In Mainz traf sich an diesem Tag Diether von Isenburg mit seinen wichtigsten Verbündeten. Ihnen gelang mit großer Not die Flucht. ¶ Als die Truppen des Nassauers in die Stadt vorrückten, läuteten die Sturmglocken von St. Quentin. Die Mainzer griffen zu den Waffen, um sich der Bedrohung entgegenzustellen, doch zu spät und zu schlecht organisiert. Fünfhundert Bürgern kostete die tapfere Gegenwehr das Leben, 150 Häuser gingen während der Kämpfe in Flammen auf. Es wurde kein Unterschied gemacht zwischen Freund und Feind. Graf Eberhard III. von Eppstein, einer von Adolfs Truppenführern, ließ plündern und mordbrennen. ¶ Der neue Erzbischof von Mainz befahl den Bürgern am 30. Oktober sich auf dem Dietmarkt einzufinden. Sie wurden mit blankem Schwert und angelegten Armbrüsten erwartet. Weil sie sich gegen Papst und Kaiser gestellt hatten, verwies er die Bürger der Stadt. Sie baten um Gnade, doch er drohte hartherzig, dass er über sie hinwegreiten würde. So verließen die Männer, ohne dass sie von ihren Frauen und Kindern hätten Abschied nehmen können, die Stadt, ein Zug des Elends und des Jammers. Bleiben durften nur diejenigen, die ein lebens- beziehungsweise versorgungswichtiges Handwerk ausübten wie die Bäcker und Fleischer. ¶ Wie auch immer er es geschafft haben mag, Konrad Humery wurde zwar zunächst eingekerkert, vermochte aber den Zorn des Erzbischofs schließlich zu besänftigen. Ob Gutenberg das Gemetzel erlebt hat oder ob er sich im sicheren Eltville befand, ist unbekannt. Dass aber die Plünderungen ihn zum armen Mann gemacht haben, ist sehr wahrscheinlich. Die Katastrophe von Mainz war auch seine. Wie Mainz stand auch er vor dem Nichts.

Ars Moriendi

Ein knappes Jahr hatte Konrad Humery in der Haft des Bischofs Adolf von Nassau verbracht, zu seiner Beschäftigung und zu seinem Trost die im ganzen Mittelalter beliebte Schrift des Boethius *Consolatio philosophiae* übersetzt. 1463 wurde er auf freien Fuß gesetzt und 1471 sogar vom Erzbischof entschädigt. ¶ Für Gutenberg war es eine schlimme Zeit. Er hatte Plünderung und den finanziellen Ruin erlebt, der Freund, Humery, konnte ihm nicht helfen. Möglich, dass Gutenberg die zweite Hälfte des Jahres 1462 und einen Teil des Jahres 1463 in Eltville zubrachte und dort beim Aufbau der Druckerei half. ¶ Im Jahr 1463 begann der Erzbischof Mainzer Bürgern die Rückkehr in die Stadt zu genehmigen und entließ Gefangene. Auch in seinem Interesse lag es, dass in der Stadt wieder Normalität einkehrte, denn nach seinem Einmarsch im Herbst 1462 hatte Mainz alle Freiheiten eingebüßt und war zur Residenzstadt des Erzbischofs geworden, wenngleich er weiterhin in Eltville lebte und Hof hielt, als traute er Mainz nicht recht. ¶ Vielleicht kehrte Gutenberg mit Humery gemeinsam nach Mainz zurück. Die Druckerei von Fust und Schöffer, die sich frühzeitig auf die Seite Adolfs von Nassau gestellt hatte, prosperierte. Schöffer verstand sein Handwerk exzellent und stellte sehr schöne Bücher her. In Straßburg hatte 1460/61 Johannes Mentelin eine Offizin eröffnet und druckte eine 49-zeilige Bibel. Schon bald darauf, 1466, ließ er die erste Bibel in deutscher Sprache folgen. Ebenfalls in Straßburg eröffnete 1464 Heinrich Eggestein eine Offizin, und Ulrich Zell aus Hanau, der bei Peter Schöffer in Mainz gelernt hatte, begann im selben Jahr in Köln mit dem Druck von Büchern. ¶ Ob

Johannes Gutenberg in seinen letzten Lebensjahren noch druckte, bleibt im Dunklen, dass er noch eine kleine Offizin besaß, darf hingegen als sicher gelten, weil er sie – mit den Typen – Konrad Humery vererbte. Es heißt, er sei im Alter erblindet, aber dafür existieren weder Belege noch Indizien. Zumindest wurde für sein Auskommen gesorgt, denn Adolf von Nassau machte Johannes Gutenberg aufgrund seiner Verdienste am 17. Januar 1465 zu seinem Hofmann. Möglich, dass er kleinere Druckaufträge für den Erzbischof ausführte, genauso gut möglich, dass die Gebrüder Bechtermünze sich aus Dankbarkeit für ihn beim Nassauer verwendeten. ¶ Wie nützlich die Druckkunst war, hatte der Erzbischof ja mit eigenen Augen gesehen. Und dass Johannes Gutenberg der Erfinder dieser Technologie war, daran bestand für ihn kein Zweifel. So hatte er verfügt, dass Konrad Humery die Druckerei, die er von Johannes Gutenberg geerbt hatte, auch nur in Mainz benutzen durfte. ¶ Als Hofmann stand Gutenberg ein Freitisch zu, und da er nicht in Eltville wohnte und mithin nicht bei Hofe speisen konnte, wurden ihm sogar die Lebensmittel und der Wein nach Mainz geliefert. So litt er am Ende keinen Mangel, doch spürte er wohl auch, dass er bereits zu alt war für diese Welt. Papst Pius II., der einst seine Quinternionen so sehr gepriesen hatte, lebte nicht mehr. Er hatte sich gichtbrüchig unter großen Schmerzen über den Apennin schleppen lassen, um in Ancona die Flotte der Venezianer zu erwarten, die sein Kreuzfahrerheer nach Griechenland übersetzen sollte. Dort wollte er, der sich kaum allein zu bewegen vermochte, gegen die Türken ziehen; an der Spitze seines Heeres und in vorderster Front bei Christi blutbefleckter Fahne den kleinmütigen und feigen Königen und Fürsten der Christenheit als Christi Stellvertreter ein Beispiel geben. Der Tod war gnädig, er gönnte ihm noch den Anblick der einlaufenden Flotte, mehr aber auch nicht – am 14. August 1464 starb er. ¶ Sie waren Kinder einer Generation, der Papst und er. Hatte Gutenberg zugleich noch eine weitere Todesnachricht empfangen? Drei Tage vorher, am 11. August 1464, war im mittelitalienischen Todi auch der Kardinal von San Pietro in Vincoli, Nikolaus von Kues, verschieden. Gestorben bei dem Versuch, die Brauchbaren unter den armen Kreaturen aus ganz Europa auszuwählen, die sich auf den Weg nach Ancona gemacht hatten, um gegen die Ungläubigen zu kämpfen oder um einfach nur ihr Glück im Kreuzzug zu machen. Die Ungeeigneten hatte er mit vielen Segenswünschen versehen wieder nach Hause zu schicken gedacht, um schließlich nach Ancona zu marschieren und das kleine Heer des Papstes zu verstärken. Doch dazu sollte es nicht mehr kommen, unter südlichem Himmel verließen die Lebensgeister den größten Philosophen seiner Zeit. ¶ Ihre Lebenswege hatten sich gekreuzt, die des Weinbauernsohnes aus Kues und die des Mainzer Patriziersprosses. Beide hatten sie eine Karriere gemacht, die ihnen nicht an der Wiege gesungen worden war, beide hatten sie auf den Lauf der Welt Einfluss genommen, vielleicht hatten sie zur gleichen Stunde das Licht der Welt erblickt. ¶ Von Nikolaus von Kues kennen wir das Geburtsjahr, 1401, bei Johannes Gutenberg fehlen uns nähere Angaben, aber als gleichaltrig dürfen wir sie bezeichnen. Die Nachricht vom Tode des Cusanus muss ihn geschmerzt haben. ¶ Gutenberg wusste nun, dass auch er bald an der Reihe sein würde und dass es Zeit war, sich mit der Kunst des guten Sterbens zu beschäftigen. Vielleicht bestand seine größte Sünde darin, dass er sich Gottes Plan verweigert hatte, weder eine Ehe eingegangen war noch sein Gebot »Seiet fruchtbar und mehret euch« eingehalten hatte. Doch wenn er dereinst vor seinen himmlischen Richter trat, würde er zu seiner Verteidigung die 42-zeilige Bibel, die Türkenschriften, die 36-zeilige Bibel, das *Catholicon*, die Pilgerzeichen, die vielen *Donate*, die Kalender, das Sibyllenbuch, in dem so viel über das Jüngste Gericht stand, vorweisen können. ¶ Und vielleicht würde im entscheidenden Moment der Kardinal von San Pietro in Vincoli an seiner Seite stehen und Fürbitte leisten, für den armen Sünder, der er war. Es war Zeit, sich auf den Tod vorzubereiten, dass er ihn nicht überraschte. Seine Tage nahm nun voll und ganz die letzte *ars* in Anspruch, die *ars moriendi*, die Kunst des Sterbens. ¶ Kein Zeitgenosse Gutenbergs zweifelte daran, dass erst der Tod das Leben vollenden würde und in der Art des Sterbens bereits das künftige Heil angelegt war. Jetzt galt es, sein Leben zu prüfen und alle Sünden zu bereuen, Buße für seine Missetaten zu leisten, zu beten und sich mit den Bußpsalmen zu beschäftigen: »Ach HERR, strafe mich nicht in deinem Zorn und züchtige mich nicht in deinem Grimm! HERR, sei mir gnädig, denn ich bin schwach.« Dieser Psalm, der geeignet war, in die *ars moriendi* einzuführen, mag ihn begleitet haben, und vielleicht hat er ihn die Last seines Lebens und die großen Ängste seiner Sünden wegen spüren lassen: »Denn meine Sünden gehen über mein Haupt; wie eine schwere Last sind sie mir zu schwer geworden.« Am Ende aber stand die Hoffnung auf den Seelenfrieden: »HERR, erquicke mich um deines Namens willen; führe mich aus der Not um deiner Gerechtigkeit willen.« ¶ Und während Johannes Gutenberg sich für seine letzte Reise rüstete, erschien am 4. November 1467 in Eltville das erste *Catholicon*, gedruckt von Nikolaus Bechtermünze und dessen Bruder Heinrich, sowie von Wiegand Spieß von Orthenberg. Seine Schüler hatten ihre Arbeit aufgenommen, und ihm blieben noch ein Jahr und drei Monate. Am 3. Februar 1468 verschied Johannes Gutenberg in Mainz. Ob er seinen Frieden in Gott gefunden hatte und ihm ein leichtes Sterben vergönnt war, wissen wir nicht, doch der Menschheit hatte er eine neue Welt eröffnet, ein Universum des Wissens.

Das neue Medium greift in die Politik ein

Immer wieder liest man, der Buchdruck habe sich sehr langsam durchgesetzt. Tatsächlich aber verbreitete sich die Innovation des Johannes Gutenberg aus Mainz wie ein Lauffeuer. Nachdem er in der ersten Phase, besonders in den Straßburger Jahren und der Zeit unmittelbar nach seiner Rückkehr in die Vaterstadt, großen Wert auf die Geheimhaltung seiner Arbeit gelegt hatte, zwangen ihn die Notwendigkeit größerer Finanzierung und das Einstellen und Anlernen von Mitarbeiten, die strikte Diskretion zu lockern. ¶ Wie sehr es Gutenberg gelungen ist, Verschwiegenheit zu wahren, zeigt sich vor allem daran, dass wir über die Entwicklungsschritte vom Straßburger Geheimunternehmen »kunst und aventur« keinerlei Information haben. Nur dank eines Gerichtsprozesses wissen wir davon. Bis zur Aufnahme eines Kredits in Mainz 1448 und dem Druck der *Sibyllenweissagung* sowie der *Donate* sind keine weiteren Spuren zu finden, so dass wir nur Vermutungen anstellen können. Doch mit dem Augenblick, in dem die Offizin Gutenberg ihre Arbeit aufnimmt, Mitarbeiter einstellt und Bücher die Druckerei verlassen, verbessern sich – verglichen mit der Zeit des mühevollen Erfindens, Ausprobierens, Verwerfens und erneuten Voranschreitens – die Möglichkeiten historischer Rekonstruktion. ¶ Die Buchdruckerei hatte gerade ihre große Krönungsmesse in Gestalt der 42-zeiligen Bibel erlebt, da existierten auch schon ab 1455 zwei beachtliche Werkstätten, neben der von Johannes Gutenberg jene von Johannes Fust und Peter Schöffer. Angesichts der Konkurrenzwerkstatt beschloss Gutenberg in einem atemberaubenden Akt des Strategiewechsels, aktiv an der Verbreitung seiner Kunst mitzuwirken: Keine fünf Jahre später eröffnete mit seiner Hilfe die Druckerei von Albrecht Pfister in Bamberg, die zum ersten Mal den Holzschnitt in den Druck einbezog. Kurz darauf folgte die seiner ehemaligen Mitarbeiter Johannes Mentelin und Heinrich Eggestein in Straßburg. Und das war erst der Anfang. ¶ Spätestens 1465 begannen die Deutschen Konrad Sweynheim und Arnold Pannartz in Subiaco bei Rom, im Benediktinerkloster Santa Scolastica, mit dem Druck. Zunächst war es nur ein *Donat*, der aber nicht erhalten geblieben ist, dann folgte schon eine Ausgabe von Schriften des Kirchenvaters Lactantius, dessen berühmtestes Werk von der Verfolgung und den Martyrien der Christen unter den römischen Kaisern handelte (*De mortibus persecutorum*). Nach dem Lactantius wagten sie sich an Ciceros *Epistolae ad familiares*, die 1467 erschienen. Auch hier findet sich eine Spur zu Gutenberg, denn Konrad Sweynheim könnte in der Offizin der Brüder Bechtermünze in Eltville mit dem Druckerhandwerk in Berührung gekommen sein. Gemeinsam mit dem gebürtigen Prager Arnold Pannartz war Sweynheim 1464 nach Rom gezogen. Da ihr erster Korrektor Andrea di Bussi war, der ein hohes Interesse daran besaß, die *ars sacra* nach Italien zu holen und in den Dienst der Kirche und des Humanismus zu stellen, wird man an einen Zufall nicht glauben dürfen. ¶ Mindestens drei Verbindungen bestanden von Mainz nach Subiaco. Andrea di Bussi hatte als Familiare für Nikolaus von Kues gearbeitet, daher von dessen Kontakt zu Gutenberg gewusst und von der Entwicklung der Schwarzen Kunst gehört. Überdies besaß Andrea di Bussi direkte Kontakte zum St.-Viktor-Stift in Mainz, von dem wir ja bereits wissen, dass Johannes Gutenberg dort Laienbruder war. Der Kommendatarabt des Klosters Subiaco wiederum war der spanische Kardinal Juan de Torquemada (nicht mit seinem Neffen, dem Inquisitor Tomás de Torquemada zu verwechseln), für den Gutenberg in seinen Druckschriften geworben hatte und der zu den großen Theologen seiner Zeit zählte. Mit Juan de Carvajal, Nikolaus von Kues und Papst Pius II., vormals Enea Silvio Piccolomini, gehörte er zu den entschiedenen Befürwortern und Promotoren des Türkenkreuzzuges. ¶ Seit 1474 hatte Konrad Sweynheim eine Pfründe an St. Victor inne. Sweynheim war nicht als Kleriker nach Subiaco gekommen, sondern empfing erst in Rom die niederen Weihen, um sich am Pfründenmarkt zu beteiligen, was er sehr umtriebig und erfolgreich unternahm.[138] ¶ In Rom wurde eifrig auch in der deutschen Kolonie um Pfründen gekämpft, da sie den Lebensunterhalt sicherten. Bekam man eine Pfründe in Deutschland zugesprochen, hieß das nicht, dass man die damit verbundenen Aufgaben wahrzunehmen hatte, sondern man bestellte einen Vikar vor Ort, der die entsprechenden Pflichten erfüllte und dafür einen Teil der Einnahmen bekam. Je mehr vor allem lukrative Pfründen man besaß, umso höher gestaltete sich das eigene Einkommen. ¶ Sollte Konrad Sweynheim noch kein Kleriker gewesen sein, so wäre es nur plausibel, dass er als Drucker aus Gutenbergs oder Bechtermünzes Offizin nach Italien gerufen wurde, denn es ist eher unwahrscheinlich, dass ein deutscher Drucker von sich aus über die Alpen zog, um seine Werkstatt in einem Kloster in den Albaner Bergen zu errichten. Dafür musste es einen Anlass, eine Vermittlung, eine Einladung gegeben haben. Und diese Verbindung dürfte über das

Mainzer St.-Viktor-Stift hergestellt worden sein. ¶ Denn gerade dort wirkten Kleriker, die Nikolaus von Kues wie auch dem Spanier Juan de Carvajal verbunden waren: die Mainzer Wigand Menckler und dessen Nachfolger August Bensheim, der in enger Beziehung zum Kardinal Carvajal stand. Wie wir wissen, hatte sich Juan de Carvajal im Jahr 1454 bei Enea Silvio Piccolomini nach dem Druck der Bibeln erkundigt. Gutenbergs Erfindung rückte frühzeitig in die Aufmerksamkeit des Kreises um Nikolaus von Kues, der 1452 den Abt des Benediktinerklosters St. Jakob in Mainz ermächtigt hatte, zweitausend Ablassbriefe zu drucken. ¶ In diesem Zusammenhang sei eine kleine Spekulation gestattet. Konrad Sweynheim wurde in dem Dorf Schwanheim an der Bergstraße bei Bensheim geboren, der Name August Bensheim verweist auf eine Herkunft aus Bensheim und darauf, dass die beiden Landsleute, vielleicht sogar verwandt gewesen sein könnten. ¶ Von 1456 an, also kurz nach Erscheinen der Bibel, in der Zeit der Türkendrucke, als sich Gutenberg in engem Kontakt mit dem Kreis um Nikolaus von Kues befand, kann es durchaus der Initiative August Bensheims zu verdanken gewesen sein, dass sich Konrad auf den Weg machte, um beim Meister Gutenberg die neue Kunst zu erlernen. Traf er gegen 1457 ein, wurde er sofort in die Arbeiten am *Catholicon* einbezogen und ging mit nach Eltville. In Eltville könnte er beim Aufbau einer Offizin Erfahrungen gesammelt haben, die ihn wiederum befähigten, die Druckerei in Subiaco, geschützt in einem Kloster, einzurichten, weil Torquemada, Carvajal und Nikolaus von Kues die *ars sacra* auch in unmittelbarer Nähe zur Kurie anzusiedeln gedachten. Übrigens wurde Konrad Sweynheim

1476 jener Kirche San Pietro in Vincoli beigesetzt, jener Kirche, deren Kardinalpriester einst Nikolaus von Kues war, dessen Grab sich ebenfalls in dieser Kirche befindet. Freilich, zur Zeit des Ablebens von Konrad Sweynheim war nicht mehr der Cusaner, sondern Giulio della Rovere der Kardinal von San Pietro in Vincoli, ein großer Förderer der Künste und der Wissenschaft, der spätere Papst Julius II., der Mäzen Donato Bramantes und Michelangelos. ¶ Doch zurück zu den sechziger Jahren des 15. Jahrhunderts. Der überschaubare Kreis der Beteiligten legt nahe, dass Sweynheim und Pannartz, ausgebildet von Gutenberg, über die Vermittlung von St. Viktor nach Italien kamen. Im Jahr 1467 gingen Pannartz und Sweynheim nach Rom, wohl aus zwei Gründen: weil ihre Offizin inzwischen eine beeindruckende Größe erreicht hatte und auf immer mehr Mitarbeiter angewiesen war, und weil sich Materialeinkauf und Auslieferung der Bücher in der Metropole Rom leichter als in den Albaner Bergen organisieren ließen; schließlich wurde der Ausstoß der Offizin mit fünftausend bedruckten Seiten pro Tag berechnet.[139] ¶ In Rom bildeten sich Druckergesellschaften, wie die »sotietas super inpressione librorum conficiendorum cum formis« (Gesellschaft zur Herstellung von gedruckten Büchern mittels Lettern) mit einem Kapital von 1200 Dukaten und eine weitere mit dem Namen »sotietas ad condendum et conficiendum libros cum formis« (Gesellschaft zur Verbreitung und zur Herstellung von Büchern mittels Lettern).[140] Es fällt auf, dass diese Vereinigungen im Grunde als Finanzierungsgesellschaften von Klerikern und deutschen Druckern gegründet wurden, um den Buchdruck zu fördern. Über die Alpen zogen Drucker, die ihr Handwerk bei Gutenberg, bei Schöffer und Fust oder bei Mentelin und Eggestein in Straßburg erlernt hatten. Der aus Ingolstadt stammende Ulrich Han könnte bei Gutenberg in die Lehre gegangen sein und sich anschließend am Aufbau der Druckerei Pfister in Bamberg beteiligt haben. In der kunstsinnigen Stadt begann Albert Pfister 1461 bereits unter Beteiligung der Maler- und Holzschneider-Szene, Holzschnitte in seine Drucke zu integrieren, etwa Ulrich Boners *Edelstein* oder *Der Ackermann aus Böhmen* des Johannes von Tepl. ¶ Ulrich Han brachte 1467 das erste Buch mit Holzschnittillustrationen in Italien heraus, die *Meditationes vitae Christi* des Kardinals Juan de Torquemada. Mit der verwendeten Schriftart, einer großen Rotunda, steht der Druck noch ganz in der Tradition von Gutenberg und Pfister. Die dreißig Holzschnitte, wahrscheinlich von einem deutschen Künstler geschnitten, haben als Motiv die Fresken des Kreuzgangs von Santa Maria sopra Minerva, der Hauptkirche der Dominikaner, jenes Ordens, dem der Kardinal angehörte. ¶ In den sechziger und siebziger Jahren kamen Männer wie Sixtus Rüssinger, der den Buchdruck in Straßburg erlernte und bis nach Neapel brachte, bevor er in die Ewige Stadt zog. Adam Rot ging bereits in Subiaco bei Sweynheim und Pannartz in die Lehre. Aus Mainz stieß Johannes Fabri zu Sweynheim und Pannartz nach Subiaco und hinterließ in der Wand der Klosterkirche sein Signet: »1468: Johanne fabri de Moguncia«. ¶ Am 20. November 1490 erschien in Valencia in der Offizin von Nikolaus Spindeler aus Zwickau eines der bedeutendsten Werke der spanischstämmigen Weltliteratur des 15. Jahrhunderts, das gewaltige, traumhaft-monströse und verzaubernde Epos *Der Roman vom Weißen Ritter Tirant lo Blanc* des Mossèn Joanot Martorell, dem in der Poesie gelang, was Pius II. in der Wirklichkeit versagt blieb, nämlich die Reconquista, die Wiedereroberung von Konstantinopel. Zu diesem Zeitpunkt hatten die deutschen Drucker die Schwarze Kunst bereits in Spanien heimisch gemacht. Ihnen voraus eilte das Werk des Meisters, die B 42, die auf Papier gedruckt, aber noch in Mainz illuminiert wurde. Der Bischof von Burgos, Alonso de Cartagena de Santa Maria, hatte sie bereits 1456 erworben. Den Gelehrten darf man als spanischen Humanisten sehen, der sich als Übersetzer der Werke des Aristoteles, des Seneca, des Cicero einen Namen gemacht hatte. Als dritter Sohn des Rabbis von Burgos machte er als Konvertit in der Kirche schnell Karriere, brachte eine hohe Bildung und das Interesse an den humanistischen Fächern mit. Vermittelt wurde der Ankauf über die Große Ravensburger Handelsgesellschaft. Dieser bedeutende Zusammenschluss, eine Genossenschaft oberdeutscher Kaufleute, wob im ausgehenden 14., vor allem aber im 15. Jahrhundert ein dichtes Handelsnetz über Europa und besaß Niederlassungen in Barcelona, Valencia und Saragossa. Dass jene Bibel ihren Weg von Mainz nach Burgos fand, stellt ein schönes Beispiel dar, wie der Buchhandel sich in den übrigen Handel einfügte und die bereits etablierten Fernhandelsbeziehungen zu nutzen verstand. Kunde von dem Druck der Bibel könnte der kunstsinnige und gelehrte Bischof von seinem Kollegen, dem Bischof von Plasencia erhalten haben, der niemand anderer als der uns bereits gut bekannte Juan de Carvajal war. ¶ Nikolaus Spindeler, der vermutlich mit der Großen Ravensburger Handelsgesellschaft nach Spanien gekommen war, hatte die erste Offizin zunächst in Tortosa eröffnet, bevor er 1478 seine Aktivitäten nach Barcelona verlegte, um schließlich nach Valencia zu gehen, wo er das erwähnte Martorell'sche Epos gedruckt herausbrachte, das allerdings nicht das erste Druckerzeugnis Valencias war: 1468 hatte bereits ein Johannes Ghelrinc eine Grammatik veröffentlicht, und seit 1474 ist die Arbeit von Jacob Vizlant belegt. ¶ Wie schnell sich die Nachricht von der Schwarzen Kunst, der neuen *ars* ausbreitete, verdeutlicht das Beispiel des Franzosen Nicolas Jenson. In der Nähe von Troyes 1420 geboren, ging er, nachdem er die Malerei und das Kupferstechen erlernt hatte, an die königliche Münze nach Paris. König Karl VII. entsandte ihn per Dekret vom 4. Oktober 1458 nach Mainz, um dort Kenntnisse in der neuen Kunst zu erlangen. Im Jahr 1468 finden wir ihn als Typographen in der Druckerei der Brüder Wendelin und Johann von Speyer in Venedig. Wendelin oder Johann – oder beide – hatten in Mainz das Handwerk des Druckers erlernt und sich schließlich in der Lagunenstadt niedergelassen. Vermutlich lernten sie Jenson in Mainz kennen und holten ihn zu sich, nachdem sie ihre Offizin gegründet und am 18. September 1469 bei der Serenissima ein Monopol für den Druck in der Republik von San Marco erwirkt hatten. Zunächst erschienen aus ihrer Druckerei die *Epistolae ad familiares* des Cicero und anschließend das antike Lexikon schlechthin, die *Historia naturalis* des Plinius. In der zweiten Auflage des Cicero setzte Johannes von Speyer über sich selbst ins Impressum: ¶ »Denn Johannes, ein Mann bewundernswert ob seines Scharfsinns und seiner Kunst, hat gelehrt, die Bücher meisterhaft mit Erz zu schreiben. Speyer ist den Venezianern hold: denn in 4 Monaten hat er zweimal das Werk Ciceros in je 300 Exemplaren vollendet.« ¶ Während der Arbeit an seinem vierten Buch, dem philosophischen Opus magnum des heiligen Augustinus *De civitate dei*, starb Johann von Speyer in Venedig. Der Bruder übernahm das Privileg und führte bis 1473 die Offizin weiter, die er wegen finanzieller Schwierigkeiten an die Rheinländer Johann von Köln und den aus der Nähe Düsseldorfs stammenden Johann Manthen übergab. ¶ Manthen hatte bereits zuvor für Wendelin von Speyer gearbeitet, wie auch Nicolas Jenson. Bemerkenswert ist, dass Wendelin nicht nur Bücher in lateinischer, sondern bereits in italienischer Sprache auf den Markt brachte. Nicolas Jenson, der schließlich auch eine Druckerei und eine Buchhandelsgesellschaft betrieb, ging vor allem als begnadeter Schöpfer von kräftigen, sehr lebendigen und kunstvollen Schriften in die Geschichte des Buchdrucks ein. 1480 starb er in Venedig als ein Mann, der zu Ansehen und Vermögen gekommen war. ¶ Um 1476 kam aus Augsburg auch Erhard Ratdolt nach Venedig und gründete dort eine Offizin, die Werke von Augustinus, Thomas von Aquin, Terenz, Juvenal, Ovid, Sallust, Martial und Vergil herausbrachte, aber auch eine großformatige Bibel und Messbücher. Im April 1486 gründete er in seiner Heimatstadt Augsburg eine Druckerei, in der er liturgische Prachtausgaben herstellte. Bemerkenswert ist der *Calendarius* des berühmten Regiomontanus, der 1478 in Venedig auf Lateinisch, Deutsch und Italienisch erschien. Er war das erste gedruckte Buch mit Titelblatt. Ratdolt war nicht nur der erste Drucker, der Euklids *Elementa geometriae* im Mai 1482 auf den Markt brachte, sondern auch der Erste, der Abbildungen mathematischen Inhalts druckte. Im Jahr 1485 setzte er mit der zweiten

Auflage von Johannes de Sacroboscos *Sphaericum opusculum* neue Maßstäbe, indem er dem Buch Holzschnitte im Mehrfarbdruck beigab. ¶ Von Capri kommend zog der fast vierzigjährige Philologe und Humanist Aldus Manutius 1489 nach Venedig, wo er 1496 seine Offizin eröffnete.[141] Beseelt von der Liebe zum griechischen und lateinischen Schrifttum der Antike, begann er mit großer philologischer Sorgfalt die berühmten Werke der Alten in ihren Originalsprachen, auf Lateinisch, Griechisch und Hebräisch, herauszubringen. Zu seinen Freunden zählten die Fürsten des europäischen Humanismus: Erasmus von Rotterdam, Johannes Reuchlin, Pietro Bembo, Willibald Pirckheimer, aber auch Hieronymus Aleander, der auf dem Reichstag zu Worms eine unrühmliche Rolle in der Auseinandersetzung mit Luther spielen sollte. In seiner Werkstatt, der Offizin des Humanismus schlechthin, erschienen im Original und nach sorgfältiger Textedition, vorgenommen von den besten Philologen, die Werke von Aristoteles, Theokrit, Vergil, Juvenal, aber auch Aristophanes, Martial, Homer, Thukydides, Herodot, Sophokles, Euripides und Pindar; die Schriften des für die Renaissance so wichtigen Platon fehlten ebenso wenig wie die Petrarcas oder die *Divina Commedia* des Dante. ¶ 1499 brachte Manutius ein Werk heraus, das in seiner Zeit geradezu legendären Ruhm erwarb, nicht zuletzt wegen seiner großartigen Holzschnitte, die *Hypnerotomachia Poliphili* (Poliphilos Traumerzählung vom Kampf für seine Liebe) des römischen Humanisten Francesco Colonna. Das Buch handelt von der Traumwanderung des Poliphilo durch den Idealgarten der Insel der Liebe, Kythera, und stellt somit ein Pendant zu Dantes *Commedia* dar; der Garten, der in seiner Architektur sehr an Palestrina in der Nähe von Rom erinnert, wird darin zu einem Weltentwurf. ¶ Dank einer Stiftung des Kardinals Bessarion befand sich in Venedig die größte Sammlung von Handschriften griechischer Autoren der Antike. Zugleich lebte unter der Führung Anna Palaiologinas – der Tochter des letzten Premierministers von Konstantinopel, Loukas Notaras – die größte Kolonie von Exilgriechen in der Lagunenstadt, so dass Manutius auf hervorragend geschulte Lektoren und Korrektoren, die zugleich Muttersprachler waren, zurückgreifen konnte. ¶ In Venedig existierte zudem eine Filiale eines der größten Drucker, Verleger und Buchhändler der Zeit, des Nürnbergers Anthoni Koberger, der um 1470 seine Offizin eröffnete und so bedeutende Werke wie Hartmann Schedels *Weltchronik* herausbrachte. Koberger wurde zum ersten Verleger-Giganten der Neuzeit, der eine wichtige Stellung im europäischen Buchdruck und -handel einnahm. ¶ Keine zehn Jahre nach dem Druck der 42-zeiligen Bibel durch Johannes Gutenberg verbreitete sich das Buchdruckerhandwerk über Deutschland, begann es in Italien Fuß zu fassen, erreichte bald schon die iberische Halbinsel und wurde in Paris, Aalst (Belgien), Buda (Ungarn) sowie Brüssel, Pilsen, Krakau, London und Antwerpen heimisch. Bedenkt man zudem, dass es sich hier um ein vollkommen neues Handwerk handelte, das vom Meister nicht nur verlangte, seine Mitarbeiter auszubilden, sondern ihn auch vor die Herausforderung stellte, die *ars sacra* selbst in die Welt hinauszutragen, kann von einer langsamen oder zögernden Ausbreitung keine Rede mehr sein. Die Schwarze Kunst eroberte Europa im Sturm. ¶ Interessant hierbei ist, dass zeitgleich auch mit den bereits erwähnten Blockbüchern experimentiert wurde. Man sollte meinen, zuerst sei versucht worden, Blockbücher herzustellen, und die Schwerfälligkeit der Technologie habe dazu geführt, dass die Entwicklung zugunsten der beweglichen Lettern aufgegeben wurde. Nimmt man den Befund ernst, dass die ältesten Blockbücher, die bisher gefunden wurden, in die Zeit datieren, in der Johannes Gutenberg mit dem Drucken begann, werden Gutenbergs Genialität und ein wesentlicher Entwicklungssprung europäischen Denkens evident. ¶ Das Mittelalter war von einer hohen Bildhaftigkeit geprägt, das Denken in Gesten und Bildern bestimmte die Öffentlichkeit. Die Überlegung, die Seiten der Bücher in einen Holzblock zu reißen und die Seite als Ganze wie einen Holzschnitt zu drucken, geht vom Bild aus: Der Text verschmilzt zum Bild. In den Blockbüchern regiert der Primat des Bildes über den Text, während Johannes Gutenberg nicht vom Bild ausging, sondern vom Text, den er in die kleinsten Bestandteile, die Buchstaben, zerlegte, um sie zu immer neuen Worten, Sätzen, Kolumnen und Texten zusammenzusetzen. ¶ Der große Schritt, der schließlich die Neuzeit vom Mittelalter schied, wurde vom Bild zum Text getätigt. Die bildhafte Symbolik des Mittelalters wurde von der analytischen Rationalität des Textes verdrängt. Dahinter verbirgt sich ein langer und widerspruchsvoll verlaufender Prozess, in dem Gutenbergs Erfindung ein wichtiges Moment darstellt – schließlich rang das Mittelalter sehr wohl um eine rationale Durchdringung der Welt. Man denke nur an die enormen Anstrengungen zur Logik und Dialektik, wie sie etwa bei Thomas von Aquin und William von Ockham zu beobachten sind. ¶ Aber auch ein anderes Phänomen wirft sein Licht auf diesen Prozess. Aufgrund der Erfindung des Buchdrucks mit beweglichen Lettern hörte die Arbeit in den Skriptorien nicht schlagartig auf. Im Gegenteil, der größte Buchhändler des 15. Jahrhunderts, der die Bücher, die er auf den Markt brachte, in seiner Manufaktur abschreiben ließ, Vespasiano da Bisticci, begann seine geschäftlichen Aktivitäten in der Mitte des Säkulums in Florenz zur gleichen Zeit, in der Gutenberg die 42-zeilige Bibel in Mainz druckte. Er beschäftigte Schreiber, Rubrikatoren, Buchmaler und Buchbinder und belieferte die Erlauchten in ganz Europa mit exquisiten Handschriften. Darunter befand sich auch der kunstsinnige Federico da Montefeltro, Erbauer des Palazzo Ducale in Urbino, Förderer von Piero della Francesca und Pietro Perugino. Letzterer schuf das berühmte Studiolo, Federicos Studierzimmer, in dem sich seine Bücher (Handschriften) befanden, wo er lesen und schreiben konnte und das mit oft fiktiven Porträts der großen Philosophen und Dichter reich geschmückt war. Federico da Montefeltro nun äußerte sich voller Verachtung, er würde sich schämen, sollte er neben die vollendeten Meisterwerke da Bisticcis gedruckte Bücher stellen. ¶ Bisticci beschäftigte seine Mitarbeiter im Verlagssystem und konnte auf diese Weise in 22 Monaten Abschriften von 220 Bänden liefern. Handschrift und gedrucktes Buch führten noch eine ganze Weile eine Parallelexistenz. Es mangelte auch nicht an Kritik an der Neuerung des Buchdrucks, die darauf hinauslief, durch die Mechanisierung der Buchherstellung würden Bücher zu seelenlosen Dingen, weil ja nicht der Schreiber im Akt des Schreibens ihnen Leben einhauchte. Andere trauerten, wie der Herzog von Montefeltro, der Exklusivität hinterher. Selbst der bücherliebende Trithemius ermahnte seine Mönche, im Abschreiben von Büchern nicht nachzulassen: ¶ »Wir aber, liebe Brüder, wollen im Blick auf den Lohn, den diese heilige Arbeit des Abschreibens in sich trägt, davon nicht ablassen, auch wenn wir viele Tausende von Bänden besitzen sollten. Mit geschriebenen Büchern nämlich lassen sich gedruckte Bücher niemals auf die gleiche Stufe stellen. Denn um die Rechtschreibung kümmern sich die Drucker gewöhnlich nicht. Wer aber abschreibt, verwendet darauf die größte Mühe.«[142] ¶ Zudem befand der gelehrte Abt, die größtenteils auf Papier gedruckten Bücher seien den auf Pergament geschriebenen in der Haltbarkeit unterlegen. Er prophezeite, sie würden die nächsten zweihundert Jahre nicht überstehen. ¶ Für die Kirche zeigte sich alsbald schon die Kehrseite der Vervielfältigung von Texten durch die Druckerpresse, denn die Presse scherte sich nicht darum, ob sie Blatt für Blatt mit frommen oder mit ketzerischen Worten und Sätzen bedeckte. So erließ der Erzbischof von Mainz, Berthold von Henneberg, am 22. März 1485 ein Zensuredikt, und Papst Leo X., ein kunstliebender Medici, fühlte sich am 3. Mai 1515 genötigt, die Bischöfe mit der Bulle *Inter sollicitudines* zur Zensur der Druckwerke aufzufordern: ¶ »Darum haben Wir – damit nicht das, was zum Ruhme Gottes, zur Vermehrung des Glaubens und zur Verbreitung edler Bildung sich als heilsam erwiesen hat, ins Gegenteil verkehrt werde und dem Heil der Christgläubigen Schaden verursachte – es für angezeigt gehalten. Unsere Aufsicht über den Druck von Büchern auszuüben, damit nicht in Zukunft Dornen mit dem guten Samen zusammen herauswachsen oder Gifte sich mit Arzneien vermischen«.[143] ¶ Doch mit dem Jahrhundertwechsel ging die Handschriftenproduktion zurück, weil der Buchdruck mittels der öffentlichen Kommunikation immer breitere Kreise, vor allem ein selbstbewusstes Bürgertum, miteinbezog. Zugleich wurde er zum Medium politischer Kommunikation, besonders für Flugblätter nutzen ihn bereits Humanisten wie etwa Sebastian Brant. Mit dem Beginn der Reformation werden gerade das Flugblatt, die Kampfschrift und der Traktat zu den scharfen Schwertern einer neuen, vollkommen öffentlichen Debatte, die, auch wenn sie sich um Glaubens- oder Liturgiefragen drehte, mit Fug und Recht eine politische genannt werden darf. Der Buchdruck verhalf der Reformation zum Durchbruch, aber die Reformation und auch die sich formierenden gegenreformatorischen Kräfte machten die Druckschrift, ob als Buch oder Flugblatt, zu dem Medium einer sich etablierenden Öffentlichkeit, aus der unsere moderne Demokratie hervorging.

Die Gutenberg-Galaxis

Der Mann, der die Welt durch seine Erfindung grundsätzlich verändern sollte, konnte nicht ahnen, dass er einen erheblichen Beitrag dazu leisten würde, eine Öffentlichkeit zu schaffen, die nach und nach alle Schichten der Bevölkerung einbezog. Mit seinen Ablassbriefen, der Türkenbulle und dem Türkenkalender hatte er seine Erfindung auch in den Dienst der Politik gestellt. Noch während Gutenberg ihn entwickelte, entpuppte sich der Druck mit beweglichen Lettern als eine Technologie der Massenkommunikation. Informationen wurden immer breiteren Gesellschaftskreisen zugänglich gemacht. Hatte sich zuvor nur eine kleine Elite über die geistigen, kulturellen, politischen und wissenschaftlichen Werte verständigt, so öffnete sich dieser Diskurs nun dauerhaft einer sehr viel größeren und heterogeneren Gruppe von Menschen. Und der Wandel trat erstaunlich schnell ein. ¶ Andererseits haben wir gesehen, dass trotz der Erfindung des Buchdrucks die Skriptorien zunächst noch weiterarbeiteten, der Handel mit handkopierten Büchern florierte und das Blockbuch einen gewissen Aufschwung erlebte. Das wird verständlich, wenn man bedenkt, wie erheblich die Inkubationszeit von Innovationen ist, bis sie sich auf allen Ebenen des Alltags durchsetzen. Auch Droschken und Kutschen verschwanden nicht schlagartig mit der Erfindung des Automobils, sondern existierten noch eine ganze Weile weiter. ¶ Der Buchdruck war verbunden mit erheblichen Investitionen in eine Technik, die erst noch erlernt und deren Beherrschung stetig verbessert werden musste. Er erforderte eine Gesellschaft, die nach dieser Innovation verlangte: eine Gesellschaft des Überganges, der

Mobilität. Das späte Mittelalter – hierin unserer Zeit doch erstaunlich ähnlich – erfüllte diese Erfordernisse in hohem Maß. Und wie als Symbol des grundsätzlichen Wechsels des gesellschaftlichen Paradigmas vom Spätmittelalter zur Neuzeit Gutenbergs Druckerpresse stehen mag, weil sie durch die Veränderung der Kommunikation tief in das Leben der Menschen eingriff und dadurch die Gesellschaft selbst veränderte, scheint als Sinnbild für den gesellschaftlichen Umbruch, in dem wir uns heute befinden, das Internet zu stehen. ¶ Der Buchdruck, denkt man nur an die schnell und unmittelbar produzierten Flugblätter, Flugschriften, Traktate und Streitschriften, die aufeinander antworteten und die zu einer Voraussetzung der Reformation wurden, ermöglichte den für seine Zeit raschen Austausch, die direkte und breit zugängliche Kommunikation. Er befreite das Wissen aus seinem Käfig und wurde – wie das Internet – zu einem Mittel der Massenkommunikation. ¶ Johannes Gutenberg machte seine bahnbrechende Erfindung in einer Gesellschaft, die von ungeheurer Dynamik gekennzeichnet war und die den Diskurs, der sich über Druckerzeugnisse vollzog, in allen Bereichen benötigte. Europa war, wie wir gesehen haben, in Bewegung geraten, Spanien, England und Frankreich wurden zu Nationalstaaten, während in Deutschland die Fürsten ihre Landesherrschaften ausbauten. Nur Südosteuropa wurde dadurch, dass es zusehends unter türkische Herrschaft geriet, vom Modernisierungsprozess ausgeschlossen. Doch in Frankreich, England und im Heiligen Römischen Reich Deutscher Nation bildete sich energisch eine effiziente Verwaltung heraus, deren Träger zunehmend das gebildete Bürgertum beziehungsweise der kleine Adel wurden. Bildung wurde allmählich zu einem alternativen Karriereschlüssel. ¶ Indem Martin Luther das Ich entdeckte, legte er den Grundstein für die kopernikanische Wende im Denken. Das Individuum – eine bisher unbekannte geistesgeschichtliche Größe – betrat die Bühne der Welt, und in einem atemberaubend schnellen Prozess wurde das vorher von Gott abhängige Subjekt (das meint der lateinische Terminus) zum Handelnden, zum Bestimmenden. In der Sphäre der Kommunikation wurde das Individuum zum Autor, seine Stellung durch das Individualrecht der Urheberschaft gesichert. Damit erhob sich der Mensch zum Schöpfer und empfand sich auch als solcher. Völlig neu konnte nun das alte Wort aus dem ersten Buch Mose verstanden werden: ¶ »Und Gott schuf den Menschen zu seinem Bilde, zum Bilde Gottes schuf er ihn; und schuf sie als Mann und Frau. Und Gott segnete sie und sprach zu ihnen: Seid fruchtbar und mehret euch und füllet die Erde und machet sie euch untertan.« ¶ Das neu geschaffene Subjekt ging dazu über, sich die Erde untertan zu machen. Mit Hilfe einer aus unstillbarer Neugier und nicht ermüdendem Tatendrang erwachsenden Wissenschaft und Ingenieurskunst, ausgestattet mit der Fähigkeit, die Gesellschaft zu rationalisieren, ernannte es den Diskurs zum Ausgangspunkt menschlichen Verstehens und Handelns. Das mag für den modernen Menschen auf den ersten Blick nebensächlich wirken, aber die Auswirkungen sind mannigfaltig: Die Vervielfältigung des Wissens ist eng verwoben mit der Vervielfältigung des Diskurses, und mit der Geburt des Subjekts ging unmittelbar ein bisher unbekanntes Verständnis von Öffentlichkeit einher. Durch den Buchdruck wurde die Welt plötzlich zu einem

Marktplatz, auf dem alles zur öffentlichen Angelegenheit wurde. Die Druckerzeugnisse vermittelten Geschehnisse, Gedanken, Vorstellungen, Ziele, Hoffnungen, Reformprogramme und Philosophien. Aber sie sorgten auch für die Unterhaltung einer immer größeren Zahl von Menschen, ermöglichten den Bildungsschub und erzeugten Wissen, indem sie Wissen verbreiteten, weil Wissenschaftler nun voneinander und von ihrem jeweiligen Denken erfuhren. Das Medium, die Plattform für diese enorme geistige, kulturelle, wirtschaftliche, technische und wissenschaftliche Veränderung, für diesen einen Komplex mit all seinen pulsierenden und verschwimmenden Teilbereichen, war der Buchdruck. ¶ Die Kultur Europas war in seiner aufstrebenden, hegemonialen und prosperierenden Epoche eine Buchkultur, eine Kultur des geschriebenen und für alle zugänglichen Wortes. Der Rationalismus Descartes' beendete endgültig die Bildhaftigkeit des Mittelalters und die großen Weltsynthesen der Renaissance. Der Raum der Druckerpresse wurde zum Ort des neuen Abendmahls: Wie der Wein sich in das Blut Christi verwandelte, so wurde das im stillen Kämmerchen niedergeschriebene Wort Fleisch und Blut des gesellschaftlichen Handelns. Der öffentliche Diskurs, die neue, allen zugängliche Form des Kommunizierens, offenbarte das moderne Europa. Von nun an ging man vom geschriebenen Wort aus, vom Text, dem eine logische, rational nachvollziehbare Struktur zugrunde lag. Diese Welt, die mit Gutenbergs Erfindung begann und die das sogenannte Manuskriptzeitalter ablöste, ist als »Gutenberg-Galaxis« bezeichnet worden. ¶ Der Wechsel der Schriftträger in der Geschichte: Rinde oder Ton, Papyrus, Pergament, Papier und schließlich integrierte Schaltkreise, bedeutet – aus moderner Sicht – in erster Linie einen Wechsel der Speichermedien, der vom Stand der technischen Entwicklung einer Gesellschaft abhängig ist, aber auch von den Bedürfnissen derselben. Ob ein Text als Buch oder als E-Book gelesen wird, verändert zwar die Umstände des Lesens (etwa das taktile Erlebnis des Seitenumblätterns), die Tatsache des Lesens bleibt jedoch erhalten. Natürlich kann man Überlegungen darüber anstellen, was es auf neurologischer Ebene bedeutet, wenn man Text nicht mehr mit der Hand auf ein Blatt Papier schreibt, wenn man statt auf eine Seite, die man umblättert, nur noch auf einen Monitor blickt; wie man auf produktionsästhetischer Ebene der Frage nachgehen könnte, inwiefern es das Schreiben verändert, wenn nicht mehr durchgestrichen und neu geschrieben werden muss, sondern ein Text mittels Ausschneiden und Einfügen beliebig oft umgebaut werden kann. Dies sind wichtige Fragen, aber sie haben nichts damit zu tun, ob, wie oft kulturpessimistisch geklagt wird, das Internet die Gutenberg-Galaxis ablöst. ¶ Um dieser Klage auf den Grund zu gehen, müssen wir zuerst herausfinden, was genau die sogenannte Gutenberg-Galaxis eigentlich bezeichnet. Wird darunter beispielsweise die Gesamtheit aller gedruckten Schriften verstanden oder die Vervielfältigung von Texten und Bildern mittels des Bedruckens von Papier? Oder meint die Metapher der Gutenberg-Galaxis die Vorstellung einer Welt, deren Leitmedium das Buch ist? Diese Vorstellung ist allerdings irreführend, da sie suggeriert, dass die Welt vor der Erfindung des Buchdrucks eine Welt gewesen sei, in der das Buch nicht das Leitmedium darstellte. Das Gegenteil ist der Fall: Auch die mit dem fragwürdigen Begriff »Manuskriptzeitalter« bezeichnete Epoche sah im Buch ihr Leitmedium. Der Unterschied bestand lediglich darin, wie groß die gesellschaftliche Elite war, die mit Hilfe des Buches, ob abgeschrieben oder durch Druck vervielfältigt, die öffentlichen Angelegenheiten verhandelte und wissenschaftlich diskutierte. Dass die Erfindung der Wissenschaft im modernen Sinn erst durch den Buchdruck vollzogen werden konnte, zeigt einmal mehr, welchen bedeutenden Anteil Gutenbergs Innovation an der wissenschaftlich-technischen, philosophischen, wirtschaftlichen und rechtlichen Revolution hat, aus der Europa erst hervorging. Aus dieser Perspektive ergibt sich die Frage, ob die Gutenberg-Galaxis medientechnisch eine Epoche charakterisiert, die im späten Mittelalter ihren Anfang nahm und heute durch ein spezielles gesellschaftliches Paradigma, das mit dem Internet verbunden ist, eine Neuausrichtung erfährt. Endet die Gutenberg-Galaxis damit? Es lohnt, genauer hinzuschauen. ¶ Was genau endet, wenn keine Bücher mehr gedruckt werden, sondern das Speichermedium Papier vom integrierten Schaltkreis, vom Internet, abgelöst wird, wie einst das Papier das Pergament und der Papyrus und das Pergament die Tontafeln verdrängten? Genau genommen weiß man eigentlich gar nicht, was das sein mag, das da scheinbar zu einem Ende kommt. Johannes Gutenberg hatte sich nicht zum Ziel gesetzt, das Buch neu zu erfinden, er wollte lediglich Bücher, die sich am ästhetischen Ideal der Handschriften seiner Zeit orientierten, in hohen Stückzahlen produzieren. Er wollte das Buch, oder allgemeiner, die gedruckte Schrift, zum Massenmedium machen. Gutenbergs Wunsch war es, Texte unter die Leute zu bringen – und damit Geld zu verdienen. Dennoch hat seine Erfindung das Buch auch verändert, das bereits im Manuskriptzeitalter den Rang des Leitmediums einnahm. Aber erst Gutenberg sorgte dafür, dass immer mehr Menschen den Zugang dazu fanden. Seine Revolution bestand eigentlich in einer Vertextlichung der gesamten Gesellschaft, indem plötzlich Texte verschiedenster Art, vom Gesetzestext über die Enzyklopädie bis hin zu Kochrezepten, vielfach und für viele zur Verfügung standen. Wissen und Kommunikation durchdrangen einander so stark, dass der Wissenszuwachs zum nicht geringen Teil als Resultat der Kommunikation verstanden werden kann. Dass auch das Internet Texte und Inhalte verfügbar macht, ist sicherlich keine neue Erkenntnis. Dennoch sei hier der Hinweis auf eine Parallele erlaubt: Wie bereits im letzten Lebensjahrzehnt Gutenbergs der Druck die Möglichkeit bot, rasch auf Texte durch Texte zu antworten, so ermöglicht das Internet in freilich wesentlich kürzerer Zeit Rede und Widerrede. ¶ In der Frühzeit des Buchdrucks, in der Inkunabelzeit, spielte nicht nur das Wort, sondern auch das Bild eine große, zuweilen sogar gleichbedeutende Rolle. Spätestens mit dem Aufkommen des Rationalismus verschob sich das Gewicht zugunsten des Textes. Im Zeitalter des Internets gewinnt das Bild zunehmend an Raum – es wäre interessant, auch hier zu untersuchen, inwiefern das Internet damit Aspekte der Zeit Gutenbergs aufgreifen kann. Lässt man solche Überlegungen vollkommen außer Acht und betrachtet stattdessen die Gutenberg-Galaxis lediglich als Sammlung von Texten, dreht sich die Diskussion über das Ende der Gutenberg-Galaxis fälschlicherweise um die Frage, ob das Zeitalter des

Lesens und der Texte von einer Ära abgelöst wird, in der der Mensch eine wie auch immer gedachte Realität eintauscht gegen eine fremde Virtualität. ¶ Die Buchkultur hatte den Aufstieg Europas bewirkt. Das Internet, gesehen mit den Augen Gutenbergs, erweitert unsere Möglichkeiten der gesellschaftlichen Kommunikation. Gibt es eine Gutenberg-Galaxis, so wird sie durch das Internet vergrößert, wenn wir lernen, damit umzugehen. Die Bedeutung des Buches und des Lesens und Schreibens ist ein Indiz für die Zukunftsfähigkeit unserer Kultur. Man sagt nicht zu viel, wenn man diese Zukunftsfähigkeit auch mit dem Namen Gutenberg verbindet. Seine Medienrevolution bestand darin, dass er das Medium der Eliten zum Massenmedium machte. Dieser Weg wurde nie verlassen. Auf ihm befinden wir uns weiterhin.

Anhang

Anmerkungen

Die Brüchigkeit der Welt

1 Korrekt müsste man von »bewegten« und nicht von »beweglichen« Lettern sprechen, denn die Letter wird zwar bewegt, ist aber selbst starr. Da sich der Terminus jedoch eingebürgert hat, soll er auch hier verwendet werden.

2 Vgl. Giesecke, *Buchdruck*, S. 64: »Visuelle Erfahrungen, die zuvor nur im Gedächtnis gespeichert wurden, schrieb man nun auf und teilte sie anderen mit.«

3 Es ist eine interessante Tatsache, dass mit der technischen Reproduzierbarkeit und der technischen Vervielfältigung von Wissensmedien der Begriff des geistigen Eigentums und daraus folgend der Schutz desselben, das Urheberrecht, entstand, wie analog dazu mit der Ausbreitung des World Wide Web und nun nicht mehr der Reproduzierbarkeit, sondern simpler noch der Kopierbarkeit geistigen Eigentums die Problematik des Urheberrechts in eine grundsätzliche Diskussion geriet.

4 Giesecke, *Buchdruck*, S. 48.

5 Vgl. McLuhan: *Die Gutenberg-Galaxis. Das Ende des Buchzeitalters*, Bonn 1994.

6 Die lateinische Originalausgabe erschien ein Jahr früher unter dem Titel *Prosopographia herorum atque illustrium virorum totius Germaniae* in Basel.

7 André Thevet, *Les vrais pourtraits et vies des hommes illustres grecz, latins et payens, recueilliz de leurs tableaux, livres, médalles antiques et modernes*, 9 Bde., Paris 1584.

8 Vgl. Emmrich, »Sankt Viktor«, in: Gutenberg-Jahrbuch 2001, S. 94.

9 Ebd., S. 91.

10 Zit. n. Meuthen, »Quellenzeugnis«, S. 108 ff.

11 *Humanistische Lyrik*, S. 57 ff.

12 Dante, *Monarchia*.

13 Marsilius von Padua, *Der Verteidiger des Friedens*.

14 Vgl. hierzu Venzke, *Gutenberg*, S. 95: »Davon abgesehen, bietet sich erneut das Bild des eigensinnigen und unnachsichtigen Junkers, der seine Mitmenschen, wenn nötig, brüskierte, und der zielstrebig auf seinen eigenen Vorteil bedacht war. Skrupellos nutzte Gutenberg den finanziellen Vorteil aus [...].« Eine Beschäftigung mit der Mentalität und den gesellschaftlichen Verkehrsformen des ausgehenden Mittelalters lässt eine solche Charakterisierung, die heutige Vorstellungen distanzlos in das 15. Jahrhundert spiegelt, unangebracht erscheinen.

15 Vgl. Heidrun Ochs in ihrer materialreichen und beeindruckenden Untersuchung zu den Mainzer Patriziern im Spätmittelalter: Dies: *Gutenberg*, S. 439.

16 Gutenbergs Geburtsdatum könnte theoretisch zwischen 1393 und 1405 liegen.

17 Vgl. Heuser, *Namen*, S. 315.

18 Henricus de Langenstein, *Epistola de contemptu mundi ad Iohannem de Eberstein*, http://www.geschichtsquellen.de/repOpus_02653.html, [Stand: 11. 8. 2016].

19 Vgl. Glatz, *Wandmalereien*, S. 276 f.

20 Zit. n. Alexander Heising, »Großbürgerliches Wohnen im mittelalterlichen Bingen – Die Stadtgrabung am Carl-Puricelli-Platz 1999/2000« (Übersetzung: S. Beissler, Universität Frankfurt a. M.), in: Dorfey, *Stadt und Burg*, S. 88 f.

21 Vgl. Ruppel, *Gutenberg*, S. 28 f.

22 Vgl. Glatz, *Wandmalereien*, S. 156 f. und 448 f.

23 Der Walpode war für die Aufrechterhaltung der öffentlichen Ordnung in der Stadt zuständig, ihm unterstand deshalb auch die Marktpolizei, er hatte die Aufsicht über die Spielbank, die Wirtshäuser und Bordelle.

24 Vgl. Ochs, *Gutenberg*, S. 96.

25 Zit. n. Dumont, *Mainz*, S. 128.

26 Vgl. Mattheus/Rödel, *Bausteine*, S. 43 ff.

27 Interessant hierbei ist, dass die Geschlechter zwar mit Edelmetallen handelten, sie für die Herausgabe der Münzen zuständig waren, nicht aber für deren Produktion. Dennoch unterhielten sie naturgemäß enge Verbindungen zu den Münzhandwerkern, so dass Johannes Gutenberg von Kindesbeinen Einblick in dieses Handwerk bekam.

28 Kapr, *Gutenberg*, S. 44.

29 Auch wenn unbekannt ist, ob sie weitere Kinder zur Welt gebracht hatte, überlebten nur die drei.

30 Vgl. *Haingerichtsbuche* fol 74, Eltville, Stadtarchiv Eltville.

31 Die *via moderna* versucht, im logischen Verfahren möglichst alles Komplizierte und Verästelte auf die einfachsten Grundformen zurückzuführen und alles Überflüssige abzuschneiden – vgl. Ockhams Rasiermesser.

Rendezvous mit dem Humanismus

32 »Das sind die Reden, die der Vikar von Thüringen, der Prior von Erfurt, Bruder Eckhart, Predigerordens, mit solchen (geistlichen) Kindern geführt hat, die ihn zu diesen Reden nach vielem fragten, als sie zu abendlichen Lehrgesprächen beieinander saßen«, in: Meister Eckhart, Bd. 1, S. 334–433.

33 Vgl. Wilhelm Schum, *Beschreibendes Verzeichnis der Amplonianischen Handschriften-Sammlung zu Erfurt*, Berlin 1887.

34 Pfordten, *Große Denker*, S.86.

35 Trutfetter zit. n. ebd., S. 113.

36 Vgl. Meistermann, »Anzeige«.

37 Pfordten, *Große Denker*, S. 88.

38 Ebd.

39 Flasch, *Das philosophische Denken*, S. 508.

40 Ebd., S. 512.

41 Ebd.

42 Vgl. Hoffmann, »Druck von Bild und Schrift«, S. 57.

43 Vgl. Widmann, *Geschichte des Buchhandels*, S. 32 f.

44 Vgl. Funke, *Buchkunde*, S. 41.

45 Ploss, *Ein Buch von alten Farben*, S. 101–125.

46 Ebd.

47 Vgl. Cennini, *Das Buch von der Kunst*, S. 121–124.

48 Schedel, *Weltchronik*, Blatt XXXIX verso.

49 Zit n. Rosenfeld, »Erfurter Studium«, S. 106.

50 Schorbach, »Die urkundlichen Nachrichten«, S. 167.

51 Luther, »Von Kaufhandlungen und Wucher«, in: Ders.: *Luther Deutsch*, Bd. 7, Berlin 1954, S. 224–236, hier S. 232.

52 Aristoteles, *Politik*, S. 22 f.

53 Ebd., S. 20.

54 Petrus Johannes Olivi, *Tractatus de emptionibus et venditionibus, de usuris, de restitionibus*, zit. n.: Michael Wolff: »Mehrwert und Impetus bei Petrus Johannis Olivi«, in: Miethke/Schreiner, *Sozialer Wandel*, S. 417.

55 Die Bedeutung und Ausdehnung des Fernhandels, wie ihn allen voran die Florentiner, die Genuesen und Venezianer betrieben, die Verquickung internationaler Finanzierungen,

man denke nur an das Engagement der Bardi-Bank in Neapel und in England, erzeugten ein dichtes kommunikatives Netz und wirtschaftliche Abhängigkeiten. Leider kann hier nicht auf diese gerade im Angesicht aktueller Diskussionen so faszinierenden wie erhellenden wirtschaftlichen Dependenzen des Trecento eingegangen werden. Der Globalisierungsdiskussion fehlt oftmals die historische Dimension.

56 Ehrenberg, *Das Zeitalter der Fugger*, Bd. 1, S. 31 f.

57 Ebd., S. 34.

58 Ochs, *Gutenberg*, S. 162.

59 Vgl. Sebald Schreyer, *St. Sebald Amtsbuch und Messnerpflichtordnung*, Stadt AN (Stadtarchiv Nürnberg) A21, Nr. 169-2°.

60 Meuthen, *Acta Cusana*, S. 6 f., Zeugnisse Nr. 18 bis 22.

61 Vgl. Anton Ph. Brück, »Nikolaus von Kues in Mainz«, in: *Jahrbuch der Vereinigung der Freunde der Universität Mainz* 1965, S. 18 f.

62 Liliencron, *Volkslieder*, Bd. 1, Nr. 63, S. 309.

63 Joachim Schneider, »Das illustrierte ›Buch von Kaiser Sigmund‹ des Eberhard Windeck. Der wiederaufgefundene Textzeuge aus der ehemaligen Bibliothek von Sir Thomas Phillipps in Cheltenham«, in: *Deutsches Archiv für Erforschung des Mittelalters* 2005, S. 172–180.

64 Ruppel, *Gutenberg*, S. 34.

65 Vgl. Meuthen, *Acta Cusana*, S. 50, Zeugnis Nr. 102.

Die Lust des Unternehmers

66 Heusinger, *Die Zunft im Mittelalter*, S. 186 f.

67 Meister Eckhart, *Deutsche Predigten und Traktate*. Übersetzt v. Josef Quint. München 1979, S. 273.

68 Vgl. auch das bahnbrechende Werk des Kopernikus *De revolutionibus Orbium Caelestium*.

69 Immanuel Kant, *Kritik der reinen Vernunft*, Leipzig 1979, S. 23: »Es ist hiermit ebenso, als mit den ersten Gedanken des Copernicus bewandt, der, nachdem es mit der Erklärung der Himmelsbewegungen nicht gut fort wollte, wenn er annahm, das ganze Sternenheer drehe sich um den Zuschauer, versuchte, ob es nicht besser gelingen möchte, wenn er den Zuschauer sich drehen, und dagegen die Sterne in Ruhe ließ. In der Metaphysik kann man nun, was die *Anschauung* der Gegenstände betrifft, es auf ähnliche Weise versuchen. Wenn die Anschauung sich nach der Beschaffenheit der Gegenstände richten müßte, so sehe ich nicht ein, wie man a priori von ihr etwas wissen könne; richtet sich aber der Gegenstand (als Objekt der Sinne) nach der Beschaffenheit unseres Anschauungsvermögens, so kann ich mir diese Möglichkeit ganz wohl vorstellen.«

70 Nikolaus von Kues, »Vom Beryll«, in: Ders.: *Philosophisch-Theologische Werke*, Bd. 3, S. 2–143, hier S. 5.

71 Ich gehe im Folgenden von den Überlegungen, die Kurt Köster im Gutenberg-Jahrbuch 1983 angestellt hat, aus. Vgl. Köster, *Aachenspiegel-Unternehmen*, S. 24–44.

72 Vgl.Franz, Der Magister Nicolaus Magni de Jawor, S. 182, Fußnote 1.

73 Vgl. Zeitschrift des Aachener Geschichtsvereins 1 (1879), S. 166 f.

74 Köster, *Aachenspiegel-Unternehmen*, S. 41.

75 Schorbach, *Die urkundlichen Nachrichten*, S. 200.

76 Vgl. Zeitschrift des Aachener Geschichtsvereins 1 (1879), S. 166 f.

77 Ebd.

78 *Das Journal des Philippe de Vigneulles*, S. 168.
79 Ebd., S. 167.
80 Ebd.
81 Lubac, *Typologie*, S. 324.
82 *Das Journal des Philippe de Vigneulles*, S. 168.
83 Ebd., S. 171.
84 Vgl. Gerhardt, *Was erfand Gutenberg*, S. 56–72, dessen Überlegungen ich hier folge.
85 Vgl. ebd., S. 56.
86 Schorbach, *Die urkundlichen Nachrichten*, S. 248 ff.

Die Geburt des Medienzeitalters

87 Andernacht/Berger, *Bürgerbuch*, S. 157.
88 Thomas, *Oberhof*, S. 337, Nr. 83; Schartl, *Johannes Fust*, S. 84 f.
89 *Die Chroniken*, S. 315.
90 Vgl. Brix, *Die politischen Konflikte*, S. 95–111.
91 Auch wenn Wolfgang Stromer meint, dass angesichts von Karl Kösters Untersuchung über die Aachener Pilgerspiegel (Köster, *Aachenspiegel-Unternehmen*, S. 24–44) »die Behauptung, Gutenbergs wesentliche und vorbildlose [?] Erfindung sei ›das Gießinstrument‹ für die Lettern gewesen, wirklich nicht mehr zu vertreten« sei (Stromer, »Vom Stempeldruck zum Hochdruck«, in: *Johannes Gutenberg – Regionale Aspekte*, S. 48, Anm. 2), ist dem nur insoweit zuzustimmen, als die Konstruktion des Handgießinstruments nicht Gutenbergs »wesentliche« und »vorbildlose« Erfindung gewesen war. Stromer scheint in seinem ansonsten brillanten Aufsatz Köster dahingehend misszuverstehen, dass die Pilgerzeichen Gussprodukte waren, während Köster Gutenbergs Innovation gerade darin sieht, dass der Spiegelrahmen gepresst und nur der kleine Metallspiegel

gegossen wurde. (Köster, *Aachenspiegel-Unternehmen*, S. 43) »Gutenberg hatte für die Aachener Spiegeldevotionalien offensichtlich ein rascheres und rationelleres Herstellungsverfahren entwickelt, das die herkömmlichen, zünftigen Methoden [nämlich den Guss – der Verfasser] übertraf und mit den Möglichkeiten quantitativer Produktionssteigerungen zugleich reichere Gewinnchancen eröffnete.« Ebd.

92 Vgl. Helmut Lehmann-Haupt, »Gutenberg und der Meister der Spielkarten«, in: Gutenberg-Jahrbuch 1962, S. 360–379, und Wolfgang Stromer, »Vom Stempeldruck zum Hochdruck«, in: *Johannes Gutenberg – Regionale Aspekte*, S. 48, Anm. 2.

93 Ruppel, *Gutenberg*, S. 146.

94 Wolfgang Stromer, »Vom Stempeldruck zum Hochdruck«, in: *Johannes Gutenberg – Regionale Aspekte*, S. 62.

95 Koller, *Reformation Kaiser Sigismunds*, S. 322.

96 Ebd., S. 342 f.

97 Ebd., S. 296.

98 Ebd., S. 304.

99 Galantaris, »Essay 1«, in: *Biblia sacra Mazarinea*, S. 16.

100 Nikolaus von Kues, *Predigten*, S. 113 f.

101 1447 erwarb Johannes Mentelin das Straßburger Bürgerrecht und wurde in die Zunft aufgenommen.

102 Eheberg, *Verfassungs-, Verwaltungs- und Wirtschaftsgeschichte*, S. 145.

103 Zit. n. Knackmuß, *Meine Schwestern*, S. 82.

104 Neddermeyer, *Von der Handschrift*, Bd. 1, S. 232–236.

105 Dante, *Das neue Leben*, S. 52.

106 Schanze, *Fragment vom Weltgericht*, S.47–53; vgl. Neske, *Sibyllenweissagung*, S. 50–222.

107 Schanze, *Fragment vom Weltgericht*, S. 57–62.

108 Vgl. Neske, *Sibyllenweissagung*, S. 3 f., vor allem die Edition des Textes, S. 242–300.

109 Heraklit, »Fragment 6« (Plut. De Pyth. or. 397 A), in: *Die Vorsokratiker*, Bd. 1, S. 289.

110 Vergil, »Vierte Ekloge«, in: *Sibyllinische Weissagungen*, S. 227.

111 Neske, *Sibyllenweissagung*, S. 274 f.:
»es kompt darczu wol,
das got ein keyser weln sol.
Den hat er behalten yn syner gewalt
vnd gibt ym craft manigfalt.
Er wirt genant friderich
vnd nympt das cristenfolck an sich
vnd wirt stryten vmb gotes ere
vnd gewynt das heylig grab vbir mere«

112 Ebd., S. 275 f.

113 Ebd., S. 277.

114 Nikolaus von Kues, *Predigten*, S. 382.

115 Letzteres erfolgte bspw. durch die Einrichtung von Stiftungen durch reiche Bürger, die dadurch langfristig auch einen Einfluss auf die Religionspraxis bekamen und durch einen langen Prozess, wie man am Beispiel Nürnbergs mustergültig studieren kann, auch in zähen Auseinandersetzungen mit der Kurie zunehmend Mitsprache und Kontrolle bei der Verleihung kirchlicher Ämter und Pfründen im Stadtgebiet eroberten.

116 Geldner, *Inkunabelkunde*, S. 28.

117 Nach dem vormaligen Besitzer John H. Scheide.

118 Helmut Lehmann-Haupt, »Gutenberg und der Meister der Spielkarten«, in: Gutenberg-Jahrbuch 1962, S. 360–379, hier S. 362 ff.

119 Worringer, *Gotik*, S. 61.

120 Nikolaus von Kues, *Predigten*, S. 370.

121 Natürlich gab es bereits die Tuchdrucker, wurden Holzschnitte und Kupferschnitte gedruckt, doch dies waren xylographische Verfahren, der Buchdrucker arbeitete mit einer Buchpresse, die Gutenberg erst erfand.

122 *Damnum emergens*, der »Positive Schaden«, meint im Schadensersatzrecht die Minderung eines vorhandenen Vermögens, die durch die Zahlung von Zinsen eintreten kann. *Lucrum cessans*, der entgangene Gewinn, meint im Schadensersatzrecht, dass – anders als bei einem positiven Schaden (*damnum emergens*) – kein bestehendes Vermögensgut geschädigt wurde, sondern eben die Wahrnehmung einer Vermögensmehrung verhindert wird. Vgl. Armstrong, *Usury and public debt*, S. 63; Endemann, *Studien*, S. 303; Trusen, *Spätmittelalterliche Jurisprudenz*, S. 32 ff.; Schwintowski, »Legitimation und Überwindung des kanonischen Zinsverbotes«, in: Brieskorn, *Vom mittelalterlichen Recht*, S. 261–270; Hübner, *Privatrecht*, S. 495.

123 »Schöffer, dans cette hypothèse, n'aurait plus rien d'un calligraphe employé presque par hasard les entrepreneurs de la B 42. Il aurait déjà été dans la place, collaborateur et secrétaire de son père adoptif.« Bechtel, *Gutenberg*, S. 478 f.

124 »L'enfant de Gernsheim, peut-être vaguement, aurait été adopté par l'homme d'affaires alors que la femme de celui-ci tardait peut-être à lui donner une descendance. Ensuite, tout coule de source et prend un tour logique.« Ebd., S. 479 f., Übersetzung vom Autor.

125 Ebd., S. 478 f.

126 Aristoteles, *Physik*, S. 92 f.

127 Eva-Maria Hanebutt-Benz, »Gutenbergs Erfindungen«, in: *Gutenberg – aventur und kunst*, S. 172.

Frühling der Neuzeit

128 Dies übersieht Hans-Michael Empell in seiner ansonsten glänzenden Studie. Empell, *Gutenberg vor Gericht*, S. 128.

129 Zit. n. Meuthen, »Quellenzeugnis«, S. 108 ff.

130 Förster, *Europa*, S. 40 f.

131 Zit. u. Meuthen, »Quellenzeugnis«, S. 108 ff.

132 Pastor, *Päpste*, Bd. 1, S. 600 f.

133 Ruppel, *Gutenberg*, S. 172; Kapr, *Gutenberg*, S. 200 f.

134 Aloys Ruppel hat sie der Werkstatt von Fust und Schöffer zugeschlagen, doch fehlen Kolophon mit Namen und das Wappen. Andere Forscher haben den Druckvermerk von 1460 als ein Versehen interpretiert und den Druck des Werkes in die Jahre 1469/70 oder noch später verlegt. Doch die Beweise, die sie vorlegen, sind nicht zwingend.

135 Hierin ist Albert Kapr zuzustimmen.

136 Kapr, *Gutenberg*, S. 229.

137 Ebd., S. 230.

138 Esch, »Deutsche Frühdrucker«, S. 49.

139 Häbler, *Die deutschen Buchdrucker*, S. 15.

140 Esch, »Deutsche Frühdrucker«, S. 45.

141 Von der Heyden-Rynsch, *Aldo Manuzio*, S. 19.

142 Johannes Trithemius, »De laude scriptorium«, zit. n. Widmann, *Vom Nutzen und Nachteil*, S. 43.

143 Leo X., »Inter sollicitudines«, zit.n. Widmann, *Vom Nutzen und Nachteil*, S. 48.

Auswahlbibliographie

Albrecht, Joseph: *Mittheilungen zur Geschichte der Reichs-Münzstätten zu Frankfurt am Mayn, Nördlingen und Basel in dem zweiten Viertel des fünfzehnten. Jahrhunderts*, Heilbronn 1835

Amelung, Peter: *Das Bild der Deutschen in der Literatur der italienischen Renaissance*, München 1964

Andermann, Kurt (Hrsg.): *Rittersitze. Facetten adligen Lebens im Alten Reich*, Tübingen 2002

Andernacht, Dietrich / Berger, Erna: *Das Bürgerbuch der Reichsstadt Frankfurt 1401–1470*, Frankfurt a. M. 1978

Angenendt, Arnold: *Geschichte der Religiosität im Mittelalter*, Darmstadt 2009

– *Grundformen der Frömmigkeit im Mittelalter*, München 2004

Apuleius: *Platon und seine Lehre*, hrsg. von Paolo Siniscalco, St. Augustin 1980

Aristoteles: *Nikomachische Ethik*, in: ders.: *Werke*, Bd. 6, Berlin 1983 (1956)

– *Physik*, in: ders.: *Werke*, Bd. 11, Berlin 1983

– *Politik*, in: ders.: *Philosophische Schriften*, Bd. 4, Hamburg 1995

– *Rhetorik*, Stuttgart 1999

Armstrong, Lawrin: *Usury and public debt in early Renaissance Florence. Lorenzo Ridolfi on the Monte Comune*, Toronto 2003

Augustinus: *Bekenntnisse. Confessiones*, Frankfurt a. M. / Leipzig 2007

– *De trinitate*, Hamburg 2001

– *Vom Gottesstaat*, 2 Bde., München 1991

Bartl, Dominik: *Der Schatzbehalter. Optionen der Bildrezeption*, Diss. Heidelberg 2010, http://archiv.ub.uni-heidelberg.de/volltextserver/10735/1/Diss_Heidi.pdf

Auswahlbibliographie

Bechtel, Guy: *Gutenberg et l'invention de l'imprimerie. Une enquête*, Paris 1992

Bergdolt, Klaus / Knape, Joachim / Schindling, Anton / Walther, Gerrit (Hrsg.): *Sebastian Brant und die Kommunikationskultur um 1500*, Wiesbaden 2010

Biblia Sacra Mazarinea. »Die Mazarine Bibel« MCDLV, hrsg. von Christian Galantaris, Münster 2004

Biblia Sacra. Faksimile, Ausgabe des Exemplars der Bibliothèque Mazarine, 2 Bde., [Paris 1985] Berlin 2003

Blum, Paul Richard: *Philosophieren in der Renaissance*, Stuttgart 2004

Boccaccio, Giovanni: *Die neun Bücher vom Glück und vom Unglück berühmter Männer und Frauen. De casibus virorum illustrium libri novem*, übersetzt, erläutert und hrsg. von Werner Pleister, München 1968

– *Genealogia deorum gentilium Ioannis Bocatii*, Basel 1532

– *Tutte le opere*, hrsg. von Vittore Branca, Mailand 1967

Bock, Hartmut: *Die Chronik Eisenberger*, Edition und Kommentar, Frankfurt a. M. 2001

Bolz, Norbert: *Am Ende der Gutenberg-Galaxis. Die neuen Kommunikationsverhältnisse*, München 2008

– »Am Ende der Gutenberg-Galaxis«, https://www.uibk.ac.at/voeb/texte/bolz.html, [Stand 10. 8. 2016]

Böninger, Lorenz: *Die deutsche Einwanderung nach Florenz im Spätmittelalter*, Leiden / Boston 2006

Boockmann, Hartmut / Moeller, Bernd / Strackmann, Karl (Hrsg.): *Lebenslehren und Weltentwürfe im Übergang vom Mittelalter zur Neuzeit. Politik – Bildung – Naturkunde – Theologie. Bericht über Kolloquien der Kommission zur Erforschung der Kultur des Spätmittelalters 1983–1987*, Göttingen 1989

Boockmann, Hartmut / Grenzmann, Ludger / Moeller, Bernd / Staehlin, Martin (Hrsg.): *Literatur, Musik und Kunst im Übergang vom Mittelalter zur Neuzeit. Bericht über Kolloquien der Kommission zur Erforschung der Kultur des Spätmittelalters 1989–1992*, Göttingen 1995

Börckel, Alfred: *Gutenberg und seine berühmtesten Nachfolger im ersten Jahrhundert der Typographie nach ihrem Leben und Wirken dargestellt*, Frankfurt a. M. 1900

Brant, Sebastian: *Das Narrenschiff*, Studienausgabe, Stuttgart 2005

Brieskorn, Norbert / Mikat, Paul / Müller, Daniela / Willoweit, Dietmar (Hrsg.): *Vom mittelalterlichen Recht zur neuzeitlichen Rechtswissenschaft*, Paderborn 1994

Brix, Christoph: »Die politischen Konflikte in der Heimatstadt Johannes Gutenbergs 1411–44: Überlegungen zu den Parteien und ihren Zielen«, in: *Gutenberg-Jahrbuch* 85 (2010), S. 95–111

Buck, August (Hrsg.): *Höfischer Humanismus*, Weinheim 1989

Burke, Peter: *Papier und Marktgeschrei. Die Geburt der Wissensgesellschaft*, Berlin 2001

Burschel, Peter: *Sterben und Unsterblichkeit. Zur Kultur des Martyriums in der frühen Neuzeit*, München 2004

Caesar, Elisabeth: *Sebald Schreyer. Ein Lebensbild aus dem vorreformatorischen Nürnberg*, Diss., Würzburg 1967

Celtis, Conrad: *Oden / Epoden / Jahrhundertlied*, übersetzt und hrsg. von Eckart Schäfer, Tübingen 2008

Cennini, Cennino: *Das Buch von der Kunst oder Tractat von der Malerei*, Neudruck der Ausgabe Wien 1871, übersetzt, mit Einleitung, Noten und Register versehen von Albert Ilg, Melle 2008

Chastel, André / Klein, Robert: *Die Welt des Humanismus. Europa 1480–1530*, München 1963

Commynes, Philippe de: *Memoiren*, Stuttgart 1972

Compagni, Dino: *Chronik des Dino Compagni von den Dingen, die zu seiner Zeit geschahen*, übersetzt und eingeleitet von Ida Schwartz, Jena 1914

Conway, William Martin: *The Woodcutters of the Netherlands in the Fifteenth Century in Three Parts*, Cambridge 2015

Copernicus, Nicolaus: *Das neue Weltbild*, Hamburg 2006

Crapulli, Giovanni (Hrsg.): *Trasmissione dei testi a stampa nel periodo moderno. I seminario Internazionale, Roma 23–26 marzo 1983*, 3 Bde., Rom 1985

Curtius, Ernst Robert: *Europäische Literatur und Lateinisches Mittelalter*, Tübingen / Basel 1993

Dante Alighieri: *Das neue Leben*, Zürich 1987

– *Die Göttliche Komödie*, Zürich 1963

– *Monarchia*, lateinisch-deutsch, Einleitung, Übersetzung und Kommentar von Ruedi Imbach, Stuttgart 1989

Das Corpus Hermeticum Deutsch, im Auftrag der Heidelberger Akademie der Wissenschaften bearbeitet und hrsg. von Carsten Colpe und Jens Holzhausen, 2 Bde., Stuttgart 1997

Das Journal des Philippe de Vigneulles. Aufzeichnungen eines Metzer Bürgers (1471–1522), übersetzt und hrsg. von Waltraud und Eduard Schuh, Saarbücken 2005

Davidsohn, Robert: *Die Frühzeit der Florentiner Kultur*, Berlin 1922

– *Geschichte von Florenz*, Berlin 1908

De Libera, Alain: *Der Universalienstreit. Von Platon bis zum Ende des Mittelalters*, München 2005

Der tanzende Tod. Mittelalterliche Totentänze, hrsg., übersetzt und kommentiert von Gert Kaiser, Frankfurt a. M. 1982

Deutsche Spiele und Dramen des 15. und 16. Jahrhunderts, hrsg. von Wolfgang Harms und Franz Josef-Worstbrock, Frankfurt a. M. 1996

Die Chroniken der mittelrheinischen Städte, Bd. 1: Mainz, Leipzig 1881

Die deutschen Handschriften der Bayerischen Staatsbibliothek München, Cgm 691–867, neu bearbeitet von Karin Schneider, Wiesbaden 1984

Die Handschriften der Stadtbibliothek Nürnberg, Bd. 2, bearbeitet von Ingeborg Neske, Wiesbaden 1987

Die Legenda Aurea des Jacobus de Voragine, aus dem Lateinischen von Richard Benz, Gütersloh 2004

Die Vorsokratiker, Auswahl der Fragmente und Zeugnisse, Übersetzung und Erläuterungen von M. Laura Gemelli Marciano, 3 Bde., Düsseldorf 2007

Dingel, Irene (Hrsg.): *Zwischen Konflikt und Kooperation. Religiöse Gemeinschaften in Stadt und Erzstift Mainz in Spätmittelalter und Neuzeit,* Mainz 2006

Dionisetto, Carlo: *Aldo Manuzio: umanista e editore,* Mailand 1995

Dirlmeier, Ulf: *Untersuchungen zu Einkommensverhältnissen und Lebenskosten in oberdeutschen Städten des Spätmittelalters,* Heidelberg 1978

Dorfey, Beate: *Stadt und Burg am Mittelrhein (1000–1550),* Regensburg 2008

Dumont, Franz (Hrsg.): *Mainz. Die Geschichte der Stadt,* Mainz 1999

Eheberg, Karl Theodor (Hrsg.): *Verfassungs-, Verwaltungs- und Wirtschaftsgeschichte der Stadt Straßburg bis 1681,* Bd. 1: *Urkunden und Akten,* Straßburg 1899

Ehrenberg, Richard: *Das Zeitalter der Fugger,* 2 Bde., Jena 1896

Elm, Kaspar: *Reformbemühungen und Observanzbestrebungen im spätmittelalterlichen Ordenswesen,* Berlin 1989

Emmrich, Karin: »St. Viktor bei Mainz, Nikolaus von Kues und der frühe Buchdruck«, in: *Gutenberg-Jahrbuch* 76 (2001), S. 87–94

Empell, Hans-Michael: *Gutenberg vor Gericht. Der Mainzer Prozess um die erste gedruckte Bibel*, Frankfurt a. M. 2008

Endemann, Wilhelm: *Studien in der romanisch-kanonistischen Wirtschafts- und Rechtslehre bis gegen Ende des siebzehnten Jahrhunderts*, 2 Bde., Berlin 1874/83

Endres, Rudolf (Hrsg.): *Nürnberg und Bern. Zwei Reichsstädte und ihre Landgebiete*, Erlangen 1990

Enea Silvio Piccolomini: *Aeneae Sylvii Piccolominei Senensis, Qvi Post Adeptvm Pontificatvm Pivs Eivs Nominis Secvndvs appelatus est, opera quae extant omnia: quorum elenchum versa pagella indicabit*, Basel 1571

– *Pii II commentarii*, hrsg. von Adrianus van Heck, Vatikanstadt 1984

Esch, Arnold: »Deutsche Frühdrucker in Rom in den Registern Papst Pauls II.«, in: *Gutenberg-Jahrbuch* 68 (1993), S. 45–52

Falck, Ludwig: »Archivalische Quellen zu Leben und Werk Gutenbergs im Stadtarchiv Mainz«, in: *Gutenberg-Jahrbuch* 58 (1983), S. 16–18

Falk, Franz: »Der Stempeldruck vor Gutenberg und die Stempeldrucke in Deutschland«, in: *Festschrift zum fünfhundertjährigen Geburtstag von Johann Gutenberg*, hrsg. von Otto Hartwig, Mainz 1900, S. 73–79

Flasch, Kurt: *Das philosophische Denken im Mittelalter. Von Augustin zu Machiavelli*, Stuttgart 2000

– *Kampfplätze der Philosophie. Große Kontroversen von Augustin bis Voltaire*, Frankfurt a. M. 2008

– *Nikolaus von Kues. Geschichte seiner Entwicklung*, Frankfurt a. M. 1998

Flasch, Kurt / Jeck, Udo Reinhold (Hrsg.): *Das Licht der Vernunft. Die Anfänge der Aufklärung im Mittelalter*, München 1997

Förster, Rolf Helmut: *Die Idee Europa 1300–1946. Quellen zur Geschichte der politischen Einigung*, München 1963

Franz, Adolph: *Der Magister Nikolaus Magni de Jawor. Ein Beitrag zur Literatur- und Gelehrtengeschichte des 14. und 15. Jahrhunderts*, Freiburg i. Br. 1898

– *Die Messe im Deutschen Mittelalter*, Freiburg i. Br. 1902

Friedrich, Hugo: *Epochen der italienischen Lyrik*, Frankfurt a. M. 1964

Fuchs, Francois-Jean: »Archivalische Quellen über Gutenbergs Aufenthalt in Straßburg«, in: *Gutenberg-Jahrbuch* 58 (1983), S. 19–21

Funke, Fritz: *Buchkunde. Ein Überblick über die Geschichte des Buch- und Schriftwesens*, Leipzig 1972

Füssel, Stephan: *Gutenberg und seine Wirkung*, Frankfurt a. M. 2004

– *Johannes Gutenberg*, Hamburg 1999

Füssel, Stephan (Hrsg.): *Deutsche Dichter der frühen Neuzeit 1450–1600. Ihr Leben und Werk*, Berlin 1993

Füssel, Stephan / Hübner, Gert / Knape, Joachim (Hrsg.): *Artibus. Kulturwissenschaft und deutsche Philologie des Mittelalters und der frühen Neuzeit. Festschrift für Dieter Wuttke zum 65. Geburtstag*, Wiesbaden 1994

Geldner, Ferdinand: *Inkunabelkunde. Eine Einführung in die Welt des frühesten Buchdruckes*, Wiesbaden 1978

Gerhardt, Claus W.: »Was erfand Gutenberg in Straßburg?«, in: *Gutenberg-Jahrbuch* 45 (1970), S. 56–72

Giesecke, Michael: *Der Buchdruck in der frühen Neuzeit*, Frankfurt a. M. 1991

Glatz, Joachim: *Mittelalterliche Wandmalereien in der Pfalz und in Rheinhessen*, Mainz 1981

Goerlitz, Uta: *Humanismus und Geschichtsschreibung am Mittelrhein.*

Das »Chronicon urbis et ecclesiae Maguntinensis« des Hermannus Piscator OSB, Tübingen 1999

Goncourt, Edmond et Jules: *Idées et sensations*, Paris 1896

Gramsch, Robert: *Erfurt – Die älteste Hochschule Deutschlands. Vom Generalstudium zur Universität*, Erfurt 2012

Griechische Lyrik, aus dem Griechischen übertragen von Dietrich Ebener, Berlin / Weimar 1980

Grosse, Sven: *Heilsungewissheit und Scrupulositas im späten Mittelalter. Studien zu Johannes Gerson und Gattungen der Frömmigkeitstheologie seiner Zeit*, Tübingen 1994

Grunert, Frank / Syndikus, Anette (Hrsg.): *Wissensspeicher der Frühen Neuzeit. Formen und Funktionen*, Berlin / Boston 2015

Guérin Dalle Mese, Jeannine: *L'Occhio di Cesare Vecellio. Abiti E Costumi Esotici Nel '500*, Alessandria 1998

Gutenberg – aventur und kunst. Vom Geheimunternehmen zur ersten Medienrevolution. Katalog zur Ausstellung der Stadt Mainz anlässlich des 600. Geburtstages von Johannes Gutenberg, *14. April bis 3. Oktober 2000*, hrsg. von der Stadt Mainz, Mainz 2000

Gutenberg-Jahrbuch, hrsg. von der Gutenberg-Gesellschaft, begr. von Aloys Ruppel, div. Bde., Mainz 1926–2011

Häbler, Konrad: *Die deutschen Buchdrucker des 15. Jahrhunderts im Auslande*, München 1924

Halbey, Hans Adolf / Schutt-Kehm, Elke / Stümpel, Rolf / Wind, Adolf (Hrsg.): *Schrift – Druck – Buch im Gutenberg-Museum*, Mainz 1985

Hallauer, Hermann Josef: »Bruneck 1460. Nikolaus von Kues – der Bischof scheitert an der weltlichen Macht«, in: *Studien zum 15. Jahrhundert. Festschrift für Erich Meuthen*, hrsg. von Johannes Helmrath und Heribert Müller, 2 Bde., Bd. 1, München 1994, S. 381–412

Handbuch der Kirchengeschichte, hrsg. von Hubert Jedin, 12 Bde., Freiburg i. Br. / Basel / Wien 1985

Hankins, James: »Renaissance crusaders: Humanist crusade literature in the age of Mehmed II.«, in: *Dumbarton Oaks Papers* 49 (1995), S. 111–207

Hardt, Hermann von der: *Magnum oecumenicum Constantiense concilium de universali ecclesiae reformatione, unione et fide*, Halberstadt 1700

Harff, Arnold von: *Die Pilgerfahrt des Ritters Arnold von Harff von Cöln durch Italien, Syrien, Aegypten, Arabien, Aethiopien, Nubien, Palästina, die Türkei, Frankreich und Spanien wie er sie in den Jahren 1496–1499 vollendet, beschrieben und durch Zeichnungen erläutert hat*, Köln 1860

Harris, Jonathan: *Greek Emigres in the West, 1400–1520*, Camberley 1995

Hase von, Oscar: *Die Koberger. Eine Darstellung des buchhändlerischen Geschäftsbetriebes in der Zeit des Überganges vom Mittelalter zur Neuzeit*, Amsterdam / Wiesbaden 1967

Hebers, Klaus / Schuller, Florian (Hrsg.): *Europa im 15. Jahrhundert. Herbst des Mittelalters – Frühling der Neuzeit*, Regensburg 2012

Helmrath, Johannes: *Das Basler Konzil 1431–49. Forschungsstand und Probleme*, Köln / Wien 1987

– »Pius II. und die Türken«, in: *Europa und die Türken in der Renaissance*, hrsg. von Bodo Guthmüller und Wilhelm Kühlmann, Tübingen 2000, S. 79–137

– »The German ›Reichstage‹ and the Crusade«, in: *Crusading in the fifteenth century. Message and impact*, hrsg. von Norman Housley, Basingstoke 2004, S. 53–89, 191–203

Helmrath, Johannes / Schirrmeister, Albert / Schlelein, Stefan (Hrsg.): *Historiographie des Humanismus. Literarische Verfahren, soziale Praxis, geschichtliche Räume*, Berlin 2013

Herding, Otto (Hrsg.): *Die Humanisten in ihrer politischen und sozialen Umwelt*, Bonn 1978

Heuser, Rita: *Namen der Mainzer Straßen und Örtlichkeiten. Sammlung, Deutung, Sprach- und Motivgeschichtliche Auswertung*, Stuttgart 2008

Heusinger, Sabine von: *Die Zunft im Mittelalter. Zur Verflechtung von Politik, Wirtschaft und Gesellschaft in Straßburg*, Stuttgart 2009

Heyd, Wilhelm: *Die grosse Ravensburger Gesellschaft*, Stuttgart 1890

Heyden-Rynsch, Verena von der: *Aldo Manuzio. Vom Drucken und Verbreiten schöner Bücher*, Berlin 2014

Hoffmann, Leonhard: »Druck von Bild und Schrift vor Gutenberg«, in: *Gutenberg-Jahrbuch* 79 (2004), S. 57–74

Hollberg, Cecilie: *Deutsche in Venedig im späten Mittelalter. Eine Untersuchung von Testamenten aus dem 15. Jahrhundert*, Göttingen 2005

Honecker, Martin: *Nikolaus von Kues und die griechische Sprache*, Heidelberg 1938

Horaz: *Sämtliche Werke*, Lateinisch / Deutsch, hrsg. von Bernhard Kytzler Stuttgart 2006

Housley, Norman: *Crusaders and the Ottoman Threat 1453–1505*, Oxford 2013

Hubay, Ilona: »Die bekannten Exemplare der zweiundvierzigzeiligen Bibel und ihre Besitzer«, in: *Johannes Gutenbergs zweiundvierzigzeilige Bibel, Faksimile-Ausgabe nach dem Exemplar der Staatsbibliothek Preußischer Kulturbesitz Berlin: Kommentarband*, hrsg. von Wieland Schmidt und Friedrich-Adolf Schmidt-Künsemüller, München 1979, S. 127–155

Hübner, Rudolf: *Grundzüge des deutschen Privatrechts*, Berlin 1919

Huizinga, Johan: *Herbst des Mittelalters*, Stuttgart 1987

Humanistische Lyrik des 16. Jahrhunderts, hrsg. und übersetzt von Wilhelm Kühlmann und Robert Seidel, Frankfurt a. M. 1997

Hupp, Otto: »Gutenberg und die Nacherfinder«, in: *Gutenberg-Jahrbuch* 4 (1929), S. 31–100

Inkunabel- und Einbandkunde. Beiträge des Symposions zu Ehren von Max Josef Husung am 17. und 18. Mai in Helmstedt, Wiesbaden 1996

Janzin, Marion / Güntner, Joachim: *Das Buch vom Buch. 5000 Jahre Buchgeschichte*, Hannover 2007

Jedin, Hubert: *Kleine Konziliengeschichte. Die zwanzig Ökumenischen Konzilien im Rahmen der Kirchengeschichte*, Freiburg i. Br. 1959

Joachim von Fiore (Joachim Abbas Florensis): *Expositio in Apocalypsim*, unveränderter Nachdruck der Ausgabe Venedig 1527, Frankfurt a. M. 1964

Johannes Gutenberg – Regionale Aspekte des frühen Buchdruckes. Vorträge der Internationalen Konferenz zum 550. Jubiläum der Buchdruckerkunst am 26. und 27. Juni 1990 in Berlin, Wiesbaden 1993

Kapr, Albert: *Johannes Gutenberg. Persönlichkeit und Leistung*, München 1987

Kern, Margit: *Tugend versus Gnade. Protestantische Bildprogramme in Nürnberg, Pirna, Regensburg und Ulm*, Berlin 2002

Kindermann, Heinz: *Theatergeschichte Europas, Bd. 2: Renaissance*, Salzburg 1959

Kleineidam, Erich: *Universitas Studii Erffordensis. Überblick über die Geschichte der Universität Erfurt, Teil I: Spätmittelalter, 1392–1460*, Leipzig 1985

Knackmuß, Susanne: »›Meine Schwestern sind im Kloster …‹. Geschlechterbeziehungen des Nürnberger Patriziergeschlechts Pirckheimer zwischen Klausur und Welt, Humanismus und Reformation«, in: *Historical Social Research* 30 (2005), H. 3, S. 80–106

Koller, Heinrich: »Die Reformen im Reich und ihre Bedeutung für die Erfindung des Buchdruckes«, in: *Gutenberg-Jahrbuch* 59 (1984), S. 117–127

Koller, Heinrich (Hrsg.): *Reformation Kaiser Sigismunds*, Stuttgart 1964

König, Eberhard: *Biblia pulcra. Die 48zeilige Bibel von 1462. Zwei Pergamentexemplare in der Bibermühle*, Ramsen 2005

Köster, Kurt: »Gutenbergs Straßburger Aachenspiegel-Unternehmen 1438/1440«, in: *Gutenberg-Jahrbuch* 58 (1983), S. 24–44

Kreutz, Bernhard: *Städtebünde und Städtenetz am Mittelrhein im 13. und 14. Jahrhundert*, Trier 2005

Kristeller, Paul Oskar: *Humanismus und Renaissance*, München 1973

Kühlmann, Wilhelm: *Vom Humanismus zur Spätaufklärung. Ästhetische und kulturgeschichtliche Dimensionen der frühneuzeitlichen Lyrik und Verspublizistik in Deutschland*, Tübingen 2006

Künstle, Karl: *Die Legende der drei Lebenden und der drei Toten und der Totentanz, nebst einen Exkurs über die Jakobslegende*, Freiburg i. Br. 1908

Landois, Antonia: *Gelehrtenstand und Patriziertum. Wirkungskreis des Nürnberger Humanisten Sixtus Tucher (1459–1507)*, Tübingen 2014

Lateinische Gedichte deutscher Humanisten, Lateinisch / Deutsch, ausgewählt, übersetzt und erläutert von Harry C. Schnur, Stuttgart 2015

Lehmann-Haupt, Helmut: »Gutenberg und der Meister der Spielkarten«, in: *Gutenberg-Jahrbuch* 37 (1962), S. 360–379

Leuker, Tobias: *Angelo Poliziano. Dichter, Redner, Stratege. Eine Analyse der »Fabula di Orpheo« und ausgewählter lateinischer Werke des Florentiner Humanisten*, Stuttgart / Leipzig 1997

Liliencron, Rochus von: *Die historischen Volkslieder der Deutschen vom 13. bis zum 16. Jahrhundert*, 4 Bde., Hildesheim 1966

Löther, Andrea: *Prozessionen in spätmittelalterlichen Städten. Politische Partizipation, obrigkeitliche Inszenierung, städtische Einheit*, Köln / Weimar / Wien 1999

Lowry, Martin: *Nicholas Jenson and the Rose of Venetian Publishing in Renaissance Europa*, Oxford 1991

Lubac, Henri de: *Typologie. Allegorie. Geistiger Sinn*, Einsiedeln / Freiburg i. Br. 1999

Ludolf von Sachsen: *Das Leben Jesu Christi*, hrsg. von Susanne Greiner, Freiburg i. Br. 1994

McLuhan, Marshall: *Die Gutenberg-Galaxis. Das Ende des Buchzeitalters*, Bonn 1994

– *Die magischen Kanäle*, Düsseldorf / Wien 1968

Mai, Klaus-Rüdiger: »Geheimbünde und Freimaurergesellschaften im Europa der Frühen Neuzeit«, in: *Europa in der Frühen Neuzeit*, hrsg. von Erich Donnert, Köln / Weimar / Wien 2008, Bd. 7, S. 243–250

– *Dürer. Das Universalgenie der Deutschen*, Berlin 2015

– »Frühneuzeitliche Geheimbünde als Kryptoradikalität«, in: *Kryptoradikalität in der Frühneuzeit*, hrsg. von Günter Mühlpfordt und Ulman Weiß, Stuttgart 2009

– *Martin Luther. Prophet der Freiheit*, Freiburg i. Br. 2014

Margull, Hans Jochen (Hrsg.): *Die ökumenischen Konzile der Christenheit*, Stuttgart 1961

Auswahlbibliographie

Marsilius von Padua: *Der Verteidiger des Friedens (Defensor Pacis)*, lat.-dt., übersetzt von Walter Kunzmann, bearbeitet und eingeleitet von Horst Kusch, 2 Bde., Darmstadt 1958

Martorell, Joanot: *Der Roman vom Weißen Ritter Tirant lo Blanc*, 3 Bde., Frankfurt a. M. 2007

Matheus, Michael (Hrsg.): *Lebenswelten Johannes Gutenbergs*, Stuttgart 2005

– *Weinproduktion und Weinkonsum im Mittelalter*, Stuttgart 2004

Matheus, Michael / Rödel, Walter G. (Hrsg.): *Bausteine zur Mainzer Stadtgeschichte. Mainzer Kolloquium 2000*, Stuttgart 2002

Mechthild von Magdeburg: *Das fließende Licht der Gottheit*, Frankfurt a. M. 2003

Meister Eckhart: *Werke*, 2 Bde., hrsg. von Niklaus Largier, Frankfurt a. M. 1993

Meistermann, Ludolph: »Anzeige in Glaubenssachen gegen den Prager Theologieprofessor Stanislaus von Znaim bei Papst Gregor XII. 1407/08«, in: *Annales facultatis artium I*, fol. 220v-222, Universitätsarchiv Heidelberg

Meltzin, Otto: *Das Bankhaus der Medici und seine Vorläufer*, Jena 1906

Mertens, Dieter: »›Europa, id est patria, domus propria, sedes nostra ...‹. Funktionen und Überlieferung lateinischer Türkenreden im 15. Jahrhundert«, in: *Europa und die osmanische Expansion im ausgehenden Mittelalter*, hrsg. von Franz-Reiner Erkens (= ZHF Beiheft 20), Berlin 1997, S. 39–58

Meuthen, Erich (Hrsg.): *Acta Cusana. Quellen zur Lebensgeschichte des Nikolaus von Kues*, Hamburg 1976

– »Der Fall von Konstantinopel und der lateinische Westen«, in: *Historische Zeitschrift* 237 (1983), S. 1–35

– »Ein neues frühes Quellenzeugnis (zu Oktober 1454?) für den frühen Buchdruck«, in: *Gutenberg-Jahrbuch* 57 (1982), S. 108–118

Miethke, Jürgen / Schreiner, Klaus (Hrsg.): *Sozialer Wandel im Mittelalter*, Sigmaringen 1994

Miglio, Massimo / Bussi, Giovanni A. (Hrsg.): *Prefazioni alle edizioni di Sweynheym e Pannartz, prototipografi romani*, Mailand 1978

Miglio, Massimo / Rossini, Orietta (Hrsg.): *Gutenberg e Roma: le origini della stampa nella città dei papi (1467–1477)*, Neapel 1997

Mitteilungen des Vereins für Geschichte der Stadt Nürnberg 1–95 (Nürnberg 1978–2008)

Moeller, Bernd / Patze, Hans / Stackmann, Karl (Hrsg.): *Studien zum städtischen Bildungswesen des späten Mittelalters und der frühen Neuzeit. Bericht über Kolloquien der Kommission zur Erforschung der Kultur des Spätmittelalters, 1978–1981*, Göttingen 1983

Monro, Alexander: *Papier. Wie eine chinesische Erfindung die Welt revolutionierte*, München 2015

Mühlack, Ulrich / Walther, Gerrit (Hrsg.): *Diffusion des Humanismus. Studien zur nationalen Geschichtsschreibung europäischer Humanisten*, Göttingen 2002

Müller, Lothar: *Weiße Magie. Die Epoche des Papiers*, München 2014

Neddermeyer, Uwe: *Von der Handschrift zum gedruckten Buch. Schriftlichkeit und Leseinteresse im Mittelalter und in der frühen Neuzeit. Quantitative und qualitative Aspekte*, 2 Bde., Wiesbaden 1998

Neske, Ingeborg: *Die spätmittelalterliche deutsche Sibyllenweissagung. Untersuchung und Edition*, Göppingen 1985

Nikolaus von Kues: *Opera omnia*, Hamburg 1959
– *Philosophisch-theologische Werke*, 4 Bde., Hamburg 2002
– *Predigten in deutscher Übersetzung*, Bd. 2, Münster 2013

Nowicki-Pastuschka, Angelika: *Frauen in der Reformation*, Pfaffenweiler 1990

Ochs, Heidrun: *Gutenberg und »sine frunde«. Studien zu patrizischen Familien im spätmittelalterlichen Mainz*, Stuttgart 2014

Oschema, Klaus: »Der Europa-Begriff im Hoch- und Spätmittelalter. Zwischen geographischem Weltbild und kultureller Konnotation«, in: *Jahrbuch für europäische Geschichte* 26 (2001), S. 191–234

Panofsky, Ernst / Klibansky, Raymond / Saxl, Fritz: *Saturn und Melancholie. Studien zur Geschichte der Naturphilosophie und Medizin, der Religion und der Kunst*, Frankfurt a. M. 1990

Pastor, Ludwig von: *Geschichte der Päpste im Zeitalter der Renaissance*, Bd. 1 u. 2, Freiburg i. Br. 1923 (1925)

Pastorius, Martin: *Kurze Abhandlung von den Ammeistern der Stadt Straßburg*, Straßburg 1776

Pfordten, Dietmar von der (Hrsg.): *Große Denker Erfurts und der Erfurter Universität*, Göttingen 2002

Pico della Mirandola, Giovanni: *Über die Würde des Menschen*, Hamburg 1990

Platon: *Sämtliche Werke in 3 Bdn.*, hrsg. von Erich Loewenthal, Darmstadt 2004

Ploss, Emil Ernst: *Ein Buch von alten Farben*, Heidelberg 1962

Powitz, Gerhard: *Die Frankfurter Gutenberg-Bibel. Ein Beitrag zum Buchwesen des 15. Jahrhunderts*, Frankfurt a. M. 1990

Radbert, Paschasius: *Vom Leib und Blut des Herrn*, Trier 1988

Roeck, Bernd / Bergdolt, Klaus / Martin, Andrew John (Hrsg.): *Venedig und Oberdeutschland in der Renaissance. Beziehungen zwischen Kunst und Wirtschaft*, Sigmaringen 1993

Rosenfeld, Hellmut: »Hat Gutenberg sein Erfurter Studium 1418 für ein Jahr unterbrochen?«, in: *Gutenberg-Jahrbuch* 57 (1982), S. 106f.

Rössler, Hellmuth (Hrsg.): *Deutsches Patriziat 1430–1740. Büdinger Vorträge 1965*, Limburg a. d. L. 1968

Rothmann, Michael: *Die Frankfurter Messen im Mittelalter*, Stuttgart 1998

Roye, Jean de: *Journal de Jean de Roye, connue sous le nom de Chronique scandaleuse 1460–1483*, 2 Bde., Paris 1894–96

Ruh, Kurt: *Die abendländische Mystik*, 4 Bde., München 1990–1999

Ruppel, Aloys: *Johannes Gutenberg. Sein Leben und sein Werk*, Berlin 1939

Rupprich, Hans (Hrsg.): *Dürer. Schriftlicher Nachlass*, 3 Bde., Berlin 1956–59

Sabais, Heinz Winfried: *Gutenberg und die Selbstentfremdung des Menschen. Festvortrag gehalten beim Burgfest am 27. August 1967 anlässlich der Fünfhundertjahrfeier Eltviller Erstdrucke in Eltville am Rhein*, Wiesbaden / Frankfurt a. M. 1967

Schanze, Frieder: »Wieder einmal das Fragment vom Weltgericht – Bemerkungen und Materialien zur Sibyllenweissagung«, in: *Gutenberg-Jahrbuch* 75 (2000), S. 42–63

Schartl, Reinhard: »Johannes Fust und Johannes Gutenberg in zwei Verfahren vor dem Frankfurter Schöffengericht«, in: *Gutenberg-Jahrbuch* 76 (2001), S. 83–86

Schaube, Adolf: *Handelsgeschichte der romanischen Völker des Mittelmeergebietes bis zum Ende der Kreuzzüge*, München / Berlin 1906

Schedel, Hartmann: *Weltchronik 1493. Kolorierte Gesamtausgabe*, hrsg. von Stephan Füssel, Köln 2013

Schmidt, Peter: *Gedruckte Bilder in handgeschriebenen Büchern. Zum Gebrauch der Druckgraphik im 15. Jahrhundert*, Köln / Weimar / Wien 2003

Schmidt-Künsemüller, Friedrich-Adolf: *Die Erfindung des Buchdrucks als technisches Phänomen*, Mainz 1951

Schorbach, Karl: »Die urkundlichen Nachrichten über Johann Gutenberg. Mit Nachbildungen und Erläuterungen«, in: *Festschrift zum fünfhundertjährigen Geburtstage von Johann Gutenberg*, hrsg. von Otto Hartwig, Leipzig 1900, S. 1233–1256

Schreiner, Klaus (Hrsg.): *Laienfrömmigkeit im späten Mittelalter. Formen, Funktionen, politisch-soziale Zusammenhänge*, unter Mitarbeit von Elisabeth Müller-Luckner, München 1992

Schröder, Edward: »Das Mainzer Fragment vom Weltgericht«, in: *Veröffentlichungen der Gutenberg-Gesellschaft*, Mainz 1908, S. 1–9

Schröder, Edward / Zedler, Gottfried / Wallau, Heinrich: »Das Mainzer Fragment vom Weltgericht, der älteste Druck mit der Donat-Kalender-Type Gutenbergs«, in: *Veröffentlichungen der Gutenberg-Gesellschaft*, Mainz 1904, S. 1–36

Schröder, Karl (Hrsg.): *Der Nonne von Engelthal Büchlein von der genaden uberlast*, Stuttgart / Tübingen 1871

Schuchardt, Hugo: »Virgil im Mittelalter«, in: ders.: *Romanisches und Keltisches. Gesammelte Aufsätze*, Berlin 1886

Schuh, Maximilian: *Aneignung des Humanismus. Institutionelle und individuelle Praktiken an der Universität Ingolstadt im 15. Jahrhundert*, Leiden / Boston 2013

Schulte, Aloys: *Geschichte der großen Ravensburger Handelsgesellschaft 1380–1520*, 3 Bde., Berlin 1923

Schulthess, Peter / Imbach, Ruedi: *Die Philosophie im lateinischen Mittelalter. Ein Handbuch mit einem bio-bibliographischen Repertorium*, Zürich 1996

Sibyllinische Weissagungen, hrsg. von Jörg-Dieter Gauger, Düsseldorf / Zürich 2003

Simon, Eckehard: *The Türkenkalender (1454) and the Strasbourg Lunation Tracts*, Cambridge, MA 1988

Sottili, Agostino: *Humanismus und Universitätsbesuch. Die Wirkung italienischer Universitäten auf die Studia Humanitatis nördlich der Alpen*, Leiden / Boston 2006

Spitz, Lewis W.: *Humanismus und Reformation als kulturelle Kräfte in der deutschen Geschichte. Ein Tagungsbericht*, Berlin / New York 1981

Stammler, Wolfgang (Hrsg.): *Spätlese des Mittelalters, Bd. 1: Weltliches Schrifttum*, Berlin 1963
– *Spätlese des Mittelalters*, Bd. 2: *Religiöses Schrifttum*, Berlin 1965
Steffens, Rudolf: »Das ›Mainzer Friedgebot‹ vom Jahre 1437. Neuedition«, in: *Mainzer Zeitschrift* 103 (2008), S. 29–59
Stevenson, Alan H.: *The Problem of the Missale Speciale*, London 1967
Strack, Georg: *Thomas Pirckheimer (1418–1473). Gelehrter Rat und Frühhumanist*, Husum 2010
Streuber, Dirk: *Die Flucht des Schuldners und die Reaktionstechniken eines Gesamtvollstreckungsrechts. Der fallitus fugitivus als Rechtsproblem*, Berlin / Boston 2014
Sturlese, Loris: *Die deutsche Philosophie im Mittelalter. Von Bonifatius bis zu Albert dem Großen 748–1280*, München 1993
– *Homo Divinus – Philosophische Projekte in Deutschland zwischen Meister Eckhart und Heinrich Seuse*, Stuttgart 2007
Subiaco, la culla della stampa. Atti dei convegni, Abbazia di Santa Scolastica, 2006–2007, a cura del Comitato »Subiaco, la Culla della Stampa«, Subiaco (Rom) 2010
Takács, Imre (Hrsg.): *Sigismundus Rex et Imperator. Kunst und Kultur zur Zeit Sigismunds von Luxemburg, 1387–1437*, Budapest 2006
Thomas, Johann Gerhard Christian: *Der Oberhof zu Frankfurt am Main und das fränkische Recht in Bezug auf denselben*, hrsg. von Ludwig Heinrich Euler, Frankfurt a. M. 1841
Thomas von Aquin: *Summe der Theologie*, 3 Bde., Stuttgart 1985
Thomas von Kempen: *Das Buch von der Nachfolge Christi*, Freiburg i. Br. / Basel / Wien 1999
Tiemann, Barbara (Hrsg.): *Die Buchkultur im 15. und 16. Jahrhundert*, Hamburg 1995
Trusen, Winfried: *Spätmittelalterliche Jurisprudenz und Wirtschafts-*

ethik, dargestellt an Wiener Gutachten des 14. Jahrhunderts, Wiesbaden 1961

Türkenkalender auf das Jahr 1455, mit einer Einleitung und Erläuterungen hrsg. von Alexander Bieling, Wien 1873

Vansteenberghe, Edmond: *Le Cardinal Nicolas de Cues: l'action – la pensée*, Paris 1920

Venzke, Andreas: *Johannes Gutenberg. Der Erfinder des Buchdrucks*, Zürich 1993

Vergil: *Bucolica. Hirtengedichte*, Frankfurt a. M. / Leipzig 1999

– »Lied vom Helden Aeneas«, in: ders.: *Werke in einem Band*, Berlin / Weimar 1983

Vespasiano da Bisticci: *Große Männer und Frauen der Renaissance. Achtunddreißig biographische Porträts*, ausgewählt, übersetzt und eingeleitet von Bernd Roeck, München 1995

– *Le vite. Edizione critica con introduzione e commento di Aulo Greco*, 2 Bde., Florenz 1970–1976

Wanke, Helen: *Zwischen geistlichem Gericht und Stadtrat. Urkunden, Personen und Orte der freiwilligen Gerichtsbarkeit in Straßburg, Speyer und Worms im 13. und 14. Jahrhundert*, Mainz 2007

Wannenmacher, Julia Eva: *Hermeneutik und Heilsgeschichte. De septem sigillis und die sieben Siegel im Werk Joachims von Fiore*, Leiden / Boston 2005

Wattenbach, Wilhelm: *Das Schriftwesen im Mittelalter*, Graz 1958

Widmann, Hans (Hrsg.): *Der gegenwärtige Stand der Gutenberg-Forschung*, Stuttgart 1972

– *Geschichte des Buchhandels vom Altertum bis zur Gegenwart, Teil I: Bis zur Erfindung des Buchdruckes*, Wiesbaden 1975

– *Vom Nutzen und Nachteil der Erfindung des Buchdrucks – aus der Sicht der Zeitgenossen des Erfinders*, Mainz 1973

Wilhelm von Rubruk: *Reise zum Großkhan der Mongolen. Von Konstantinopel nach Karakorum 125–1255*, Stuttgart 1984

Wissenschaft im Mittelalter. Ausstellung von Handschriften und Inkunabeln der österreichischen Nationalbibliothek, bearbeitet von Otto Mazal, Eva Irblich und István Németh, Wien 1975

Worringer, Wilhelm: *Formprobleme der Gotik*, München 1912

Wüst, Wolfgang: *Die »gute« Policey im Reichskreis*, 7 Bde., Berlin 2001–2015

Wuttke, Dieter: *Dazwischen. Kulturwissenschaft auf Warburgs Spuren*, 2 Bde., Baden-Baden 1996

– *Humanismus als integrative Kraft. Die Philosophia des deutschen »Erzhumanisten« Conrad Celtis*, Nürnberg 1985

Zahnd, Ueli: *Wirksame Zeichen? Sakramentenlehre und Semiotik in der Scholastik des ausgehenden Mittelalters*, Tübingen 2014

Zensus

Von Gutenbergs 42-zeiliger Bibel haben sich 47 Exemplare erhalten, die über die ganze Welt verstreut sind. Jedes dieser Exemplare hat seine eigene Geschichte und ist durch seine Gestaltung als Unikat anzusehen. Der von dem Kunsthistoriker Eberhard König erstellte Zensus listet die Exemplare der B 42 nach dem Ort der Aufbewahrung auf und enthält in Kurzform die wichtigsten Quellennachweise. Außerdem verzeichnet er, ob von dem jeweiligen Exemplar ein Faksimile existiert. Der Zensus folgt dem Forschungsstand und wird immer wieder aktualisiert.

Zensus 2004 (1995) der erhaltenen Exemplare der zweiundvierzigzeiligen Bibel Gutenbergs

1. Aschaffenburg – Hofbibliothek, Papier. – Hubay 7, Needham P 15, Dodu 1, Powitz 1. Vgl. Hans Hauke, *»Ein biblisches Summarium aus dem 15. Jahrhundert in der Aschaffenburger Gutenberg-Bibel«*, in: Aschaffenburger Jahrbuch 7, 1981, S. 109–116; Ilona Hubay, *»Zwei Gutenberg-Bibeln im Untermaingebiet«*, in: Aschaffenburger Jahrbuch für Geschichte, Landeskunde und Kunst des Untermaingebietes 7, 1981, S. 95–105. Mainzer Buchmaler uneinheitlicher Qualität.
2. Austin – Harry Ransom Humanities Center, Univ. of Texas, Papier. – Hubay 39, Needham P 30, Dodu 2, Powitz 36. Vgl.: William B. Todd, *»Why buy a Gutenberg Bible«*, in: Antiquarian Bookman 25, 1980, S. 1419–1431; sowie ders., *»Auswahlkriterien für die B 42 – Texas«*, in: Börsenblatt für den Deutschen Buchhandel – Frankfurter Ausgabe – Nr. 18, 29. Februar 1980, S. A 71–A 76; ders., *»The*

Texas Gutenberg Bible: Procedures determinig the selection«, in: Journal of Library History 15, 1980, S. 281–292; Karen Gould, *»The Gutenberg Bible at Texas. An Educational Resource«*, in: The Library Chronicle of the University of Texas at Austin, N.S. 22, 1983, S. 89–99. Mainzer Buchmaler uneinheitlicher Qualität.

3. Berlin – Staatsbibliothek Preußischer Kulturbesitz, Pergament. – Hubay 3, Needham V7, Dodu 3, Powitz 2. Ein verkleinerter Nachdruck der ganzen Bibel war geplant; erschienen ist nur der erste Band mit einem Nachwort von Wieland Schmidt als Bd. 1 der Bibliophilen Taschenbücher, Dortmund 1979; danach reproduzierte man nur: *Die illuminierten Seiten der Gutenberg-Bibel, Nachwort*, S. 203–231, Die bibliophilen Taschenbücher 417, Dortmund 1983. Die Zuschreibung an Leipzig hat sich durch weitere Funde bestätigt; unbekannt waren bisher einige Bücher in der Leipziger Universitätsbibliothek; darunter die lateinische Bibel, Ms. 1 und die 1460 von Fust und Schöffer in Mainz gedruckten *Constitutiones* des Papstes Clemens V.; vgl. Debes 1989, Abb. 63, 120. Faksimile-Ausgaben: Insel-Verlag, Leipzig 1913/14 und Idion-Verlag, München 1979; Kommentarband als *Gutenberg-Bibel. Handbuch zur B 42*, Verlag Bibliotheca Rara, Münster 1995, mit einem Supplement von Eberhard König (im folgenden *Handbuch* genannt).

Bloomington (Ind.) – Lilly Library, Papier. – Siehe unter Mons Nr. 25.

4. Burgos – Biblioteca Pública del Estado, Nr 66, Papier. – Hubay 31, Needham P35, Dodu 5, Powitz 34. Die Bibel war zu sehen in der Ausstellung *Las Edades del Hombre. Libros y Documentos en la Iglesia de Castilla y Leon*, Burgos 1990, JVr 130, S. 190ff. Von diesem außergewöhnlichen Exemplar ist ein Faksimile bei Vicent Garcia, Valencia, und Bibliotheca Rara, Münster 1996 erschienen; vgl. den Kommentarband hg. von Dietrich Briesemeister mit Beiträgen

von Eva Hanebutt-Benz, Eberhard König, Hans Joachim Koppitz u. a. Zusammen mit dem Alten Testament der Pierpont Morgan Library in New York beweist dieses Exemplar, dass Fust einen Maler angestellt hat, der nach einem sehr genau beachteten Plan mehrere Exemplare der B 42 in Mainz gleichartig, aber in den Farben variiert illuminierte; hier verwendet der »Fust-Meister« noch keine Schablonen, die er seit dem *Durandus* von 1459 einsetzt.

Camarillo (Calif.) – Edward Laurence Doheny Memorial Library, Papier. – Siehe: Tokio Nr. 45.

5. Cambridge (Engl.) – University Library, Papier. – Hubay 22, Needham 33, Dodu 7, Powitz 19. Dass dieses Exemplar teilweise als Vorlage für eine Textrevision benutzt wurde, die für Heinrich Eggesteins dritte lateinische Bibel diente, wurde nachgewiesen von Paul Needham; *»A Gutenberg Bible used as Printers Copy by Heinrich Eggestein in Straßburg, ca. 1469«*, in: Cambridge Bibliographical Society 9, 1986, S. 36–75. Präzisierung, insbesondere zu den Partien, die dort nicht verwendet wurden, und zur Bearbeitung des laut Verlegeranzeige Eggesteins von gelehrten Männern insgesamt korrigierten Textes bietet Lotte Hellinga: *»Three Notes on Printers Copy: Straßburg, Oxford, Subiaco«*, in: Cambridge Bibliographical Society IX, 1987, S. 194–204, bes. S. 194. Vor diesem Hintergrund ergeben neue Beobachtungen zur glänzend schönen Buchmalerei des Exemplars Sinn. Damit Verwandtes findet sich ausschließlich in Exemplaren der 3. Bibel Heinrich Eggesteins (GW 4208); vgl. das hervorragende Beispiel in Leipzig: Debes 1989, Abb. 111.

6. Cambridge (Mass.) – Widener Library, Harvard Univ., Papier. – Hubay 40, Needham P 24, Dodu 8, Powitz 37. Richard N. Schwab u. a., *»The Proton Milliprobe Ink Analysis of the Harvard B 42, Vol. II.«*, in: The Papers of the Bibliographical Society of America 81, 1987, S. 403–432.

Chantilly-Les-Fontaines – Maison Saint-Louis, Papier, nur I, 129–148. Siehe unter Mons Nr. 25.

7. Cologny – Bibliotheca Bodmeriana, Papier. – Hubay 30, Needham 31, Dodu 10, Powitz 33. Die Geschichte der Bibel mit ihren Restaurierungen und Identifikation fehlender Blätter im Museum Meermanno-Westreenianum zu Den Haag sowie nicht zugehöriger Ersatzblätter aus der inzwischen von Wells durch ein *Leaf Book* aufgelösten sogenannten Mannheimer Bibel (Hubay 47, Needham 18, Dodu 47) bei König 1984. Augsburger Buchmalerei, vermutlich von Heinrich Molitor dort ausgeführt.

Dallas (Texas) – Southern Methodist University, Bridwell Library, Papier, nur II, 77–101. – Siehe: Mons Nr. 25.

8. Edinburgh – National Library, Papier. – Dodu 12, Powitz 20. Vgl. Bryan Hillyard, *»History of the National Library of Scotland's 42-Line Bible«*, in: The Bibliothek 12, 1985, S. 105–125. Keinesfalls, wie Schwenke und noch König 1979 meinten, schottische, sondern vermutlich Erfurter Buchmalerei.

9. Eton – Eton College Library, Papier. – Hubay 23, Needham P 21, Dodu 13, Powitz 21. Vgl. Claudine Lemaire, *»La Bible de Gutenberg d'Eton Library, propriété de la comtesse Anne d'Yve de 1811 à 1814«*, in: Gutenberg-Jahrbuch 1983, S. 21–24. Erfurter Einband aus Johannes Fogels Werkstatt; Buchmalerei der Erfurter Meisenwerkstatt.

10. Frankfurt – Stadt- und Universitätsbibliothek, Papier. – Hubay 6, Needham P 14, Dodu 14, Powitz 3. K.-D. Lehmann (Hg.), *Bibliotheca Publica Francofurtensis*, Frankfurt a. M. 1985, Tafelband, zu Tafel 29. Vgl. die vorbildliche Monographie von Powitz 1990. Kalligraphie nicht näher zu bestimmen.

11. Fulda – Hessische Landesbibliothek, Pergament. – Hubay 4, Needham V 4, Dodu 15, Powitz 4. Abbildungen auch im Biblio-

philen Taschenbuch 427, König 1983. *»Erfurter Einband und Buchmalerei (Meisenwerkstatt)«.*

12. Göttingen – Niedersächsische Staats- und Universitätsbibliothek, Pergament. – Hubay 2, Needham V6, Dodu 16, Powitz 5. Von der Mainzer Werkstatt des sogenannten »Göttinger Musterbuchs«. In der gesamten Literatur zum »Göttinger Musterbuch« erwähnt: Höhle 1984, passim; Robert Fuchs und Doris Oltrogge, *»Untersuchungen rheinischer Buchmalerei«*, in: Imprimatur NF, XLV, 1991, S. 55–80.

Den Haag – Museum Meermanno- Westreenianum, Papier, II, 219–220, siehe unter Cologny Nr. 7.

Immenhausen – Kirchengemeinde, nur Bd. I, siehe unter Kassel Nr. 13.

13. Kassel – Bibliothek der Gesamthochschule, ehem. Murhardsche und Landesbibliothek. Depot der Kirchengemeinde Immenhausen. Papier. – nur Bd. I. Hubay 12, Needham P42, Dodu 9, Powitz 6. Mainzer Einband; Kalligraphie unbestimmt, vielleicht mainzisch.

14. Kopenhagen – Kongelige Bibliotek, Papier. – Hubay 13, Needham P47, Dodu 11, Powitz 29. In Lübeck (?) illuminiert.

15. Leipzig – Deutsches Buch- u. Schriftmuseum, zur Zeit in der russischen Staatsbibliothek, Moskau. Pergament. – Needham V3, Dodu 49, Powitz 9. Die in der Literatur als verschollen oder verloren bezeichnete Bibel ist inzwischen in Moskauer Depots wiederaufgetaucht. Der Streit um die Rückgabe hat ärgerlicherweise die Freude über die Tatsache, dass das ungemein wichtige Stück nicht vernichtet ist, völlig verdrängt. Wegen der politischen Auseinandersetzung steht das Exemplar nicht zur Einsicht für die Forschung zur Verfügung. Erhebliche Verwirrung stiftete die Abbildung 12 auf S. 87 des *Handbuches*; denn sie zeigt die Rubrik zu Beginn

von Band II gedruckt. Da aus der sehr kleinen Vorlage im *Lexikon der Kunst* nicht ersichtlich war, dass es sich um ein Faksimile mit neugesetzter Rubrik aus den 1920er Jahren handelte, wurde Severin Corsten zu falschen Schlussfolgerungen verleitet, die er sogleich korrigierte; vgl. seine Beiträge: *»Eine weitere gedruckte Rubrik in der 42-zeiligen Bibel«*, in: Gutenberg-Jahrbuch 56, 1981, S. 136ff.; sowie die Richtigstellung in: Gutenberg-Jahrbuch 57, 1982, S. 119. Mit der Frage des Faksimiles haben sich dann ausführlicher auseinandergesetzt: Günther Franz, *»Die verschollene Gutenberg-Bibel des Leipziger Buch- und Schriftmuseums und ein Faksimile auf Pergament«*, in: Gutenberg-Jahrbuch 1990. S. 40–45, sowie mit bis dahin unbekannten Abbildungen von Probedrucken und beschrifteten Fassungen des Blattes: Lieselotte Reuschel, *»Die verschollene Gutenberg-Bibel des Dt. Buch- und Schrift-Mus. in Leipzig und ihre Abb.«*, in: Leipziger Jahrbuch zur Buchgeschichte 2, Wiesbaden 1992, S. 35–42. Durch diese Forschungsergebnisse ist zwar grundsätzlich in Frage gestellt, welche Schlüsse Abbildungen erlauben, wie sie Don Cleveland Norman von einer Doppelseite in Farbe gibt. Die höchst ungewöhnliche Tatsache, dass die Faksimile-Blätter Bildmotive in den Bordüren zeigen, die zwei unterschiedlichen Verfahrensweisen der Brügger Buchmalerei um 1460 entsprechen (mal sind die Bildfelder umrandet, mal sind Figuren einfach gegen den leeren Pergamentgrund gesetzt), macht mich jedoch zuversichtlich, dass man beim Wiederauftauchen des in Moskau inzwischen identifizierten Exemplars, dort oder sonstwo in der Welt die Kernthese bestätigt finden wird, dass die Bibel ähnlich wie die prachtvoll illuminierte 48-zeilige Bibel der Madrider Nationalbibliothek durch Willem Vrelants Werkstatt gegangen und dort die später faksimilierten Historien in den Bordüren erhalten hat. Zum Verbleib der Bibel vgl. Koppitz 1994, besonders aber: Tatiana Dolgodrova, *»Die Minia-*

turen der Leipziger Pergament-Ausgabe der Gutenberg-Bibel, ein hervorragenes Denkmal der Buchkunst«, in: Gutenberg-Jahrbuch 1997, S. 64.

16. Leipzig – Universitätsbibliothek, Papier. – Zurzeit in der Bibliothek der Lomonossov-Universität, Moskau. Hubay 49, Needham P 19, Dodu 48, Powitz 8. Von diesem offenbar vorzüglich erhaltenen und reich illuminierten Exemplar ist meinen Recherchen zufolge nie auch nur eine einzige Photographie angefertigt worden. Andreas Venzke 1993, S. 206, hatte also wundervoll recht mit seiner Behauptung, die als verschollen gegoltenen Gutenberg-Bibeln aus Leipzig seien in Moskau gesichtet worden; deshalb schien mir die Kritik von Koppitz im Gutenberg-Jahrbuch 1994, S. 20, zu dieser Angabe sozusagen nicht sachdienlich für die Gutenberg-Forschung.

17. Leipzig – Universitätsbibliothek, Pergament. – Hubbay 14, Needham V5, Dodu 17, Powitz 7. Dieses ist das einzige Exemplar, dessen Rubriken einmal gründlich mit der *Tabula Rubricarum* verglichen wurden; zugleich liegt eine vorbildliche Beschreibung vor: Dietmar Debes, »Anmerkungen zum Leipziger Pergamentexemplar der B 42«, in: *Johannes Gutenberg – Regionale Aspekte des frühen Buchdrucks. Vorträge der Internationalen Konferenz zum 550. Jubiläum der Buchdruckerkunst am 26. und 27. Juni 1990 in Berlin*, hg. von Holger Nickel und Lothar Gillner, Berlin 1993, S. 109–112. Vgl. auch Debes 1989, S. 97, »1461 vierbändig in der Erfurter Werkstatt des Johannes Fogel oder eines Nachfolgers gebunden«.

18. Lissabon – Biblioteca Nacional, Papier. – Hubay 29, Needham P 32, Dodu 18, Powitz 32. Kalligraphie unbestimmt.

19. London – British Library (Georg III.), Papier. – Hubay 21, Needham P 27, Dodu 21, Powitz 23. Erfurter Buchmalerei.

20. London – British Library (Greenville), Pergament. – Hubay 19, Needham V 10, Dodu 20, Powitz 22. Kalligraphie unbestimmt.

21. London – Lambeth Palace Library, ms. 15, Pergament, nur

Neues Testament. – Hubay 20, Needham V 12, Dodu 19, Powitz 24. Die englische Buchmalerei, vermutlich aus London, in diesem mit einer Handschrift fast zu verwechselnden Exemplar wurde untersucht von König 1983 im Zusammenhang mit dem Einzelblau der British Library; vgl. neuerdings König 1993, *passim*.

22. Mainz – Gutenberg-Museum, Papier (Shuckburgh-Bibel). – Hubay 8, Needham P 16, Dodu 23, Powitz 10. Vermutlich Mainzer Kalligraphie.

23. Mainz – Gutenberg-Museum, Papier (ehem. Solms-Laubach), nur Bd. II. – Hubay 9, Needham P 46, Dodu 24, Powitz 11. Mainzer Einband und Buchmalerei.

24. Manchester – John Rylands Library, Papier. – Hubay 25, Needham P23, Dodu 22, Powitz 25. Vgl. Lotte Hellinga, *»The Rylands Incunabula: an International Perspective«*, in: Bulletin du Bibliophile 1989/1, S. 34–52. Die strittige Provenienz aus Eberbach im Rheingau bestätigt Needham; ein entsprechender Bibliothekseintrag ist unter Ultraviolett-Licht lesbar. Vermutlich Mainzer Buchmalerei.

25. Mons – Bibliothèque municipale, Papier. – Hubay 1, Needham P 45, Dodu 25, Powitz 48. Dies ist der unvollständig erhaltene I. Band des Exemplars aus Sankt Maximin in Trier. Schon Franz und ihm folgend Powitz zählen dazu die sogenannte zweite Trierer Bibel, die Wyttenbach 1828 in Olewig bei Trier gefunden hat und die unter den Nationalsozialisten aus Trier als letzte prominente »Doublette« verkauft und dann von Scribner 1954 aufgebrochen wurde (Hubay 46). 63 Blätter von Tobias bis Psalter, I, 261–324, ohne 266, sowie die 18 Blätter Machabeorum II, 162–189, befinden sich, wie schon Hubay vermerkt, im Nachlass des Grafen Oswald von Seilern. Die letzte größere Partie, die in Band I fehlt, habe ich in der Bibliothek des Jesuitenhauses Les Fontaines bei Chantilly ausmachen können; dort

sind Besitztümer des Ordens aus ganz Frankreich und insbesondere aus den nach Jersey und ins belgische Enghien verlagerten Büchersammlungen der zeitweilig aus Frankreich vertriebenen Jesuiten zusammengebracht; es handelt sich um die 20 Blatt von 1. Regum, also I, 129–148; vgl. Ausst.-Kat. *Trésors des Bibliothèques de Picardie*, Pierrefonds 1991, S. 54 f. So wie in diesem Falle der Dekor (vgl. 1,1 in Mons) den Ausschlag für die Bestimmung gibt, lässt sich durch identisches, vermutlich Trierer Federwerk das intakt gebliebene Neue Testament in Bloomington als Teil dieses Exemplars ermitteln; darauf hat mich schon Needham durch handschriftliche Notiz im Sonderdruck der *Papers of the Bibliographical Society of America* 79, 1985, S. 358, hingewiesen: Bloomington, Indiana, Lilly Library: BS 75.1454. Hubay 46, Needham 48, Dodu 4, der auf II, 279 eine Signatur »Petrus« erwähnt (Dodu 1985, S. 34). Im Neuen Testament von Bloomington wurde auch die Tinte untersucht: Richard N. Schwab u. a., *»Ink Patterns in the Gutenberg New Testament. The Proton Milliprobe Analysis of the Lilly Library Copy«*, in: The Papers of the Bibliographical Society of America 80, 1986, S. 305–331. Vgl. auch Ausst.-Kat., *The Bible in the Lilly Library*, Bloomington 1990, Nr. 1. Kalligraphie vermutlich Trierer Arbeit aus Sankt Maximin.

26. München – Bayerische Staatsbibliothek, Papier. – Hubay 5, Needham 13, Dodu 26, Powitz 12. Vgl. Ausst.-Kat., *Thesaurus librorum, 425 Jahre Bayerische Staatsbibliothek*, München, 18. August–1. Oktober 1983, Wiesbaden 1983, S. 208, Nr. 89. Elmar Hertrich u. a., Bayerische Staatsbibliothek. *Inkunabelkatalog*, Bd. 1, A-Brev, Wiesbaden 1988, S. 413: B-408. Meine Zuweisung nach Brixen (Handbuch, S. 118) zu Recht von Hertrich 1990, S. A 365, zurückgewiesen; vermutlich Tegernseer oder Andechser Arbeit eines Tegernseer Mönchs aus dem Kreis Anton Pelchingers; vgl. Richtigstellung in König 1984, S. 99 f.

27. New Haven (Conn.) – Beinecke Library, Yale Univ., Papier. – Hubay 41, Needham P 34, Dodu 27, Powitz 38. Meine Zuweisung nach Brixen (*Handbuch*, S. 118) zu Recht von Hertrich 1990 zurückgewiesen; vermutlich Melker Arbeit; vgl. Richtigstellung in König 1984, S. 99f.

28. New York (N. Y.) – Pierpont Morgan Library 19206-7, Papier. – Hubay 38, Needham P 28, Dodu 29, Powitz 40. Kalligraphie unbestimmt.

29. New York (N. Y.) – Pierpont Morgan Library, Papier. – Hubay 44, Needham P 38, Dodu 31, Powitz 41. Nur Altes Testament, Mainzer Arbeit vom »Fust-Meister« nach demselben Entwurf wie die Burgos-Bibel.

30. New York (N. Y.) – Pierpont Morgan Library, 13, Pergament. – Hubay 37, Needham V 9, Dodu 30, Powitz 39. Zunächst deutsche, vielleicht kölnische, dann flämische Arbeit, stark durch Ersatzblätter verfälscht.

31. New York (N. Y.) – Public Library, Papier. – Hubay 42, Needham P 36, Dodu 28, Powitz 42. Bd. I, 1–4, von Needham 1985. – Seite 361 als typographisches Faksimile (also nicht wie bei Hubay als 2. Druck) identifiziert. Kalligraphie unbestimmt.

32. Oxford – Bodleian Library, Papier. – Hubay 24, Needham P 22, Dodu 32, Powitz 26. Mainzer (?) Kalligraphie.

33. Paris – Bibliothèque Mazarine, Papier. – Hubay 16, Needham P 20, Dodu 35, Powitz 17. Vgl. auch den Kommentar zum Replikat der Editions les Incunables, Paris 1985, von Jean-Marie Dodu: *La Bible Gutenberg*; dann den zweiten Teil dieser Ausgabe: Archipel Studio, Paris und Biblioteca Rara, VG, Münster 2004. Begleitbuch von Christian Galantaris und Eberhard König (mit Zensus). Mainzer Kalligraphie.

34. Paris – Bibliothèque Nationale, Papier. – Hubay 17, Needham

P 44, Dodu 34, Powitz 16. Mainzer Kalligraphie und – heute kaum mehr erhaltene – Buchmalerei (signiert von Heinrich Albch, genannt Cremer, 1456).

35. Paris – Bibliothèque Nationale, Pergament. – Hubay 15, Needham V 1, Dodu 33, Powitz 15. Vgl. Ilona Hubay: *»Zur Provenienz der Pariser Gutenberg-Bibel«*, in: Philobiblon 26, 1982, S. 157–165. Die Bibel war in verschiedenen Ausstellungen zu sehen; vgl. u.a. die Ausst.-Kataloge *Archéologie du Livre Mediéval*, Paris 1987; sowie: *La Mémoire des Siècles. 2000 ans d'écrits en Alsace*, Straßburg 1989. Sie spielt weiterhin eine große Rolle in der Diskussion um das Göttinger *Musterbuch*, vgl. Höhle 1984, *passim*; Robert Fuchs und Doris Oltrogge: *»L'utilisation d'un livre de modèles pour la reconstitution de la peinture de manuscrits. Aspects historiques et chimiques«*, in: Actes du Colloque du CNRS, *Pigments et colorants de l'Antiquité et du Moyen Âge*, Orléans 1988, Paris 1990, S. 309–323.

36. Pelplin (Pl) – Bischöfliches Priesterseminar, Papier. – Hubay 28, Needham P 25, Dodu 36, Powitz 31. Vgl. Antoni Liedke, *Saga pelplinskiej Biblii Gutenberga*, Pelplin 1983. Faksimile-Ausgabe 2003. Vermutlich Lübecker Kalligraphie.

37. Princeton (N. J.) – John H. Scheide Library, Papier. – Hubay 43, Needham P 26, Dodu 37, Powitz 43. Originalblätter aus 2. Trierer und Mannheimer Exemplar, siehe hier Mons und Schweinfurt. Reproduktionsblätter, die das Exemplar ergänzen, stammen offenbar aus den Vorbereitungen für eine nie erschienene Faksimile-Ausgabe der Münchner Gutenberg-Bibel von Asher. Berlin vor 1873; diese Erkenntnis schon bei Needham, S. 360, der die einzelnen Blätter auflistet. Dieses Exemplar stand Scheides Bibliothekarin zur Verfügung, die jedoch ihr schönes Buch ganz von den Eigenarten des einen Beispiels freihielt: Janet Ing, *Johann Gutenberg and his Bible*, New York 1988. Hauptwerk der Meisenwerkstatt.

Engste Parallelen zu einer kürzlich im Kunsthandel aufgetauchten unvollständigen B48 mit Erfurter Buchmalerei (Sotheby's New York, 17.12.1992, lot 3). Ausgangspunkt für alle Beobachtungen zu Gutenberg und dem Meister der Spielkarten; in der neueren Literatur jedoch nicht mehr erwähnt.

38. Rom – Biblioteca Apostolica Vaticana, ehem. Rossiana, Papier, nur Bd. I. – Hubay 34, Needham P40, Dodu 44, Powitz 28. Needham hat mir signalisiert, dass das von ihm als Fragment P32 gezählte Blatt I, 9–10 in der Oxforder Bodleian Library die entsprechende Lücke füllt. Kalligraphie nicht bestimmbar.

39. Rom – Biblioteca Apostolica Vaticana, ehem. Barberini, Pergament. – Hubay 33, Needham V11, Dodu 43, Powitz 27. Buchmalerei vermutlich italienisch.

40. Saint Omer – Bibliothèque communale, Papier, nur Bd. I. – Hubay 18. Needham P43. Dodu 38, Powitz 18. Kalligraphie nicht bestimmbar.

41. San Marino (Calif.) – Huntington Library, Pergament. – Hubay 36, Needham V2, Dodu 39, Powitz 44. Dem Eintrag der böhmischen Adelsfamilie von Nostitz nachgegangen ist Jaroslav Vrchotka, *»Zur ehemaligen Prager Provenienz der B42 in der Henry E. Huntington Library in San Marino, USA«*, in: *Johannes Gutenberg – Regionale Aspekte des frühen Buchdrucks. Vorträge der Internationalen Konferenz zum 550. Jubiläum der Buchdruckerkunst am 26. und 27. Juni 1990 in Berlin*, hg. von Holger Nickel und Lothar Gillner, Berlin 1993, S. 113–117. Den Umstand, dass das Papierexemplar des Alten Testaments in der Pierpont Morgan Library, New York, den Namenszug eines anderen von Nostitz trägt, hat Vrchotka nicht weiter beachtet. Vermutlich der Einband, sicher die Buchmalerei in Leipzig gefertigt.

42. Schweinfurt – Bibliothek Otto Schäfer, Papier, nur II, 102–114: Liber Josue. – Hubay 47, Needham P18, Dodu 47, Powitz 47. Um-

fangreichster intakter Teil eines Exemplars, das aus der Mannheimer Hofbibliothek nach München gelangte, dort zur Ergänzung des jetzt in Cologny befindlichen diente, 1832 als Doublette verkauft und von Wrells dann aufgebrochen wurde. Vgl. Manfred von Arnim, *Katalog der Bibliothek Otto Schäfer Schweinfurt*, Stuttgart 1983, I, Nr. 49, S. 173 f. Kalligraphie unbestimmt.

43. Sevilla – Biblioteca Universitaria y Provincial, Papier, nur Neues Testament. – Hubay 32, Needham P 49. Dodu 40, Powitz 35. Kalligraphie unbestimmt.

44. Stuttgart – Württembergische Landesbibliothek, ehemals General Theological Seminar, Papier. – Hubay 10, Needham P 17, Dodu 41, Powitz 13. Vgl. C. und G. Römer, Ausst-Kat., *Bibelhandschriften. Bibeldrucke. Gutenberg-Bibel in Offenburg*, Offenburg 1980, S. 30–34. Mainzer oder oberrheinische Buchmalerei.

45. Tokio – Maruzen, Edward Laurence Doheny Memorial Library, Papier, nur Bd. 1 – Hubay 45, Needham P 39, Dodu 6, Powitz 46. Richard N. Schwab, Thomas A. Cahill, Bruce H. Kusko und Daniel L. Wick, *»New Evidence of the Printing of the Gutenberg Bible: The Inks in the Doheny Copy«*, in: The Papers of the Bibliographical Society of America 79,1985, S. 375–410; Paul Needham (Hg.), *Illuminated Incunabula in the Doheny Library, The Estelle Doheny Collection, Part I: »Fifteenth Century Books Including the Gutenberg Bible«*, Christie's New York, 22. 10. 1987, S. 284–302. Einband und Buchmalerei aus Mainz.

46. Trier – Stadtbibliothek, Papier. – Hubay 11, Needham P 41, Dodu 42, Powitz 14. Vgl. Günther Franz, *»Die Schicksale der Trierer Gutenberg-Bibeln. Zwei Makulaturblätter mit Druckvarianten«*, in: Gutenberg-Jahrbuch 1988, S. 22–42. Mainzer oder Trierer Buchmalerei.

Vaduz – Nachlass des Grafen Oswald von Seilern, Papier, I, 261–324 und II, 162–189, siehe unter Mons Nr. 25.

47. Washington (D. C.) – Library of Congress, Pergament. – Hu-

bay 35, Needham V 8, Dodu 46, Powitz 45. Vgl. Frederick R. Goff, *»Uncle Sam has a book«*, in: Quarterly Journal of the Library of Congress 28, 1981, S. 123–133. Kalligraphie unbestimmt.

48. Wien – Österreichische Nationalbibliothek, Papier. – Hubay 27, Needham P 29, Dodu 45, Powitz 30. Nicht wie im *Handbuch* vermutet Brixener, sondern Wiener Buchmalerei.

Literaturhinweis

Dodu, Jean-Marie (Hrsg.): *Biblia Sacra Mazarinaea – La Bible de Gutenberg. Ouvrage documentaire.* Présentation historique, Transcription, Traduction, 2 v., Tours 1985

Hubay, Ilona: »Die bekannten Exemplare der zweiundvierzigzeiligen Bibel und ihre Besitzer«, in: Schmidt, Wieland/Künsemüller, Friedrich Adolf (Hrsg.): *Gutenbergs zweiundvierzigzeilige Bibel.* Farbige Voll-Faksimileausgabe. 2 Bde. und Kommentarband. Berlin 1979

Needham, Paul: »The paper supply of the Gutenberg bible«, in: *The papers of the Bibliographical Society of America.* New York 1982, S. 395–456

Powitz, Gerhard: *Die Frankfurter Gutenberg-Bibel.* Ein Beitrag zum Buchwesen des 15. Jahrhunderts, Frankfurt a. M. 1990.

Erläuterungen zu den Abbildungen

Umschlag

Vorderseite: Das wohl bekannteste, aber fiktive Porträt des Johannes Gutenberg wurde 1584, über einhundert Jahre nach seinem Tod, von André Thevet in Kupfer gestochen. Hier nach Nicolas de Larmessin, ca. 1660.
Rückseite: Holzschnitt, Versuch einer realistischen Rekonstruktion der Presse Gutenbergs.

Einband

Für seine Bibel griff Gutenberg üblicherweise auf die Vulgata zurück, eine Bibelfassung, die sich seit der Spätantike durchgesetzt hat. Der hier graphisch verarbeitete Text beeinhaltet den Beginn des Ersten Buch Mose.

Vor- und Nachsatz

Vorsatz: Als Abraham von Werdt um 1650 eine Druckerei im Holzschnitt darstellte, war der Buchdruck bereits ein fest etabliertes Gewerbe.
Rückseite: Letter, mit der gedruckt wurde. Der Falz, die Kerbe am unteren Rand, verriet dem Setzer, wie er sie richtig zu greifen und in den Setzerwinkel einzusetzen hatte.
Nachsatz: Darstellung einer Druckerei aus dem 16. Jahrhundert. Der Pressbengel wurde seitwärts bewegt, der Drucktiegel war in die Brücke eingepasst.
Rückseite: Papiermacher im 16. Jahrhundert: In Europa wurde Papier mit Drahtsieben geschöpft, wodurch das Wasserzeichen entstand.

Innenteil

S. 2: Siehe Erläuterung zum *Vorsatz*, der Ausschnitt zeigt den rechten Rand des Holzschnitts.
S. 4 *oben*: Unter dem Alphabet in diesem Faksimile steht der Sinnspruch: »Ohne große Arbeit und Bitterkeit / Sov mag Kunst nicht werden Süßigkeit / Darum zu lernen bleib bereit – 1481«.
S. 4 *unten*: Zeitgenössischer Schulunterricht, Holzschnitt.
S. 64: Mönch beim Kopieren. Original und Kopie liegen nebeneinander auf dem Schreibpult.
S. 122: Hartmann Schedels Straßburg-Darstellung im Jahr 1490 aus seiner *Weltchronik*.
S. 174: Farbmischer bei der Arbeit, ca. 1570 – der Farbherstellung für den Druck kam große Bedeutung zu.
S. 262: Siehe Erläuterung zum Umschlag, *Vorderseite*.

Bildzugaben

1. Brief des heiligen Hieronymus

Gutenberg druckte einfarbig und nur Text. Im Grunde verkaufte er eine lose Blattsammlung, in der die Illustrationen, die roten oder blauen Buchstaben und die besondere Gestaltung der Initialen fehlten. Dem Käufer blieb es überlassen, die einzelnen Blätter zu vervollständigen: Zuerst wurden die Buchstaben als Orientierungshilfe beim Lesen durch einen Rubrikator eingefügt. Ein Illustrator übernahm im nächsten Schritt die besondere Gestaltung der Initiale und Illustrationen, bevor die Bibel gebunden wurde. So wurde jedes Exemplar abhängig vom Geschmack und Geldbeutel des Käufers zu einem Unikat wie diese Berliner Pergamentbibel. Auf der abgebildeten Seite sieht man den Brief des heiligen Hieronymus an Paulinus, der sich weder in der Vulgata, noch in den heutigen Bibelausgaben findet.

2. Typenapparat und Spielkartenmotive

– Typenapparat, den Johannes Gutenberg für seine 42-zeilige Bibel entwickelte, zusammengestellt von Gottfried Zeller.
– An der Beliebtheit der Spielkarten wollten auch die Kupferstecher verdienen. Die Motive des so genannten »Meisters der Spielkarten« wurden für die Illustration von Gutenbergs Bibel und der gleichzeitig entstandenen Handschrift der Mainzer Riesenbibel genutzt.

3. Genesis

Berliner Pergamentbibel, hier mit dem Anfang der Genesis: *in principio creavit Deus cælum et terram* (Im Anfang schuf Gott Himmel und Erde). In der Zierleiste des ersten Blatts links stellen die Illustrationen Szenen aus dem Schöpfungsgeschehen dar.

Bild- und Textnachweis

Bildnachweis

Trotz redlicher Bemühungen seitens des Verlags konnten eventuell einige Rechtegeber einzelner Abbildungen nicht vollständig ermittelt werden. Falls Rechteinhaber übersehen wurden, geschah dies nicht absichtsvoll. Wir bitten in diesem Fall um Nachricht an den Verlag.

Umschlag

Vorderseite: Gutenberg-Museum Mainz
Rückseite: Florida Center for Instructional Technology (aus: Ellsworth D. Foster, James L. Hughes [Hrsg.]: *The American Educator*, Chicago 1921)

Einband

Editorial Biblioteca Autores Cristianos (aus: Albertus Colunga, Laurentius Turrado [Hrsg.]: *Biblia Vulgata*, Madrid 1946. Auf der Vulgata Clementina basierende Textfassung.)

Vor- und Nachsatz

Vorsatz: akg
Rückseite: Florida Center for Instructional Technology (aus: Ellsworth D. Foster, James L. Hughes [Hrsg.]: *The American Educator*, Chicago 1921)
Nachsatz: Wikimedia Commons
Rückseite: Verlag Edition Leipzig (aus: Jost Amman, Hans Sachs [Hrsg.]: *Eygentliche Beschreibung aller Stände auff Erden hoher und nidriger, geistlicher und weltlicher, aller Künsten, Handwerken und Händel*, Leipzig 1966). Mit freundlicher Abdruckgenehmigung des Verlags.

Bild- und Textnachweis

Innenteil

S. 2: akg

S. 4 oben (Alphabet): Gutenberg-Museum Mainz (aus: *Gutenberg – aventur und kunst*, Katalog zur Ausstellung der Stadt Mainz, Mainz 2000)

S. 4 unten: Archiv des Verlags

S. 64: University of Michigan (aus: Philip Van Ness Myers: *Mediaeval and Modern History*, Boston / New York 1905)

S. 122: Wikimedia Commons (aus: Hartmann Schedel, *Weltchronik*, hrsg. von Anthoni Koberger, Nürnberg 1493, fol. cxxxix verso und cxl recto)

S. 174: Gutenberg-Museum Mainz (aus: *Gutenberg – aventur und kunst*, Katalog zur Ausstellung der Stadt Mainz, Mainz 2000)

S. 262: Gutenberg-Museum Mainz

Bildzugaben

1. Brief des heiligen Hieronymus: bpk / Staatsbibliothek zu Berlin – Preußischer Kulturbesitz, 2° Inc 1511
2. Typenapparat Johannes Gutenbergs: Gutenberg-Gesellschaft
   Spielkartenmotive: bpk / Staatsbibliothek zu Berlin (aus: Max Geisberg, *Das älteste gestochene deutsche Kartenspiel*, Strassburg 1905)
3. Genesis: bpk / Staatsbibliothek zu Berlin – Preußischer Kulturbesitz, 2° Inc 1511

Textnachweis

Innenteil

S. 355–368: König, Eberhard: »Zensus 2004 (1995) der erhaltenen Exemplare der zweiundvierzigzeiligen Bibel Gutenbergs«, in: Christian Galantaris (Hrsg.): *Biblia Sacra Mazarinea. »Die Mazarine Bibel«*, MCDLV, Münster 2004.
Mit freundlicher Abdruckgenehmigung des Verlags Bibliotheca Rara.

Personenregister

Aben, Grete zur jungen s. Gensfleisch, Grete
Adolf von Nassau 289, 291 ff., 295 f.
Adso von Montier-en-Der 214
Ägidius Romanus 68
Agricola, Rudolf 177
Albertus Magnus 13, 68, 161
Albrecht II. (HRR) 208
Albrecht von Eyb 248
Aleander, Hieronymus 309
Alexander de Villa Dei 50, 84
Amerbach, Johann 268
Amplonius Rating de Berka 58–61, 67, 75, 77 f., 101
Anna, hl. 161
Anselm von Canterbury 68
Aptheker, Hermann 184
Apuleius 71
Aristophanes 309
Aristoteles 6, 68 f., 104, 228, 236, 247, 254 f., 306, 309
Arminius 13
Arnold der Rote 33 f.
Arnold von Selenhofen 34
Augustinus, hl. 68, 308
Averroës (Ibn Ruschd) 69

Balduin von Luxemburg 38 f.
Becherer, Konrad 184
Bechtel, Guy 247
Bechtermünze, Heinrich 253, 278, 292, 296, 299, 301 f.
Bechtermünze, Nikolaus 253, 278, 292, 296, 299, 301 f.
Beda Venerabilis 68, 218
Beildeck, Lorenz 127, 153 f., 163
Bembo, Pietro 14, 309
Benedikt von Nursia 86
Benedikt XIII., Gegenpapst 73
Bensheim, August 303
Bernhard VII. von Armagnac 169
Bernhard von Clairvaux 68
Bessarion, Basilius 228, 310
Beyer, Hanns 178
Bisticci, Vespasiano da 312
Blashoff, Peter 97
Boccaccio, Giovanni 42, 67 f., 87
Boethius, Anicius Manlius Severinus 68, 295
Bollstatter, Konrad 231
Bonaventura 68
Boner, Ulrich 305
Bouts, Dierick 158
Bracciolini, Poggio 117
Bramante, Donato 177, 304
Brant, Sebastian 127, 314
Brechter, Martin 169, 171
Brunelleschi, Filippo 199
Bruni, Leonardo 117, 177
Bussi, Giovanni Andrea di 16, 301

Campin, Roger 158, 177
Capistrano, Giovanni da 227, 265 f., 286

Cartagena de Santa Maria, Alonso de 306
Carvajal, Juan de 14 f., 96, 258, 263 f., 302 f., 306
Cassiodor 86
Celtis, Conrad 17–21, 56
Cennini, Cennino 92
Cesarini, Giuliano 116, 176
Christophorus, hl. 30, 161
Cicero, Marcus Tullius 50, 265, 301, 307
Colonna, Francesco 309
Colonna, Oddo s. Martin V.
Condulmer, Gabriele s. Eugen IV.

Dante Alighieri 19, 213, 217, 309
Delkenheim, Katherine von 130
Descartes, René 318
Diether von Isenburg 289–293
Dietrich Schenk von Erbach 177 f., 203
Donatus, Aelius 50, 84, 221 f., 224
Dritzehn, Andreas 137, 140, 147, 149–154, 162 ff., 171, 204, 206, 210, 269
Dritzehn, Claus 153 f., 171, 204, 269
Dritzehn, Jörg 137, 153 ff., 163, 171, 204, 269
Dschingis Khan 6
Duèse, Jacques s. Johannes XXII.
Dünne, Hanns 147–150, 162, 165 f., 204
Duns Scotus 68
Dürer, Albrecht 18, 102, 106, 162, 243, 268

Eberhard III. von Eppstein 295
Eberstein, Johann von 26, 28, 106
Eckhart, Meister 38, 66, 126, 135, 156, 228
Eggestein, Heinrich 295, 301, 305
Ehrenberg, Richard 104
Enoch von Ascoli 16
Erasmus von Rotterdam 309
Eugen IV. (Gabriele Condulmer), Papst 115 f., 227
Euklid 308
Euripides 309

Fabri, Johannes 305
Ficino, Marsilio 16, 69, 226
Flasch, Kurt 80
Forster, Konrad 164, 195
Francesca, Piero della 312
Frey, Anna 243
Friedrich I. (Barbarossa, HRR) 34, 142, 202, 219 f.
Friedrich I. (Pfalz) 290
Friedrich II. (HRR) 33, 90
Friedrich III. (der Schöne, Österreich) 74, 214, 219
Friedrich III. (HRR) 15, 17, 74, 170, 178, 202, 221, 258, 290 f.
Fürstenberg, Ennechin zum s. Wirich, Ennechin
Fürstenberg, Hermann 111
Fürstenberg, Jekel Rode zum 43, 55

Personenregister

Furtmeyer, Berthold 231
Fust, Christina s. Schöffer, Christina
Fust, Hans 247
Fust, Johannes 151, 244–250, 262 ff., 267–271, 273–286, 288, 291, 293, 295, 300, 305

Geiler von Kaysersberg, Johann 126
Geismar, Heinrich 76
Gelthus, Arnolt 210
Gemistos Plethon 228
Gensfleisch, Else (geb. Hirtz) [Schwägerin] 29, 52, 112
Gensfleisch, Else (geb. Wirich) [Mutter] 25, 29 f., 37, 43 f., 47, 52 f., 55 f., 58, 60, 62, 96, 98 f., 112, 120, 127, 181
Gensfleisch, Else [Schwester] s. Vitzthum, Else
Gensfleisch, Friele Rafit zum [Urgroßvater] 35
Gensfleisch, Friele [Bruder] 22, 29, 47 f., 55, 98–101, 110 ff., 120, 125, 129 f., 134, 187
Gensfleisch, Friele [Großonkel] 35
Gensfleisch, Friele [Vater] 22, 26, 30 f., 35 ff., 43 ff., 47 f., 51 ff., 58, 60, 62, 67, 84, 97–100, 125
Gensfleisch, Grete (geb. zur jungen Aben) 35
Gensfleisch, Johann 35
Gensfleisch, Nese (geb. zum Jungen) 35
Gensfleisch, Odilgen s. Sorgenloch, Odilgen
Gensfleisch, Patza/Patze s. Jungen, Patza/Patze zum
Gensfleisch, Petermann 35
Gerson, Jean 68, 247
Ghelrinc, Johannes 307
Gordelmeychler, Claus 156
Gregor von Heimburg 291
Gregor XII., Papst 73
Groote, Gert 83
Gruel, Jorge 128
Günther, Heinrich 288
Gwichtmacher, Stefan 200

Haghen, Kunigunde von 58
Han, Ulrich 305
Heilmann, Andreas 147, 149 ff., 153 ff., 157, 162, 169, 171, 206, 210
Heilmann, Antonius 138, 141, 147, 151, 156, 164, 206
Heinrich von Virneburg 38
Henfflein, Ludwig 231
Henneberg, Berthold von 315
Heraklit 216
Herodot 309
Heymericus de Campo 109
Hieronymus von Prag 75, 78
Hieronymus, hl. 50
Hirtz, Else s. Gensfleisch, Else
Hirtz, Jeckel 29
Homer 311
Hugo von St. Viktor 68
Huizinga, Johan 11

Humbrecht, Rudolf zum 111
Humery, Konrad 61, 180–185, 187, 207 f., 218, 246, 285, 291, 293, 295 f.
Humery, Peter 181
Humery, Trude 181
Hunleue, Nikolaus 59
Hunyadi, Johann 176
Hus, Jan 75 f., 78 f.

Imhoff, Peter 131
Iserin Thüre, Ellewibel zur 131 f.
Iserin Thüre, Ennelin zu der 130 ff.

Jeanne d'Arc 37, 169
Jenson, Nicolas 307 f.
Joachim von Fiore 214
Johann II. (Zypern) 271
Johann von Aachen 156
Johann von Köln 308
Johann von Speyer 307 f.
Johann Werner von Flassland 291
Johannes (Evangelist) 237
Johannes Balbus de Janua 286
Johannes der Täufer 142, 161
Johannes XXII. (Jacques Duèse), Papst 38
Johannes XXIII., Gegenpapst 73
Julius II. (Giulio della Rovere), Papst 304
Jungen, Heinrich zum 35
Jungen, Henne zum 35
Jungen, Nese zum s. Gensfleisch, Nese
Jungen, Patza/Patze zum (geb. Gensfleisch) 35 f., 98 f.
Jungen, Peter zum 35 f., 111
Juvenal 308 f.

Kant, Immanuel 136
Karl der Große 142, 161
Karl IV. (HRR) 214
Karl VII. (Frankreich) 309
Karle, Johannes 168
Katharina von Siena 37
Kathrei 126
Keffer, Heinrich 205, 253, 275, 286
Knauf, Henne 128, 184
Koberger, Anthoni 268, 310
Konfuzius 6
Kopernikus, Nikolaus 136
Köster, Kurt 146

Lactantius 301
Laden, Friele zu 61, 67
Laden, Rulemann zu 61, 67
Langenstein, Heinrich von 27 f.
Lauber, Diebold 231
Laurentius, hl. 161
Leheymer, Johann 129 f., 168
Leo X., Papst 313
Lichtenberg, Georg Christoph 56
Löffelholz, Barbara 131
Lubac, Henri de 160
Luder, Hans 80, 243
Luder, Peter 248
Ludwig IX. (der Heilige, Frankreich) 6

Ludwig IV. (der Bayer, HRR) 38f., 214, 219
Lukrez 117
Lullus, Raimundus 109
Luther, Martin 9f., 72, 80, 102, 243, 309, 317

Mangu von Karakorum 6
Manthen, Johann 308
Manutius, Aldus 69, 309f.
Marsilio Ficino 69
Marsilius von Padua 19, 38
Martial 308f.
Martin V. (Oddo Colonna), Papst 73, 115
Martorell, Mossèn Joanot 306f.
Matthias von Buchegg 37
Matthias von Kemnat 248
Maximilian I. (HRR) 19
Mechthild von Magdeburg 135
Mehmed II. (Osmanisches Reich) 177, 264, 272
Meistermann, Ludolph 75–79
Menckler, Wigand 15, 303
Mentelin, Johannes 127, 205, 252f., 275, 295, 301, 305
Merswin, Rulman 126
Michael Scotus 68
Michelangelo 304
Montefeltro, Federico da 312

Nicolaus Magni de Jawor (Nikolaus Groß von Jauer) 144
Nikolaus V., Papst 229, 271f.
Nikolaus von Kues 15f., 109, 115f., 118, 138, 164, 178, 204, 207, 227ff., 231, 236, 265f., 272f., 287, 297, 301–304
Nikolaus von Lyra 68
Nikolaus von Wörrstadt 127–129, 134, 180, 185
Nikolaus von Wyle 248
Notaras, Loukas 177, 310

Ockham, William von 38, 68, 77, 79ff., 86, 91, 93, 311
Olivi, Petrus Johannes 104
Orthenberg, Wiegand Spieß von 299
Ottini, Bankmann in Bingen 40, 43
Ovid 308

Palaiologina, Anna 310
Pannartz, Arnold 301, 304f.
Pantaleon, Heinrich 14
Perugino, Pietro 312
Petrarca, Francesco 67, 87, 208, 309
Petrus Christus 158
Petrus Lombardus 68
Petrus, hl. 161
Pfister, Albrecht 253, 278, 286, 301, 305
Philipp der Gute 158
Piccolomini, Enea Silvio s. Pius II.
Pico della Mirandola, Giovanni 14
Pindar 309
Pirckheimer, Caritas (Barbara) 212f.

Pirckheimer, Eufemia 212
Pirckheimer, Johann 131
Pirckheimer, Katharina 212
Pirckheimer, Klara 212
Pirckheimer, Sabina 212
Pirckheimer, Walburga 212
Pirckheimer, Willibald 18, 212 f., 309
Pisani, Ugolino 117
Pius II. (Enea Silvio Piccolomini), Papst 14 ff., 96, 115–117, 178, 257 f., 263–266, 289 ff., 296 f., 302 f., 306
Platon 69, 109, 164, 228, 309
Plautus 118
Plinius d. Ä. 307
Polo, Marco 6
Ptolemäus, Claudius 6

Rainald von Dassel 142
Ratdolt, Erhard 268, 308
Rebstock, Heinrich 111
Regiomontanus 14, 308
Reinhart von Neipperg 170
Reise, Cleese 105
Remigius, hl. 161
Reuchlin, Johannes 309
Riffe, Hanns 147, 151
Rogier van der Weyden 158
Rot, Adam 305
Rovere, Giulio della s. Julius II.
Ruppel, Berthold 205, 253, 275, 286
Rüssinger, Sixtus 305
Sacrobosco, Johannes de 309
Sallust 308
Salmann, Mainzer Kämmerer 39
Saspach, Konrad 148 ff., 153, 171 f., 185, 187, 192, 194, 196, 205, 251 f.
Schedel, Hartmann 96, 218, 248, 310
Schedel, Hermann 248
Scheele, Johannes 201
Scheide, John H. 235, 254
Schöffer, Christina (geb. Fust) 247
Schöffer, Peter 26, 61, 246–250, 252 f., 262, 264, 268, 273–288, 291, 293, 295, 300, 305
Schönsperger, Johann 268
Schott, Claus 132 f.
Schott, Peter 126
Schreyer, Ulrich 231
Scriba, Giovanni 90
Seckingen, Friedel von 147, 151
Seneca 306
Siegfried III. von Eppstein 33
Sigismund von Luxemburg (HRR) 53, 72–75, 94, 99, 110, 128, 178, 201 f., 221
Simon, hl. 161
Sophokles 309
Sorgenloch, Johann 29
Sorgenloch, Odilgen (geb. Gensfleisch) 29
Spindeler, Nikolaus 305 f.
Stanislaus von Znaim 76 ff.
Steiner, Rudolf 199

Stösser, Agnes 153
Stromer, Sigismund 131
Stromer, Ulman 90
Swalbach, Gretgen 52
Swalbach, Johannes 51 f.
Sweynheim, Konrad 301–305

Tacitus 16
Tauler, Johannes 126
Tedlingen, Henne zu 178 f.
Tepl, Johannes von 214, 286, 305
Terenz 308
Tetzel, Johann 289
Theokrit 309
Thevet, André 14
Thomas von Aquin 68, 285, 308, 311
Thukydides 309
Torquemada, Juan de 302 f., 305
Torquemada, Tomás de 302
Traversari, Ambrogio 117
Trithemius, Johannes 247, 313
Trutfetter, Jodokus 78
Tucher, Sixtus 213

Ulrich von Manderscheid 116
Ursula, hl. 142, 161

Vergil 216 f., 308 f.
Vigneulles, Philippe de 156 f., 160 f.
Vitzthum, Claus 29, 97 f., 129 f., 134, 172, 180
Vitzthum, Else (geb. Gensfleisch) 29, 55, 98, 120, 129, 172, 180
Vizlant, Jacob 307

Waldvogel, Prokop 231
Wencker, Jakob 131
Wendelin von Speyer 307 f.
Wilhelm von Rubruk 6
Wimpfling, Jakob 126
Windberg, Hans 231
Windecke, Eberhard 110, 128, 180, 184
Windecke, Hermann 184
Wirich, Burggraf in Mainz 37, 40, 43, 58
Wirich, Else s. Gensfleisch, Else
Wirich, Ennechin (vorm. zum Fürstenberg) 43, 52 f., 55, 58
Wirich, Werner 37, 43, 55
Witz, Konrad 116
Wladislaw III. (Polen) 176
Worringer, Wilhelm 235
Wyclif, John 75–79

Zachariae, Johannes 75
Zainer, Günther 268
Zappe, Paulinus 272 f.
Zbynko von Prag 76
Zell, Ulrich 295

Inhalt

Die Brüchigkeit der Welt 5

Bild und Urbild 6
Verlust des Gottvertrauens 22
Aus altem Geschlecht 35
Die Welt der Mutter 55

Rendezvous mit dem Humanismus 65

Die Welt der Bücher 66
Zwischen Schankstube und Skriptorium 82
Mainzer Eskapaden und Wirren 94
Wanderjahre 113

Die Lust des Unternehmers 123

Exil in Straßburg 124
Das geheime Werk 134
Aventur und Kunst 155

Die Geburt des Medienzeitalters 175

Die Rückkehr des Unternehmers 176
Bündnis mit dem Feind? 187
Der Durchbruch 204
Gutenbergs Buße: Das Werk der Bücher 222
Am Ziel der Wünsche 242

Frühling der
Neuzeit 261
Der Sturz 262
Triumph und Katastrophe 279
Ars Moriendi 295
Das neue Medium greift in die Politik ein 300
Die Gutenberg-Galaxis 315

Anhang 323
Anmerkungen 323
Auswahlbibliographie 334
Zensus 355
Erläuterungen zu den Abbildungen 369
Bild- und Textnachweis 372
Personenregister 375
Inhalt 382

MIX
Papier aus verantwortungsvollen Quellen
FSC® C014496
FSC
www.fsc.org

Propyläen ist ein Verlag der Ullstein Buchverlage GmbH
www.propylaeen-verlag.de

ISBN: 978-3-549-07467-1

Lektorat: David Bruder
Umschlag und Innengestaltung: Manja Hellpap

Gesetzt aus der Quaadrat, Neutraface, Lapture
Satz: Pinkuin Satz und Datentechnik, Berlin
Druck und Bindearbeiten: GGP Media GmbH, Pößneck
Printed in Germany